"十二五"高等职业教育计算机类专业规划教材

Flash CS6 动画设计项目教程

彭德林　明丽宏　主　编

邵　丹　宋　磊　杨雪婧　贾维红　副主编

金忠伟　张丽静　主　审

中国铁道出版社

CHINA RAILWAY PUBLISHING HOUSE

内 容 简 介

本书全面系统地介绍了 Flash CS6 的基本操作方法和网页动画的制作技巧，包括初识 Flash CS6，Flash CS6 工具及其应用，创建与编辑文本，元件、实例和库的应用，导入素材，Flash CS6 动画基础，Flash CS6 动画类型及其应用，交互式动画的制作，组件的应用，动画测试与发布及项目综合实战。

本书以来自于二维动画设计与制作领域的典型工作项目为主线进行讲解。全书包括 11 个项目，每个项目不仅提供了素材、源文件，还清晰地列出了本项目创作的知识点分析，使读者能够迅速抓住重点环节，快速入手完成动画创作。为了让读者能够举一反三、轻松驾驭并完成动画创作，本书在各项目中，都安排了项目实战，使读者通过勤学多练，真正成长为 Flash 动画创作高手。

本书适合作为各类高等职业院校及计算机培训单位的首选教材，也可作为网络爱好者及网页设计人员的参考书。

图书在版编目（CIP）数据

Flash CS6 动画设计项目教程 / 彭德林，明丽宏主编. — 北京：中国铁道出版社，2015.1（2017.7重印）

"十二五"高等职业教育计算机类专业规划教材

ISBN 978-7-113-19621-9

Ⅰ．①F… Ⅱ．①彭… ②明… Ⅲ．①动画制作软件—高等职业教育—教材 Ⅳ．①TP391.41

中国版本图书馆 CIP 数据核字（2014）第 285381 号

书　　名：Flash CS6 动画设计项目教程
作　　者：彭德林　明丽宏　主编

策　　划：翟玉峰
责任编辑：翟玉峰　彭立辉
封面设计：付　巍
封面制作：白　雪
责任校对：汤淑梅
责任印制：李　佳

出版发行：中国铁道出版社（100054，北京市西城区右安门西街 8 号）
网　　址：http://www.tdpress.com/51eds/
印　　刷：北京海淀五色花印刷厂
版　　次：2015 年 1 月第 1 版　　2017 年 7 月第 2 次印刷
开　　本：787 mm×1 092 mm　1/16　印张：20　字数：482 千
印　　数：3 001～4 500 册
书　　号：ISBN 978-7-113-19621-9
定　　价：38.00 元

Flash CS6 是 Adobe 公司推出的一款矢量动画制作和多媒体设计软件，广泛应用于电子贺卡制作、广告制作、电子相册制作、MTV 制作、游戏设计及媒体课件制作等多个领域。通过使用 Flash，可将音乐、声音效果、动画以及立意全新的界面融合在一起，制作出高品质的网页动态效果。

Flash 是一款操作实践性很强的二维动画软件，每一个希望掌握该软件的人都必须在学习过程中坚持上机操作实践，通过循序渐进的练习，才能最终得心应手地创作动画。

本书是为了帮助初学者在较短的时间内轻松掌握 Flash CS6 的相关知识而编写的，具有以下特点：

（1）内容全面：本书基本上涵盖了 Flash CS6 软件的全部功能讲解，包括从 Flash CS6 的基本操作到二维动画设计与制作领域的典型动画创作。

（2）讲解到位：本书力求在有限的篇幅内为读者提供更多需要的知识，多视角、全方位地引领读者进行分析和思考，以提高读者的学习能力。

（3）项目教学：本书从实际应用的角度出发，以项目实现为导向，全面介绍了 Flash CS6 动画设计与制作的相关知识和应用。

（4）本书提供配套的电子教案和素材文件库，读者可到 http://www.51eds.com 下载。

全书共分为 11 个项目，项目 1 为初识 Flash CS6，项目 2 为 Flash CS6 工具及其应用，项目 3 为创建与编辑文本、项目 4 为元件、实例和库的应用，项目 5 为导入素材，项目 6 为 Flash CS6 动画基础，项目 7 为 Flash CS6 动画类型及其应用，项目 8 为交互式动画的制作，项目 9 为组件的应用，项目 10 为动画测试与发布，项目 11 为项目综合实战。

本书由彭德林、明丽宏任主编，邵丹、宋磊、杨雪婧、贾维红任副主编，金忠伟、张丽静主审，卢士强、裴伟参编。编写分工：项目 1、项目 3 和项目 9 由邵丹编写，项目 2 由贾维红编写，项目 4 和项目 10 由明丽宏编写，项目 5 和项目 6 由卢士强编写，项目 7 和项目 8 由杨雪婧编写，项目 11 由宋磊编写，附录由裴伟编写。全书由彭德林主持策划、定稿，明丽宏统稿。

本书在编写过程中得到了中国铁道出版社有关领导和编辑的大力支持与帮助，在此表示感谢。

由于时间仓促，编者水平有限，书中难免存在疏漏和不足之处，敬请广大读者和同人给予批评和指正。

编　者
2014 年 10 月

3

项目 1

➡ 初识 Flash CS6

Flash 是 Adobe 公司推出的一款非常好用的图形编辑与动画制作软件。Flash 动画具有文件小，播放快等优点，所以被广泛应用。同时，Flash CS6 新增功能内含强大的工具集，具有排版精确、版面保真和丰富的动画编辑功能，能更好地发挥设计者的想象力和创造力。下面就来认识 Flash CS6 的操作界面及基本操作。

项目学习重点：

- Flash CS6 的新增功能；
- Flash CS6 的工作界面；
- Flash CS6 的文件操作；
- Flash CS6 动画制作的一般流程。

1.1　Flash　概　述

Flash 主要用于制作和播放在互联网以及其他多媒体程序中使用的矢量图形和动画素材，它采用跨媒体技术，具有很强的交互功能。Flash CS6 界面使用便捷，而且视觉上完美、舒适，深受广大动画制作者的喜爱。

1.1.1　Flash 的特点及应用领域

Flash 是现在比较流行的 Web 页面动画格式，利用 Flash 制作动画，制作方法简单，动画效果好。

1. Flash 的特点

Flash 与传统动画制作软件相比，主要具有以下特点：

（1）Flash 应用了矢量图的技术，使动画的体积减小，在网络上的传输速度快，浏览者可以随时下载观看。

（2）Flash 的制作过程相对比较简单，普通用户掌握其操作方法，即可发挥自己的想象力创作出简单的动画。

（3）Flash 具有交互性的特点，可以让浏览者融入到动画中通过鼠标选择和决定故事的发展，让浏览者成为动画中的一个角色。

（4）Flash 提供了功能强大的视频导入功能，可以让用户设计的 Flash 作品更加绚丽多彩。

（5）Flash 拥有强大的动画编辑功能，通过 Action 和 FSCommand 实现动画的交互性，并提高动画的设计品质。

2. Flash 的应用领域

Flash 因为体积小、动画品质高、播放速度快，应用领域非常广泛。

（1）娱乐短片：当前国内最火爆，也是广大 Flash 爱好者最热衷应用的一个领域，即利用 Flash 制作动画短片，供大家娱乐。这是一个发展潜力很大的领域，也是 Flash 爱好者展现自我的平台。

（2）广告设计：这是最近两年开始流行的一种形式。有了 Flash，广告在网络上发布成为了可能，而且发展势头迅猛。根据调查资料显示，国外的很多企业都愿意采用 Flash 制作广告，因为它既可以在网络上发布，也可以存为视频格式在传统的电视台播放。一次制作，多平台发布，所以它必将会越来越得到更多企业的青睐。

（3）Web 界面：传统的应用程序界面都是静止的图片，由于任何支持 ActiveX 的程序设计系统都可以使用 Flash 动画，所以越来越多的应用程序界面应用了 Flash 动画。

（4）导航条：Flash 的按钮功能非常强大，是制作菜单的首选。通过鼠标的各种动作，可以实现动画、声音等多媒体效果，在美化网页和网站的工作中效果显著。

（5）游戏：利用 Flash 开发"迷你"小游戏，在国外一些大公司比较流行，把网络广告和网络游戏结合起来，让观众参与其中，大大增强了广告效果。

（6）课件：用 Flash 可以制作各种令人满意的演示效果，所以经常被用来制作课件。用 Flash 制作课件动画基本可以分成两种方法：一种是纯粹的 Motion 动画实现单一的效果；另一种是以 ActionScript 来实现动画功能，效果是随着变量或鼠标位置的变化而变。

（7）MTV：也是一种应用比较广泛的形式。在一些 Flash 制作的网站，几乎每周都有新的 MTV 作品产生。在国内，用 Flash 制作 MTV 也开始有了商业应用。

1.1.2 动画基础知识与 Flash 动画基本术语

用户应该了解一些 Flash 基础知识和动画基本术语，为进行下一步深入学习奠定坚实的基础。

1. 动画基础知识

动画是通过连续播放一系列画面，给视觉造成连续变化的图画。它的基本原理与电影、电视一样，都是视觉原理。人类具有"视觉暂留"的特性，就是说人的眼睛看到一幅画或一个物体后，在 1/24s 内不会消失。利用这一原理，在一幅画还没有消失前播放出下一幅画，就会给人造成一种流畅的视觉变化效果。

传统的二维动画是由人工手绘制的很多画面，通过连续切换系列画面在视觉上形成动画效果。一部效果好、动作连贯的动画通常需要人工手绘几十万张绘画原稿，相当耗费人力、物力、财力和时间。像人们所熟悉的《大闹天宫》这部 120 min 的动画片，需要画 10 万多张画面。是几十位动画工作者，花费三年多时间辛勤劳动的结果。

Flash 集众多的功能于一身，绘画、动画编辑、特效处理、音效处理等都可在这个软件中操作；比起传统动画的多个环节由不同部门、不同人员分别操作，可谓简单易行。Flash 在很多方面简化了动画制作难度，许多元件可以重复利用，人物各个角度形象只需设计一个，可以在不同场景镜头里反复使用，这样就避免了在传统动画制作中走形的问题。Flash 补间动画和形状动画更是简化了动画的设计过程，只要设置好初始帧和结束帧即可。

2. Flash 动画基本术语

（1）舞台：舞台是编辑电影画面的矩形区域，使用 Flash 制作动画就像导演指挥演员表演一样，需要一个演出的场所。在 Flash 中称为舞台（注意，在发布的作品中，只有在舞台中的角色才是可见的）。现实中的舞台由大小、音响、灯光等条件组成，而 Flash 中的舞台也有大小、色彩等设置。

（2）时间轴：一场表演，除了舞台的布局之外，更重要的是演员要按时间安排合理的演出。时间轴在 Flash 动画制作中，就扮演着时间安排这个角色，它是 Flash 的灵魂。同时，时间轴是 Flash 的一大特点，在以往的动画制作中，通常是要绘制出每一帧的图像，或者通过程序来制作，而 Flash 使用关键帧技术，通过对时间轴上的关键帧的制作，Flash 会自动生成运动中的动画帧，节省了制作人员的大部分的时间，并提高了效率。

（3）帧：电影是由一格一格的胶片按照先后顺序播放出来的，由于人眼有视觉停留现象，这一格一格的胶片按照一定速度播放出来，看起来就"动"了。Flash 动画采用的也是这一原理，不过这里不是一格一格的胶片，取而代之的是"帧"。"帧"其实就是时间轴上的一个小格，是舞台内容中的一个小片段。当播放头移到某一帧上时，该帧的内容就显示在舞台上。

（4）关键帧：关键帧是 Flash 中另一个非常重要的概念，是指动画制作时的关键画面。它的作用是用来定义动画中关键的变化，Flash 可以按照给定的动作方式，自动创建两个关键帧之间的变化过程，这使得动画的制作变得十分简单。在制作一个 Flash 动作时，只需将开始动作状态和结束动作状态分别用关键帧表示，再设置 Flash 动作的方式，Flash 就可以做成一个连续动作的动画。关键帧用来记录舞台的内容，但是普通帧只能显示离它左边最近的关键帧的内容，不能对帧的内容直接进行修改编辑，要想修改帧的内容，必须把它转变成关键帧。关键帧可以直接编辑。空白关键帧是在舞台上没有任何内容的关键帧，一旦在空白关键帧上绘制了内容，它就变成关键帧。

（5）场景：一部电影需要很多场景，并且每个场景的对象可能都不同。与拍电影一样，Flash 通过设置各个场景播放顺序来把各个场景的动画逐个连接起来，构成一部连贯的电影。而且，在多个场景的情况下，每个场景都是独立的动画，这与电影中的场景也是一样的。

（6）元件：元件可以说是 Flash 动画中的"演员"，当这个"演员"走上 Flash 舞台，就可以表演了。元件是一个可以独立的对象，也可以是小段 Flash 动画，在元件中创建的动画既可以独立于主动画进行播放，也可以将其调入到动画中作为主动画的一部分。创建元件后，Flash 会自动将其添加到元件库中，以后需要时可直接从元件库中调用，而不必每次都重复制作相同的对象。

（7）图层：图层可以被看成是叠放在一起的透明胶片，如果某图层上没有任何东西，就可以透过它直接看到下一层，这是图层的一大特点。另外，图层又是相对独立的，在不同层上编辑不同的动画而互不影响，并在放映时得到合成的效果。

（8）库面板：库面板是 Flash 片中所有可以重复使用的元素的存储仓库，元件创建后自动存放在库中，图片和声音等资源都可以放在库面板中，从库面板中调用即可。

（9）动作脚本：ActionScript 是 Flash 的脚本语言。ActionScript 和 JavaScript 相似，是一种面向对象的编程语言。Flash 使用 ActionScript 为电影添加交互性。在简单电影中，Flash 按顺序播放场景和帧上的动画，而在交互电影中，用户可以使用键盘或鼠标与电影进行交互。

（10）组件：组件是可重复使用的用户界面元素，如按钮、菜单等。可以在自己的项目中使用它们，无须自己创建这些元素并为之编写脚本。

1.1.3 与众不同的 Flash CS6

Flash CS6 与以前的众多 Flash 版本相比，增加了许多功能。

（1）HTML 的新支持：以 Flash Professional 的核心动画和绘图功能为基础，利用新的扩展功能（单独提供）创建交互式 HTML 内容。导出 JavaScript 针对 CreateJS 进行开发。

（2）生成 Sprite 表单：导出元件和动画序列，以快速生成 Sprite 表单，协助改善游戏体验、工作流程和性能。

（3）高级绘制工具：借助智能形状和强大的设计工具，更精确有效地设计图稿。

（4）行业领先的动画工具：使用时间轴和动画编辑器创建和编辑补间动画，使用反向运动为人物动画创建自然的动画。

（5）高级文本引擎：通过"文本版面框架"获得全球双向语言支持和先进的印刷质量排版规则 API。从其他 Adobe 应用程序中导入内容时仍可保持较高的保真度。

（6）骨骼工具的弹起属性：借助骨骼工具的动画属性，创建出具有表现力、逼真的弹起和跳跃等动画属性。强大的反向运动引擎可制作出真实的物理运动效果。

（7）滤镜和混合效果：为文本、按钮和影片剪辑添加有趣的视觉效果，创建出具有表现力的内容。

（8）3D 转换：借助激动人心的"3D 旋转工具"，让 2D 对象在 3D 空间中转换为动画，让对象沿 x、y 和 z 轴运动；将本地或全局转换应用于任何对象.

（9）Flash Builder 集成：与开发人员密切合作，让他们使用 Adobe Flash Builder 软件对 FLA 项目文件内容进行测试、调试和发布，能够提高工作效率。

1.2 Flash CS6 安装与卸载

在 Adobe 官方网站中，用户可以免费下载 Flash CS6 免费试用版，试用期为 30 天，在安装之前先要确认个人计算机的配置。

1.2.1 Flash CS6 硬件配置要求

1. Windows

（1）处理器：Intel® Pentium 4 或 AMD Athlon 64 处理器。

（2）操作系统：Windows 7、Windows XP SP3 等。

（3）内存：2GB（推荐 3GB），3.5GB 可用硬盘空间用于安装；安装过程中需要额外的可用空间。

（4）分辨率：1 024×768 像素显示屏（推荐 1 280×800 像素）。

（5）Java Runtime Environment 1.6。

（6）多媒体功能需要 QuickTime 7.6.6 软件。

（7）Adobe Bridge 中的某些功能依赖于支持 DirectX 9 的图形卡（至少配备 64 MB VRAM）。

2. Mac OS

（1）处理器：Intel 多核处理器。

（2）操作系统：Mac OSX10.6 或 10.7 版。

（3）内存：2 GB 内存（推荐 3 GB），4 GB 可用硬盘空间用于安装；安装过程中需要额外的可用空间。

（4）分辨率：1 024×768 像素显示屏（推荐 1 280×800 像素）。

（5）Java Runtime Environment 1.6。

（6）多媒体功能需要 QuickTime 7.6.6 软件。

1.2.2　Flash CS6 的安装

Flash CS6 和其他的专业软件的安装步骤和要求基本一致。根据安装向导提示操作便可，具体步骤如下：

（1）在安装之前关闭任何正在运行的 Flash 版本。

（2）现在一般的计算机都不配备光驱，可以从网络上下载安装程序到本地磁盘。

（3）把 Adobo Flash CS6 破解版下载到本地硬盘，解压后双击 Adobo Flash CS6 文件，如图 1-1 和图 1-2 所示。

图 1-1　解压文件

图 1-2　安装路径

（4）Adobo Flash CS6 将被解压到用户选择的路径下，单击 Setup 文件，进入安装选择界面，这里选择试用版本，如图 1-3 所示。

（5）单击"下一步"按钮，进入"许可证协议"窗口，如图 1-4 所示。

图 1-3　"欢迎"窗口

图 1-4　"许可协议"窗口

（6）单击"接受"按钮，进入"选项"窗口，两项都选择上，如图 1-5 所示。

（7）单击"安装"按钮，进入"安装"窗口，如图 1-6 所示。

图 1-5 "选项"窗口

图 1-6 "安装"窗口

（8）安装结束后，进入"安装完成"窗口，如图 1-7 所示；单击"关闭"按钮进入"登录"窗口，如图 1-8 所示。

图 1-7 "安装完成"窗口

图 1-8 "登录"窗口

（9）如果有 Adobe 账户则直接登录，否则要单击"创建 Adobe ID"新建用户名，用新建的用户名来登录，如图 1-9 所示；进入"Flash Pro 试用版"窗口，如图 1-10 所示。

图 1-9 "注册"窗口

图 1-10 "Flash Pro 试用版"窗口

（10）单击"开始试用"按钮进入欢迎界面，如图 1-11 所示。

1.2.3 Flash CS6 的启动

完成 Flash CS6 的安装，会自动在桌面上添加一个 Flash CS6 的快捷方式，在 Windows 程序组中添加 Adobe Flash Professional CS6 文件组。Flash CS6 的启动方式有两种：

（1）双击桌面上的 Flash CS6 快捷方式图标可以启动 Flash CS6 操作界面，如图 1-11 所示。

（2）选择"开始"→"所有程序"→"Adobe"→Adobe Flash Professional CS6 命令，进入 Flash CS6 操作界面，如图 1-12 所示。

退出 Flash CS6，可以单击 Flash CS6 软件界面右上角的"关闭"按钮，或选择"文件"→"退出"命令。

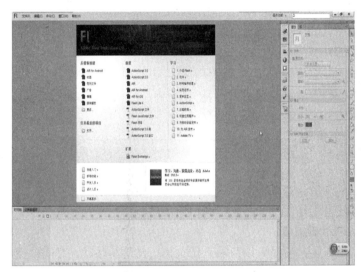

图 1-11 Flash CS6 操作界面   图 1-12 Adobe 菜单

1.2.4 Flash CS6 的卸载

有两种卸载 Flash CS6 的方法：

（1）选择"开始"→"控制面板"→"程序"→"程序功能"命令，找到 Adobe Flash Professional CS6 文件，在该文件上右击"卸载"，或者双击该文件，进入卸载界面，按照向导的提示完成文件的卸载。

（2）使用第三方软件，比如 360 安全卫士的软件管家，也可以卸载软件。

1.3 Flash CS6 的操作界面

Flash CS6 的操作界面与 Flash CS5 相比变动不大，主要由以下几部分组成：菜单栏、主工具栏、工作区和舞台、工具箱、时间轴面板以及一些浮动面板（见图 1-13），下面将逐一介绍。

菜单栏
场景
工具箱
舞台
主工具栏
时间轴面板
工作区
浮动面板组
浮动面板

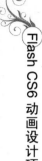

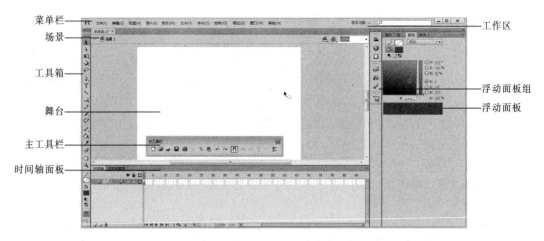

图 1-13　Flash CS6 操作界面

1.3.1　菜单栏

Flash CS6 的菜单栏依次为“文件”“编辑”“视图”“插入”“修改”“文本”“命令”“控制”“调试”“窗口”以及“帮助”菜单，如图 1-14 所示。

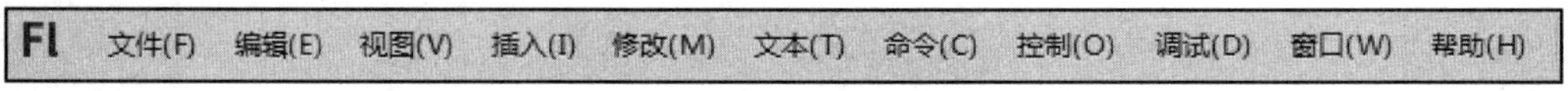

Fl
文件(F)　编辑(E)　视图(V)　插入(I)　修改(M)　文本(T)　命令(C)　控制(O)　调试(D)　窗口(W)　帮助(H)

图 1-14　Flash CS6 菜单栏

- “文件”菜单：主要功能是创建、打开、保存、打印、输出动画、导入外部文件、文件信息、脚本设置、文件发布和退出等。
- “编辑”菜单：主要功能是对舞台上的对象以及帧进行选择、复制、粘贴，时间轴操作、自定义面板、查找和替换以及首选参数等设置。
- “视图”菜单：主要功能是进行动画编辑环境的各种设置，主要包括经常用到的标尺和网格。
- “插入”菜单：主要功能是向动画中插入对象，主要包括各种元件、场景和时间轴等。
- “修改”菜单：主要功能是修改动画中的对象，主要包括文档的初始化、图形的形状和元件的各种变形等。
- “文本”菜单：主要功能是修改文字的外观，字体名称、字体大小、字体样式、字体对齐和拼写检查等。
- “命令”菜单：主要功能是保存、查找、运行命令，导入、导出 XML 等。
- “控制”菜单：主要功能是测试播放动画，设置动画测试的一些选项。
- “调试”菜单：主要功能是提供了影片调试的相关命令，如设置影片调试的环境等。
- “窗口”菜单：主要功能是 Flash 的浮动面板激活命令，选择一个要激活的面板的名称即可打开该面板。
- “帮助”菜单：主要功能是可以打开 Flash 官方帮助文档，也可以选择“关于 Adobe Flash Professional”来了解当前 Flash 的版权信息。

1.3.2 主工具栏和编辑栏

1. 主工具栏

Flash CS6 为方便用户，将一些用户常用的操作命令以按钮的形式组织在一起。主工具栏依次分为"新建""打开""转到 Bridge""保存""打印""剪切""复制""粘贴""撤销""重做""对齐功能""平滑""伸直""旋转与倾斜""缩放"和"对齐"按钮，如图 1-15 所示。

图 1-15 主工具栏

- "新建"按钮□：创建新的 Flash 文件。
- "打开"按钮▨：打开已有的 Flash 文件。
- "转到 Bridge"按钮▨：打开 Adobe Creative Suite 的控制中心，浏览和选择文件。
- "保存"按钮▨：保存当前正在编辑的文件，不退出编辑状态。
- "打印"按钮▨：将当前编辑的内容送至打印机输出。
- "剪切"按钮▨：将选中的内容剪切到剪贴板中。
- "复制"按钮▨：将剪贴板中的内容复制到剪贴板中。
- "粘贴"按钮▨：将剪贴板中的内容粘贴到选定的位置。
- "撤销"按钮▨：取消上一步操作。
- "重做"按钮▨：还原被取消的操作。
- "对齐功能"按钮▨：选择此按钮进入紧贴状态，用于绘制时调整对象准确定位；设置动画路径时能自动粘贴。
- "平滑"按钮▨：使曲线或者图形的外观变得更加平滑。
- "伸直"按钮▨：使曲线或图形的外观变得更加平直。
- "旋转与倾斜"按钮▨：改变舞台对象的旋转角度和倾斜变形。
- "缩放"按钮▨：改变舞台中对象的大小。
- "对齐"按钮▨：调整舞台中多个选中对象的对齐方式。

2. 编辑栏

选择"窗口"→"工具栏"→"编辑栏"命令可以调出 Flash CS6 的编辑栏，可以对 Flash 文件进行场景管理，如图 1-16 所示。

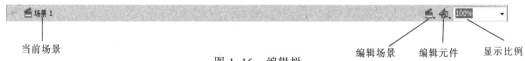

当前场景   编辑场景   编辑元件   显示比例

图 1-16 编辑栏

- "编辑场景"按钮▨：可以选择要编辑的场景。
- "编辑元件"按钮▨：可以选择要切换编辑的元件。
- "显示比例"下拉列表框▨：可以设置舞台显示的比例。

1.3.3　工作区域和舞台

1. 工作模式

为了满足不同类型用户的需要，Flash CS6 提供了 7 种工作区，包括：

- "基本功能"工作区：默认的工作区。
- "动画"工作区：用于动画设计人员的使用。
- "传统"工作区：适应旧版本操作习惯的"传统"工作区。
- "调试"工作区：用于程序后期的调试测试工作。
- "设计人员"工作区：用于矢量图形的绘制。
- "开发人员"工作区：用于 Flash 脚本的开发。
- "小屏幕"工作区：用于开发 iPhone 等手持设备程序。

借助 Flash 提供的"工作区切换器"工具，用户可以方便地切换工作区，或创建和管理新的工作区，如图 1-17 所示。

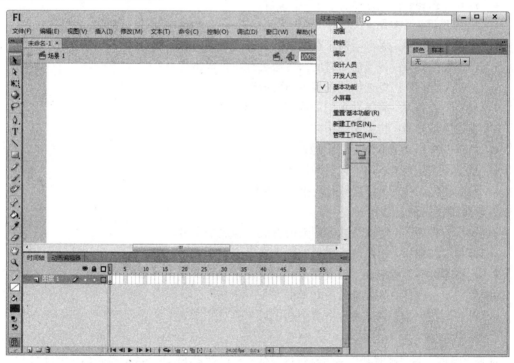

图 1-17　切换工作区

2. 舞台

舞台就是打开 Flash 工作界面的一块白色矩形区域，是用户创建 Flash 文件时放置图形内容的区域，这些图形内容包括矢量插图、文本框、按钮、导入的位置或者视频等。如果需要在舞台中定位项目，可以借助网格、辅助线和标尺。

Flash 工作界面中的舞台相当于 Flash Player 或 Web 浏览器窗口中在播放 Flash 动画时显示 Flash 文件的矩形空间，在 Flash 工作界面中可以任意放大或缩小视图，以更改舞台中的视图。

Flash CS6 的工作区进行了许多改进，图像处理区域更加开阔，文档的切换也变得更加快捷。Flash CS6 的工作界面更具亲和力，使用也更加方便，如图 1-18 所示。

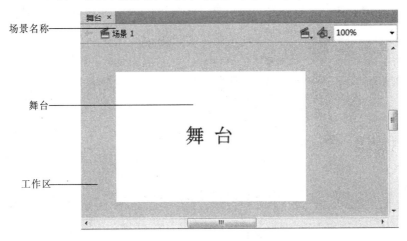

图 1-18　舞台

1.3.4　工具箱

工具箱中包含有较多工具，每个工具都能实现不同的效果，熟悉各个工具的功能特性是学习 Flash 的重点之一。Flash 默认工具箱如图 1-19 所示，由于工具太多，一些工具被隐藏起来，在工具箱中，如果工具按钮右下角含有黑色小箭头，则表示该工具中还有其他隐藏工具。

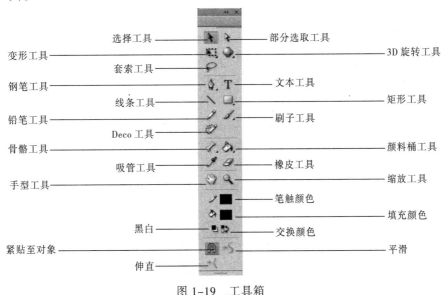

图 1-19　工具箱

1.3.5　时间轴面板

Flash "时间轴"面板用于组织和控制文档内容在一定时间内播放的图层数和帧数，"时间轴"面板是 Flash 动画的灵魂。Flash 文件将动画的播放时间分为帧，Flash CS6 的默认帧频是 24，也就是每秒播放 24 帧的动画，"时间轴"面板主要由图层和帧组成。通过"时间轴"面板的下拉菜单，用户可以更改帧单元格的宽度和减小帧单元格行的高度。如果需要打开或关闭用彩色显示帧顺序，可以选择"彩色显示帧"命令。Flash 动画的"时间轴"面板如图 1-20 所示。

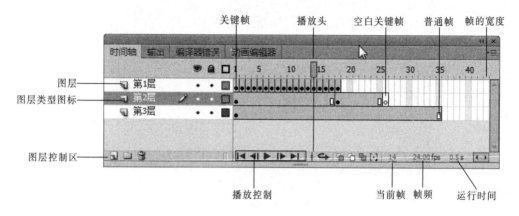

图 1-20 "时间轴"面板

1. 图层

文档的图层在"时间轴"面板左侧的列中，每个图层中包含的帧显示在该图层名右侧的一行中。图层就像是堆叠在一起的多张幻灯片，每个图层都包含一个显示在舞台中的不同图像。在图层控制区中可以显示舞台上正在编辑作品的所有图层的名称、类型和状态。

- "新建图层"按钮：用于创建新图层。
- "新建文件夹"按钮：用于创建图层文件夹，便于管理图层。
- "删除"按钮：用于删除图层，把图层拖到该按钮上或者选定将删除的图层，然后单击该按钮。

2. 时间轴控制区

"时间轴"面板顶部的时间轴标题指示帧的编号，播放头指示当前在舞台中显示的帧。播放 Flash 文件时，播放头从左向右通过时间轴。时间轴的状态显示在"时间轴"面板的底部，可以在动画的编辑状态对动画的帧进行播放控制，可以显示"帧频"和"当前帧"为止的运行时间。"帧居中"按钮用于让选中的这个图层显示在时间轴面板的中间位置，在多个图层时很有用。

Flash 还提供了一次显示多帧的技术，这就是"洋葱皮"技术。"洋葱皮"技术允许用户一次查看多个帧。当前正在编辑的帧以全色显示，其余帧则逐渐变淡，只有被选中的帧才可以进行编辑。由于这种方式可以看到用户所做的修改会在整个动画过程中产生的影响，所以用户可以很直观地进行动画的全局控制。"洋葱皮"共有 4 个按钮，分别是：

- "绘图纸外观"按钮：用于在工作区中显示几个帧的图像，产生一个"洋葱皮"效果，这时在帧的上方有一个大括号一样的效果范围，括号两头可以拖动，控制显示几个帧的图像。
- "绘图纸轮廓"按钮：用于显示出图形的边框，没有填充色，因而显示速度要快一些。

- "编辑多个帧"按钮 ：用于编辑两个以上的关键帧，这样在检查动画的两个关键帧时，就非常方便。
- "修改标记"按钮 ：可以设置大括号的范围，跟拖动大括号的意思一样，调节"洋葱皮"的数量和显示帧的标记，默认 2 个绘图纸，括号里有两帧。

1.3.6 常用面板及操作

Flash 中的各种面板可帮助用户查看、组织和更改文档中的元素。用户可以通过显示特定任务所需的面板并隐藏其他面板来自定义 Flash 界面，也可以使用面板处理对象、颜色、文本、实例、帧、场景和整个文档。用户可以通过选择"窗口"菜单查看所有的面板。Flash 常用的面板有"属性"面板、"库"面板、"对齐"面板、"变形"面板和"颜色"面板等。

为了优化 Flash 操作界面，Flash CS6 提供了面板组功能，把用途相近的面板组成面板组。面板组一般整合两到三块面板，拖动面板组里的任意面板可以实现面板组的拆分、合并和更改排列顺序。

1. 属性面板和库面板

"属性"面板方便用户访问舞台或时间轴上当前选定项的常用属性，从而简化文档的创建过程。用户可以在"属性"面板中更改对象或文档的属性，而不必访问用于控制这些属性的菜单或者面板。根据当前选定的内容，"属性"面板可以显示当前文档、文本、元件、形状、位图、视频、组、帧或工具的信息和设置。

"库"面板方便用户对动画资源的浏览和管理，同时用于放置 Flash 文档中的元件、图片、声音和视频等。"公共库"中放置了系统自带的按钮、类和声音。在同时打开的多个文档中，每个文档的"库"资源是通用的，相互可以切换、复制和使用，如图 1-21 和图 1-22 所示。

图 1-21 "属性"面板组

（a）"属性"面板

（b）"库"面板

图 1-22 拆分的"属性面板"和"库"面板

2. 对齐面板、变形面板和信息面板

"对齐"面板主要控制动画对象在舞台的排列方式和位置，用户还可以通过快捷键 <Ctrl+K> 打开"对齐"面板。

"变形"面板主要用来控制图形的旋转、变形和复制，用户还可以通过快捷键<Ctrl+T>打开"变形"面板。

"信息"面板主要用于显示当前对象的"宽""高"、原点所在的"X"和"Y"值，以及鼠标的坐标和所在区域的颜色状态。

图 1-23 所示为"对齐"面板组，图 1-24 所示为拆分后的"信息""变形"和"对齐"面板。

图 1-23　"对齐"面板组

（a）"信息"面板

（b）变形面板

（c）"对齐"面板

图 1-24　拆分后的"信息""变形"和"对齐"面板

3. 颜色面板

"颜色"面板主要用来给图形填充各种模式的颜色，可以方便快捷地应用、创建和修改颜色，也可以使用默认的调色板，自己创建调色板，还可以为对象填充纯色、渐变色或位图。用户还可以通过快捷键<Shift+F9>打开"颜色"面板。

"样本"面板主要用于样本的管理，单击"样本"面板右上角的下三角按钮，可以弹出面板菜单，菜单包含"添加颜色""删除样本""替换颜色""保存颜色"等命令。图 1-25 所示为"颜色"面板组，图 1-26 所示为拆分后的"颜色"和"样本"面板。

图 1-25　"颜色"面板组

（a）"颜色"面板

（b）"样本"面板

图 1-26　拆分的"颜色"和"样本"面板

在 Flash CS6 工作界面上，有一些常用面板的快捷按钮，如图 1-27 和图 1-28 所示。

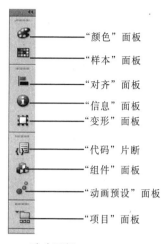

图 1-27 浮动面板

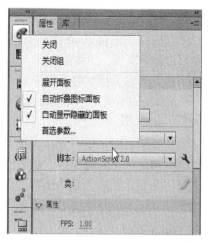

图 1-28 关闭浮动面板

1.4 Flash CS6 文件操作

管理 Flash 文档包括对 Flash 文档进行创建、打开、保存和关闭等操作。用户可以打开编辑过的 Flash 文档，也可以创建新的 Flash 文档。

1.4.1 创建和打开文件

1. 创建文档

Flash 提供了两种创建 Flash 文档的工具，即"启动界面"工具和"新建文档"对话框。

（1）使用"启动界面"。在 Flash 的启动界面中，用户可以创建两种类型的 Flash 文档，包括基于模板的 Flash 文档或直接新建一个空白的 Flash 文档。单击"从模板创建"下的列表项目，即可创建各种模板类型的 Flash 文档，如图 1-29 所示。

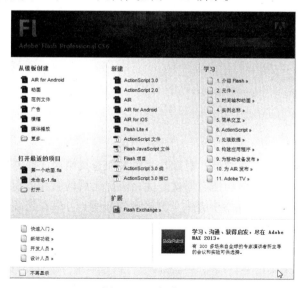

图 1-29 启动界面

如用户需要创建各种空白的 Flash 文档，可直接单击"新建"下的列表项目，此时，Flash 会根据用户所选的类型创建 Flash 文档。

（2）使用"新建文档"对话框。在 Flash 工作区打开的情况下，选择"文件"→"新建"命令，在弹出的"新建文档"对话框中选择"常规"选项卡，创建各类空白的 Flash 文档，通常选择 ActionScrip 3.0 文档。用户还可以选择"模板"选项卡，创建基于模板的 Flash 文档。

2. 打开 Flash 文档

编辑 Flash 工作区中，用户可以选择"文件"→"打开"命令，在弹出的"打开"对话框中双击所选文档即可在环境中打开该文档；或者选择文档，然后单击"打开"按钮，也可以打开该文档。此外，用户也可以选择"文件"→"打开最近的文件"命令，选择最近编辑过的文档，默认列出 5 个最近使用过的文档。

1.4.2 保存和测试文件

制作完影片后，可以将动画影片导出或发布，在发布影片之前，可以根据使用场合的需要，对影片进行适当的优化处理。还可以设置多种发布格式，可以保证制作影片与其他的应用程序兼容。

1. 文件的保存

Flash CS6 有 3 种文件保存方式：

（1）选择"文件"→"保存"命令或者"文件"→"另存为"命令，将文件保存为 Flash CS6 影片（.fla）。

（2）选择"文件"→"导出"命令，可以导出 SWF 格式的影片，如图 1-30 所示。

（3）选择"文件"→"发布"命令，发布前可以通过选择"文件"→"发布"→"发布设置"对动画进行发布设置，然后选择"文件"→"发布"→"发布预览"命令观看发布效果，如图 1-31 所示。

图 1-30　"导出"菜单　　　　　　　　图 1-31　"发布预览"菜单

2. 文件的测试

制作完毕的动画需要不断测试，观看影片效果和查找错误。而测试除了解决动画中存在的问题以外，还有一项重要的功能，那就是优化。优化后的影片体积较小，可以达到最佳的传播效果。Flash CS6 的集成环境中提供了测试影片环境，可以在该环境进行一些比较简单的测试工作，可以测试按钮的状态、主时间轴上的声音、主时间轴上的帧动作、主时间轴上的动画、动画剪辑、动作、动画速度以及下载性能等。

测试一个动画的全部内容，可以选择"控制"→"测试影片"命令或者选择快捷键<Ctrl+Enter>。Flash 将自动导出当前影片中的所有场景，然后将文件在新窗口中打开。测试影片可以用 Flash

Professional 和浏览器两种方式，其中默认是前一种，如图 1-32 和图 1-33 所示。

测试一个场景的全部内容，可以执行"控制"→"测试场景"命令。Flash 仅导出当前影片中的当前场景，然后将文件在新窗口中打开，且在文件选项卡中标示出当前测试的场景。

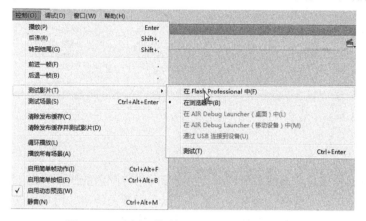

图 1-32 选择"控制"→"测试影片"命令

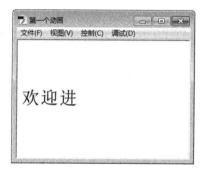

（a）在 Falsh Professional 中测试

（b）在浏览器中测试

图 1-33 在 Flash Professional 和浏览器中测试影片

注意：在影片编辑环境下，按<Enter>键可以对影片进行简单的测试，但影片中的影片剪辑元件、按钮元件以及脚本语言，也就是影片的交互式效果均不能得到测试。

1.5 Flash CS6 的辅助功能

Flash CS6 为用户提供了动画设计的辅助工具，帮助用户快速精确定位图形位置，为动画设计整体布局提供了便利。辅助工具分别是：标尺、网格和辅助线。

1.5.1 标尺

标尺工具帮助用户精确地定位 Flash 动画的对象，用户可以通过 3 种方式打开标尺，如图 1-34 和图 1-35 所示。分别是：

（1）选择"视图"→"标尺"命令可开启或禁用 Flash 的标尺工具。

（2）在场景中右击，在弹出的快捷菜单中选择"标尺"命令。

（3）按快捷键<Ctrl+Alt+Shift+R>。

图 1-34　菜单方式打开　　　　　　　　　图 1-35　快捷菜单

1.5.2　网格

网格工具可根据用户定义的水平或垂直距离显示指定颜色的线条。在 Flash 中选择"视图"→"网格"→"显示网格"命令，即可显示默认设置的网格。用户可以"视图"→"网格"→"编辑网格"命令，在弹出的"网格"对话框中设置各种网格的间距及颜色等属性，带网格的舞台如图 1-36 所示，"网格"设置对话框如图 1-37 所示，属性设置如表 1-1 所示。

图 1-36　舞台网格　　　　　　　　　图 1-37　"网格"对话框

表 1-1　网格属性设置

属　　性		说　　明
颜色		单击其右侧的色块按钮，即可在颜色拾取器中选择网格的颜色
显示网格		选中该复选框，即可设置网格线为显示状态
在对象上方显示		选中该复选框，可设置网格线显示于所有对象上方，否则网格线将显示于所有对象之下
贴紧至网格		选中该复选框，可强制动画元素贴紧距离最近的网格线
水平间距		定义网格线之间的水平距离，默认单位为像素
垂直间距		定义网格线之间的垂直距离，默认单位为像素
贴紧精确度	必须接近	强制移动动画元素时必须接近网格线
	一般	默认值，以一般状态接近网格线
	可以远离	允许用户在移动动画元素时远离网格线
	总是贴紧	强制移动动画元素时必须贴紧网格线

1.5.3　辅助线

辅助线工具类似 Photoshop 中的参考线，允许用户在任意位置创建一条垂直线或水平线，帮助用户为动画对象定位。在 Flash 中选择"视图"→"辅助线"→"显示辅助线"命令后，即可从标尺上拖动鼠标，快速创建辅助线。

　　辅助线是可以更改位置的，可直接用鼠标将辅助线拖动至新的坐标上。如果用户需要删除某条辅助线，则可以直接用鼠标拖动该辅助线至对应的标尺栏上。此时，Flash 就会自动将该辅助线清除。如果用户需要删除所有辅助线，则可以选择"视图"→"辅助线"→"清除辅助线"命令，删除所有辅助线。选择"视图"→"辅助线"→"编辑辅助线"命令可以设置辅助线属性，添加辅助线的舞台，选择如图 1-38 所示。"辅助线"设置对话框如图 1-39 所示，辅助线属性如表 1-2 所示。

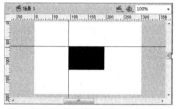

图 1-38　舞台辅助线

图 1-39　"辅助线"设置

表 1-2　辅助线属性设置

属　　性		说　　明
颜色		单击其右侧的色块按钮，即可在颜色拾取器中选择辅助线的颜色
显示辅助线		选中该复选框，即可设置辅助线为显示状态
贴紧至辅助线		选中该复选框，可强制动画元素贴紧距离最近的辅助线
锁定辅助线		选中该复选框，将禁止用户编辑辅助线
贴紧精确度	必须接近	强制移动画元素时必须接近辅助线
	一般	默认值，以一般状态接近辅助线
	可以远离	允许用户在移动动画元素时远离辅助线

1.6　Flash CS6 的系统配置

　　选择"编辑"→"首选参数"命令，弹出"首选参数"对话框，Flash CS6"首选参数"一共包括 10 个类别的设置选项，"常规"选项如图 1-40 所示。在该对话框左侧选择要设置的类别，右侧的参数设置区就会显示所选类别中的可设置项。修改好参数后，单击"确定"按钮保存设置，或者单击"取消"按钮，退出设置。

1. 常规

　　在"首选参数"对话框左侧的"类别"列表中选择"常规"选项，在对话框右侧可以对 Flash CS6 软件的常规选项进行设置，包括 Flash 的工作区、撤销功能、自动恢复等选项的设置，如图 1-40 所示。

- "启动时"下拉列表框：用于制定在启动该应用程序时 Flash 打开哪个文档。
- "撤销"下拉列表框和文本框：用于设置撤销和重做的方式和级别数，输入一个 2～300 之间的值。
- "工作区"选项组：可以设置有关 Flash CS6 工作区的相关选项。在选项卡中打开测试影片。选中该复选框，使得测试影片时不以弹出窗口方式打开影片，而是以选项卡窗口的方式打开。

- "选择"选项组：用于设置如何在影片编辑中使用快捷键<Shift>处理对多个元件的选择。
- "时间轴"选项组：用于设置时间轴的控制方式和时间轴标记。
- "加亮颜色"选项组：从面板中选择一种颜色或者选择"使用图层颜色"以使用当前层的轮廓颜色。
- "打印"选项：只用在 Windows 操作系统，选中"禁用 PostScript"复选框，可以在打印时禁用 PostScript 输出。
- "自动恢复"选项：用于设置 Flash 文档的自动恢复时间，默认为 10 分钟。该设置会以指定的时间间隔将每个打开文件的副本保存在原始文件所在的文件夹中。
- "缩放内容"选项组：在"缩放内容"选项区中可以对在 Flash 中的对象缩放时的选项进行设置。

2. ActionScript

在"首选参数"对话框左侧的"类别"列表中选择 ActionScript 选项，在对话框右侧可以对 Flash CS6 软件的 ActionScript 选项进行设置。主要用于设置动作面板中动作脚本的外观，包括 Flash 的字体、编码、语法颜色等选项的设置，如图 1-41 所示。

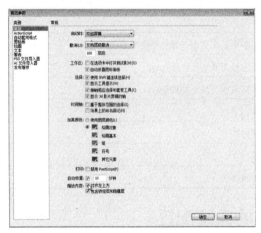

图 1-40 "首选参数"对话框

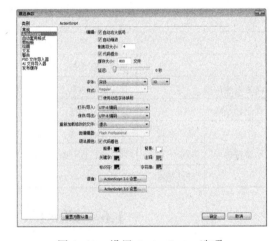

图 1-41 设置 ActionScript 选项

- "编辑"选项组：用于设置用户输入代码时脚本格式及代码提示，包括"自动右大括号""自动缩进"复选框及制表符，"代码提示"复选框、缓存大小、"延迟"滑块。
- "字体"选项：用于设置代码的字体、字号。
- "样式"选项：用于设置字体的样式。
- "打开/导入"下拉列表框：用于设置代码导入时的编码格式。
- "保存/导出"下拉列表框：用于设置代码导出时的编码格式。
- "重新加载修改的文件"下拉列表框：用于对重新加载文件时进行提示与否的设置。
- "类编辑器"选项：用于对类进行编辑。
- "语法颜色"选项组：用于设置用户输入代码的打开颜色，根据代码的类型打开的代码颜色不同。
- "语言"：用于设置 ActionScript 2.0 和 ActionScript 3.0 的各种库的路径。

3. 自动套用格式

"自动套用格式"选项的参数用于设置在用户输入代码时，自动完成某些代码的输入和格式化代码。

4. 剪贴板

"剪贴板"选项主要用于设置复制到剪贴板的位图的分辨率、颜色、渐变质量等参数。

5. 绘画

"绘画"选项主要用于设置"钢笔工具"的鼠标外观，包括连接线、曲线、确认线、确认形状等。

6. 文本

"文本"选项主要用于设置字体映射、垂直文本和输入方法等。

7. 警告

"警告"选项用于设置执行哪些操作后弹出警告提示，哪些操作不需要警告提示。默认情况下，在该首选参数中列出的操作都会弹出警告提示，用户可以根据需要进行设置。

8. PSD 文件导入器

"PSD 文件导入器"选项可以设置如何导入 PSD 文件中的特定对象，以及指定将 PSD 文件转换为 Flash 影片剪辑，还可设置 PSD 插图在 Flash 中的默认发布设置。

9. AI 文件导入器

"AI 导入器"选项可以设置 AI 文件导入时是否显示对话框、是否导入隐藏图层等。

10. 发布缓存

"发布缓存"选项可以对 Flash CS6 软件的发布缓存选项进行设置。

1.7 项目实战一 制作第一个 Flash 动画

前面我们已经对 Flash 的工作环境有了初步的认识，掌握了 Flash CS6 的菜单和工具的使用方法。下面以一个简单的 Flash 动画"打印机效果"为例，展示 Flash 动画制作的基本方法和基本步骤。

1.7.1 项目实战描述与效果

源文件：Flash CS6\项目 1\源文件\打印机效果。

1. 项目实战描述

本项目主要使用工具箱中的文本工具，掌握"静态文本"的创建方法，在"属性"面板对文本进行简单设置。注意掌握舞台的大小和文本的位置。"打印机效果"知识点分析如表 1-3 所示。

表 1-3 "打印机效果"知识点分析

知 识 点	功 能	实 现 效 果
文本工具的使用	能够正确选择文本类型，并通过属性设置文本效果	"欢迎进入 Flash 世界"
关键帧的使用	关键帧带有关键内容，为动画要表现的运动或变化	每秒一个字的速度逐字打出"欢迎进入 Flash 世界"

2. 项目实战效果

最终作品效果如图 1-42 所示。

图 1-42　打印机效果

1.7.2　项目实战详解

（1）选择"文件"→"新建"命令，在弹出的"新建文档"对话框中选择 ActionScript 3.0，单击"确定"按钮，进入新建文档舞台窗口。在"属性面板"中设置舞台的大小为 300×200 像素，帧频设置为 1，如图 1-43 所示。

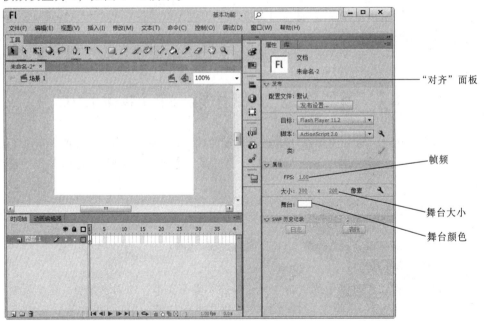

图 1-43　舞台设置

（2）选择"文本工具"，在舞台上单击，输入文字"欢迎进入 Flash 世界"。

（3）设置字体大小为 30，字符系列为 Leelawadee，字符样式为 Bold，字符间距为 3.0，属性设置如图 1-44 所示。在"对齐"面板中，按照图 1-45 所示的顺序设置文本"欢迎进入 Flash 世界"到舞台正中心，设置效果如图 1-46 所示。

图 1-44 文本属性

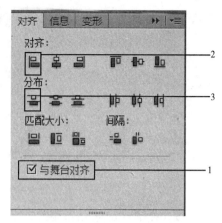

图 1-45 "对齐面板"

（4）在"时间轴"面板第一层中，选择第 2 帧到第 11 帧，右击，在弹出的快捷菜单中选择"插入关键帧"命令，第 2 帧到第 11 帧的内容都和第一帧内容一致，"时间轴"面板效果如图 1-47 所示。

（5）单击"时间轴"面板第一层的第 1 帧，单击舞台文本，删除"迎进入 Flash 世界"，只留下"欢"字；再单击第 2 帧删除"进入 Flash 世界"；再单击第 3 帧删除"入 Flash 世界"；依此类推，第 10 帧删除"界"字，第 11 帧不做设置。第 1 帧和第 2 帧的舞台效果如图 1-48 所示。第 10 帧和第 11 帧的舞台效果如图 1-49 所示。

图 1-46 文字的舞台效果

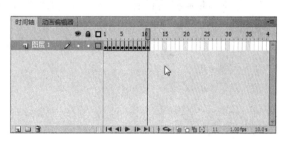

图 1-47 "时间轴"的帧设置

图 1-48 前两帧舞台效果

图 1-49　最后两帧舞台效果

（6）按快捷键<Ctrl+Enter>测试影片，观看 "打印机效果" 动画效果，如图 1-42 所示。

小　　结

通过本项目的学习，用户认识了全新的 Flash CS6 软件，掌握了 Flash CS6 的安装、工作界面、新增功能以及系统配置等知识，为今后学习 Flash 动画制作打下坚实的基础。

练　习　一

1. Flash 的应用领域有哪些？
2. 把 Flash 网格线设置为红色，辅助线设置为黑色。

项目2

→ Flash CS6 工具及其应用

要想制作多媒体动画，掌握图形的填充功能是非常必要的。Flash CS6 提供了非常强大的绘图和填充工具，只要掌握了这些技巧，即使以前不懂绘画，也可以制作出多姿多彩的动画，以创作出奇妙的动画效果。

项目学习重点：

- "矢量图"与"位图"的区别；
- 绘制图形相关工具的使用及技巧；
- 绘制路径相关工具的使用及技巧；
- 填充颜色相关工具的使用及技巧；
- 变形对象相关工具的使用及技巧；
- Deco 工具的使用及技巧；
- 骨骼工具的使用及技巧。

2.1 Flash 图形基础知识

计算机能以矢量图或位图显示图像，这两种图形都被广泛应用到出版、印刷以及互联网等各个领域，它们各有优缺点，如表 2-1 所示。

表 2-1 矢量图与位图的优缺点

图 像	组 成	优 点	缺 点	常用制作软件
矢量图	数学函数	文件容量较小，在进行放大、缩小或旋转等操作时，图像不会失真	不容易制作出色彩变化太多的图像	Flash 、CorelDRAW 等软件
位 图	像 素	只要有足够多的不同色彩的像素，就可以制作出色彩丰富的图像，逼真地表现出自然界的景象	缩放或旋转容易失真，并且文件容量较大	Photoshop、画图等软件

2.1.1 矢量图与位图

矢量图（vector），也叫向量图，简单地说，就是缩放不失真的图像格式。矢量图是通过多个对象组合而成的，对其中的每一个对象的记录方式，都是以数学函数来实现的。也就是说，矢量图实际上并不像位图那样记录画面上每一点的信息，而是记录了元素形状及颜色的算法，当用户打开一幅矢量图时，软件对图形图像对应的函数进行运算，将运算结果（图形的形状和颜色）显示出来。无论显示画面是大还是小，画面上的对象对应的算法是不变的。因此，即使对画面进行倍数相当大的缩放，其显示效果仍然相同（不失真）。例如，矢量图就好比画在质量非常好的橡胶膜上的图像，不管对橡胶膜怎样进行长宽等比成倍拉伸，画面依然清晰，不管离得多么近去观察，也不会看到图形的最小单位，如图 2-1 所示。

位图（bitmap），也叫点阵图、栅格图像、像素图，简单地说，就是最小单位由像素构成的图，缩放会失真。构成位图的最小单位是像素，位图就是由像素阵列的排列来实现其显示效果的，每个像素有自己的颜色信息，在对位图图像进行编辑操作时，可操作的对象是每个像素，可以通过改变图像的色相、饱和度和明度，从而改变图像的显示效果。例如，位图图像就像在巨大的沙盘上画好的画，当从远处看时，画面细腻多彩，但是当靠得非常近时，就看到组成画面的每粒沙子以及每个沙粒单纯的不可变化的颜色，如图 2-2 所示。

（a）原图　　　　　（b）放大效果

图 2-1　矢量图原图和放大效果

（a）原图　　　　　（b）放大效果

图 2-2　位图原图和放大效果

2.1.2　导入外部图像

了解了位图与矢量图的概念后，下面介绍在 Flash CS6 中导入外部图像的方法。

1. 导入一般图像

选择"文件"→"导入"→"导入到舞台"命令，或按<Ctrl+R>组合键，在弹出的"导入"对话框中选择要导入的对象，然后单击"打开"按钮即可，如图 2-3 所示。导入到 Flash 中的位图会保存在"库"面板中，如图 2-4 所示，并像元件一样可以重复使用。

图 2-3　"导入"对话框

图 2-4　"库"面板

如果导入的图像文件名以数字结尾，并且此文件后面的文件是按顺序排列的，则会弹出一个提示框，提示用户是否导入图像序列，如图 2-5 所示。

图 2-5　导入图像序列提示框

注意：如果选择菜单栏中的"文件"→"导入"→"导入到库（L）"命令，此时导入的对象不会出现在舞台上，只会保存在库面板中，要使用时只须将其拖入舞台即可。

2. 导入 PSD 文件

PSD 格式是默认的 Photoshop 文件格式。在 Flash CS6 中可以直接导入 PSD 文件，并可在 Flash 中保持 PSD 文件的图像质量和可编辑性，这在制作比较精美的造型和背景时非常有用。选择"文件"→"导入"→"导入到舞台"命令，在弹出的"导入"对话框中选择一幅 PSD 格式的位图，然后单击"打开"按钮，会弹出 PSD 导入对话框，在对话框中可选择需要导入的图层、组合各个对象，然后选择如何导入每个项目，如图 2-6 所示。

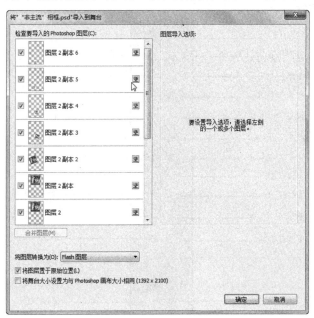

图 2-6　PSD 导入对话框

将位图转换为矢量图与转换为矢量色块的效果不同，将位图转换为矢量图后，位图将变为矢量图；将位图转换为矢量色块后，位图仍然是位图。将位图转换为矢量图的操作步骤如下：

（1）选中要转换为位图的矢量图。

（2）选择"修改"→"位图"→"转换位图为矢量图"命令，弹出"转换位图为矢量图"对话框，如图 2-7 所示。

（3）设置完成后单击"确定"按钮，稍等片刻即可完成转换，效果如图 2-8 所示。

（a）转换前　　　　（b）转换后

图 2-7　"转换位图为矢量图"对话框　　图 2-8　位图转换前后的效果

注意：不能选择已转换为矢量色块的位图，因为转换为矢量色块的位图不能转换为矢量图。

2.2　绘制图形工具

在 Flash CS6 中所有工具都集中在工具箱中，使用这些绘图工具可以绘制出多种形状的图形对象，如图 2-9 所示。

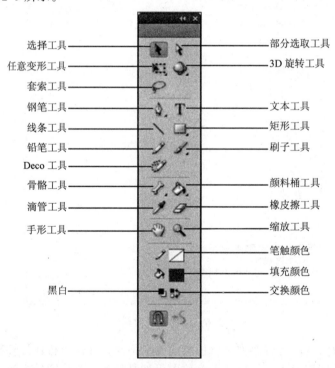

图 2-9　工具箱

2.2.1　线条工具

"线条工具" 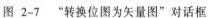：主要用于绘制直线，它是使用最简单、最方便的工具。其使用方法如下：

（1）选择"线条工具"，在"属性"面板中设置好基本属性，如图 2-10 所示。

（2）在舞台上按住鼠标左键并拖动即可绘制出直线，如图 2-11 所示。

（3）绘制时配合<Shift>键，可绘制成 45° 倍角的直线。

图 2-10　属性面板

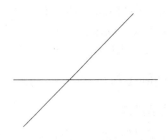

图 2-11　绘制直线效果

2.2.2　铅笔工具

"铅笔工具"：用于绘制自由的线条。当选择"铅笔工具"后，选项工具区域中显示出"铅笔模式"按钮，它是一个组选项，其中包含伸直、平滑和墨水 3 种绘图模式。

- 伸直：此模式下绘制的线条会被 Flash 重新计算处理，其中接近直线的线条自动变成直线，有弧度的线条变成平滑的曲线，接近椭圆和方形的形状转换为相应的形状。
- 平滑：此模式下绘制的线条也会被 Flash 重新计算处理，但是计算量不大，线条的节点更平滑。用户可在"属性"面板中的"平滑"区域中通过数值设置线条的平滑程度。
- 墨水：Flash 对此模式下绘制的线条不进行计算处理，因此线条就像手工绘制的一样。图 2-12 所示的从左至右分别为使用伸直、平滑和墨水模式绘制的线条 OK。

　（a）伸直　　　（b）平滑　　　（c）墨水

图 2-12　铅笔工具的 3 种模式

2.2.3　矩形工具和基本矩形工具

1. 矩形工具

矩形工具主要用于绘制不同大小的矩形和正方形，其使用方法如下：

（1）选择"矩形工具"，分别单击工具箱中"笔触颜色"和"填充颜色"右边的色块，弹出色板，选择颜色。

（2）在舞台上按住鼠标左键并拖动后，释放鼠标即可绘制一个矩形。如果绘制时按"Shift"键，可绘制正方形；按<Alt>键，可绘制以鼠标单击点为中心的矩形；同时按<Shift+Alt>组合键，可绘制以鼠标单击点为中心的正方形。

注意：如果不需要使用线条或填充，可单击色板右上方的按钮。

2. 基本矩形工具

选中使用"基本矩形工具"  创建的图形后，不像使用"矩形工具"创建的图形一样，表面都是像素点，而是周围有一个边框，如图 2-13 所示。它的使用方法与矩形工具的使用方法基本相同，其优点是圆角的设置可以在创建完图形之后进行，而且不仅可以通过"属性"面板进行设置，还可以直接拖动边框线上的控制点进行调整。

图 2-13　使用"矩形"工具与"基本矩形"
工具被选中后的效果

2.2.4　椭圆工具和基本椭圆工具

1. 椭圆工具

"椭圆工具" ：主要用于绘制不同大小的椭圆形、圆形、扇形和环形，其使用方法如下：

（1）椭圆工具的使用方法和矩形工具的使用方法十分相似，也可以使用<Shift>键和<Alt>键来辅助绘制。如果要绘制扇形或环形，则需要先认识一下椭圆工具的"属性"面板。

（2）选择"椭圆工具"，在其"属性"面板下部的"椭圆选项"区域如图 2-14 所示。

- 开始角度：用于指定椭圆的开始点。
- 结束角度：用于指定椭圆的结束点。由这两个属性可以绘制扇形等形状，图 2-15 左图所示为开始角度为 150°，结束角度为 280° 时的扇形。
- 内径：此值的大小可以控制图形是否为环形，图 2-15 右图所示为内径为 50 时的环形。
- 闭合路径：此复选框如果没被选中，即为开放路径，绘制的仅为弧形线条。

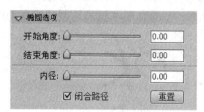

图 2-14　椭圆属性面板

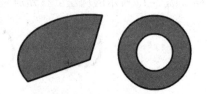

图 2-15　扇形和环形

2. 基本椭圆工具

"基本椭圆工具" ：和基本矩形工具基本相同，也是在绘制完成后允许修改。

2.2.5　多角星形工具

"多角星形工具" ：可以绘制多边形和星形，其使用方法如下：

（1）选择该工具后，用户可根据需要设置其属性面板，如图 2-16 所示。

（2）在属性面板中单击"选项"按钮，弹出"工具设置"对话框，如图 2-17 所示。

- 样式：用于选择"多边形"或者"星形"。
- 边数：用于指定多边形的边数或星形的角数。
- 星形顶点大小：用于指定星形顶点的深度，其取值范围为 0～1，如图 2-18 所示。

图 2-16 "属性"面板

图 2-17 "工具设置"对话框

图 2-18 设置不同星形顶点大小后效果

2.2.6 刷子工具

选择"刷子工具" 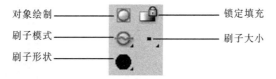 后，工具箱中的选项工具区域如图 2-19 所示。

对象绘制 ———— 锁定填充
刷子模式 ———— 刷子大小
刷子形状 ————

图 2-19 "刷子工具"选项区域

"刷子形状"和"刷子大小"的使用非常简单，直接单击相应按钮，在下拉列表中选择即可。

单击"刷子模式"按钮，在弹出的下拉列表中包括标准绘画、颜料填充、后面绘画、颜料选择和内部绘画 5 个模式选项。

- "标准绘画"模式 ：此模式下绘制的图形可以位于任何线条和填充图形之上，将前面的元素覆盖，如图 2-20（a）所示。
- "颜料填充"模式 ：此模式下绘制的图形可以位于任何填充图形之上，不影响原有线条，如图 2-20（b）所示。
- "后面绘画"模式 ：此模式下绘制的图形位于原有线条和填充图形之下，不影响原有图形，如图 2-20（c）所示。
- "颜料选择"模式 ：此模式下绘制的图形只影响事先选中的图形的填充，如图 2-20（d）所示。
- "内部绘画"模式 ：此模式只适合在封闭的区域中填色，并且起点必须在填充的内部，同时它不会影响任何线条，如图 2-20（e）所示。

（a）　　　（b）　　　（c）　　　（d）　　　（e）

图 2-20 刷子工具的 5 种模式

注意：使用"刷子工具"所绘制的是任意形状、大小及颜色的填充区域而不是线条。

2.2.7　喷涂刷工具

"刷子工具"每次只能绘制一个图形，如果要重复使用同一图形，最好的办法也只能是复制图形然后再粘贴，但这样无疑也很麻烦。"喷涂刷工具" 能解决这个问题，它可以将同一图案一次"喷涂"若干个到舞台上。默认情况下，喷涂刷工具喷射粒子点，用户也可以设置喷涂库中的元件，其使用方法如下：

（1）使用绘图工具在舞台绘制八角星形，并将它转换为图形元件，命名为"星形"。

（2）选择"喷涂刷工具"，打开"属性"面板，单击"喷涂"选项组中的"编辑"按钮，打开"选择元件"对话框，选择"星形"选项，单击"确定"按钮，如图 2-21 所示。

（3）根据需要设置缩放百分比、是否启动随机效果以及画笔的高度和宽度等属性。

（4）在舞台上单击后，效果如图 2-22 所示。

图 2-21　"选择元件"对话框

图 2-22　喷涂刷工具

2.3　绘制路径工具

在 Flash CS6 中，"钢笔工具"和"部分选取工具"配合使用，可以绘制出各种不同形状的图形。

2.3.1　钢笔工具

"钢笔工具"不但可以绘制折线和曲线路径，而且可以对曲线的曲率进行调整。如果用户需要绘制拆线，选择该工具后，在舞台上移动鼠标并连续单击即可，如图 2-23 所示；如果用户需要绘制曲线，则在舞台上单击确定第一个点后，在其他位置按住并拖动鼠标，然后单击确定第 2 个点，如此重复操作将绘制出一条曲线，如图 2-24 所示。

图 2-23　绘制折线路径

图 2-24　绘制曲线路径

注意： 若要绘制开放路径，可在最后一个节点的位置双击，或单击工具箱中的其他工具按钮，还可以按住<Ctrl>键在路径外的任意位置单击，也可以按<Esc>键实现。

2.3.2　添加锚点工具

选择"添加锚点工具" ![icon]后，将光标移至已经绘制好的路径上方，此时光标显示为![icon]形状，在路径上单击即可添加锚点，如图 2-25 所示。

2.3.3　删除锚点工具

选择"删除锚点工具" ![icon]后，将光标移至已经绘制好的路径上方，此时光标显示为![icon]形状，在路径上单击即可添加锚点，如图 2-26 所示。

图 2-25　添加锚点　　　　　　　图 2-26　删除锚点

2.3.4　转换锚点工具

选择"转换锚点工具" ![icon]后，在有弧度的锚点上单击，可将该锚点转换为平直锚点，如图 2-27 所示。在平直锚点上按住鼠标不放并拖动，可将平直锚点转换为带弧度的锚点，如图 2-28 所示。

图 2-27　将有弧度的锚点转换为平直锚点　　图 2-28　将平直锚点转换为带弧度的锚点

2.3.5　部分选取工具

"部分选取工具" ![icon]：主要用于改变对象的形状，其使用方法如下：

（1）选择"部分选取工具"。

（2）选择舞台上需要修改的对象，此处选择如图 2-29（a）所示的曲线，释放鼠标，对象的状态如图 2-29（b）所示，在曲线上出现很多节点控制柄。

（3）拖动某个控制柄，即可在当前位置上完成对曲线形状的修改。

（4）单击某个控制柄，此控制柄两侧会出现和该节点所在曲线相切的直线，如图 2-29（c）所示。通过拖动切线上的控制柄，可进一步对曲线形状进行修改。

（5）如果拖动曲线上节点以外的位置，则完成移动操作。

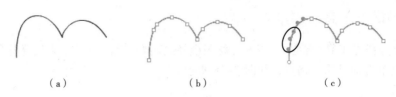

图 2-29　用"部分选取工具"选中对象

2.3.6　选择工具

"选择工具" ：主要用于选择和移动舞台中的对象，也可以用于改变对象的大小与形状。

使用选择工具需要注意以下几个细节：

（1）如果待选对象是有多个节点的曲线，在其上单击只能选择此曲线两个节点间的部分曲线，若选择全部需要双击该曲线。

（2）在交叉的线条上双击任何一部分都会将所有交叉线条选中。

（3）如果待选对象是闭合图形，在图形内部单击（有填充的情况下）只会选中填充部分，而双击会选中填充和边框。

1．使用选择工具完成对象的选择和移动

使用方法：

（1）选择"选择工具"。

（2）选择舞台上需要选择的对象，此处选择如图 2-30（a）所示的直线，释放鼠标后，对象的状态如图 2-30（b）所示，表面布满了反色的像素点表示被选中。

（3）拖动选中对象即可完成移动操作。

2．使用选择工具改变对象的形状和大小

使用方法：

（1）选择"选择工具"。

（2）将鼠标指针指向对象需要改变形状的位置，如图 2-30（c）所示，此时鼠标指针变为ꜛ，按住鼠标左键并拖动到合适位置后，释放鼠标，即可完成对象的变形操作，结果如图 2-30（d）所示。

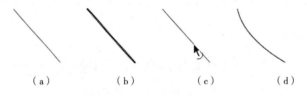

图 2-30　选择及修改对象

2.4　填充颜色工具

恰当的颜色运用会帮助用户将形状和动画制作得更加完美。形状颜色分为线条颜色和填充颜色，这两类颜色既可以使用工具箱中的颜色工具进行设置，也可以使用"颜色"面板完成编辑和修改。

2.4.1 颜料桶工具

"颜料桶工具" ![icon]用于给闭合线条内部填充纯色、渐变色或位图，其使用方法如下：

（1）选择"椭圆工具"，在其"属性"面板中设置"笔触颜色"为黑色，"填充颜色"为无，"笔触"为 6.8，然后按住<Shift>键的同时在舞台上绘制一个空心圆形，如图 2-31（a）所示。

（2）单击工具箱中"填充颜色"工具的色块，在色板上选择绿色。

（3）选择"颜料桶工具"，鼠标指针变成 ![icon]，在圆内部单击，即可为圆填充绿色，如图 2-31 （b）所示。如果在色板上选择了渐变色或位图，则为圆填充的就是渐变色或位图。

（a）　　　　　　　（b）

图 2-31　颜料桶

"颜料桶工具"的选项工具区域中共有以下两个选项：

- "空隙大小" ![icon]：如果曲线不完全闭合，要想使用颜料桶工具为内部填色，就需要利用"空隙大小"选项。空隙大小共包括 4 个选项，分别为不封闭空隙、封闭小空隙，封闭中等空隙和封闭大空隙，用户可以根据图形的实际封闭情况选择使用。

- "锁定填充" ![icon]：它和"刷子工具"的锁定填充一样，只填充渐变色或位图时才有比较明显的效果。锁定填充可用于锁定当前选定的所有形状的填充，使其保持连贯。

2.4.2 滴管工具

"滴管工具" ![icon]：可以提取舞台中指定位置的色块、线条、位图和文字等属性，并将其应用于其他对象。其使用方法如下：

（1）向舞台中导入一幅位图图像，并将其打散。

（2）在舞台上创建一个椭圆。

（3）选择"滴管工具"，将鼠标指针移到打散的位图上，鼠标指针变为 ![icon]。注意，滴管工具吸取不同对象属性时，鼠标指针形状是不同的。当吸取线条时，鼠标指针变为 ![icon]。当吸取文字时，鼠标指针变为 ![icon]。

（4）单击后，提取完成，鼠标指针变为 ![icon]。

（5）在椭圆内部单击，椭圆的填充获取了位图图形，效果如图 2-32 所示。对于填充的图形，用户可以使用"渐变变形工具"进行修改。

图 2-32　位图填充

2.4.3 橡皮擦工具

"橡皮擦工具" ![icon]：用于擦除多余的线条和填充。如果想擦除位图的某些部分，用户必须事先将位图打散。

选择"橡皮擦工具"，工具箱中的选项工具区域中包括 3 个工具按钮，分别为橡皮擦模式、水龙头和橡皮擦形状。"橡皮擦形状"工具 ![icon]的用法和"刷子形状"工具的用法基本相同，这里不再介绍。

- 水龙头◢：单击此工具按钮后，在需要擦除的位置单击，即可快速擦除线条和填充。
- 橡皮擦模式：单击"橡皮擦模式"按钮，在弹出的下拉列表中包括标准擦除、擦除填色、擦除线条、擦除所选填充和内部擦除 5 个模式选项。
- "标准擦除"◢：此模式下可以擦除任何线条和填充，如图 2-33（a）所示。
- "擦除填色"◢：此模式下只擦除填充，不影响线条，如图 2-33（b）所示。
- "擦除线条"◢：此模式下只擦除线条，不影响填充，如图 2-33（c）所示。
- "擦除所选填充"◢：此模式下只擦除事先选中的图形的填充，如图 2-33（d）所示。
- "内部擦除"◢：此模式只适合在封闭的区域里填色，并且橡皮擦的起点必须在填充内部，同时它不会影响任何线条，如图 2-33（e）所示。

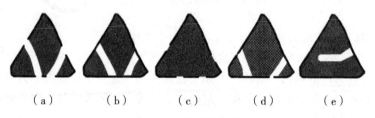

（a） （b） （c） （d） （e）

图 2-33　橡皮擦工具

2.4.4　渐变变形工具

"渐变变形工具"◢用于对填充的渐变颜色进行编辑。其使用方法如下：

（1）使用"星形工具"在舞台上创建一个八角星形对象，并将对象的填充选中，如图 2-34（a）所示。

（2）选择"窗口"→"颜色"命令，打开"颜色"面板，然后在该面板上单击"填充颜色"按钮◢，填充彩色线条，如图 2-34（b）所示。

（3）选中对象，选择"渐变变形工具"，对象上出现了 3 个渐变控制点，鼠标指针右下方增加了一个渐变填充的矩形标记，效果如图 2-34（c）所示。需要注意的是，当填充类型为放射状和位图时，填充的控制点标记会有所不同。

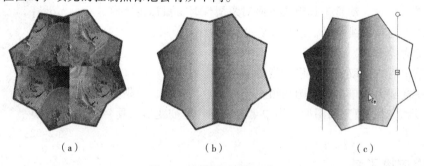

（a） （b） （c）

图 2-34　渐变变形工具

（4）右侧的◢标记用于调整渐变中心点的范围，调整后的效果如图 2-35（a）所示。中央的◢标记用于调整渐变中心点的位置，调整后的效果如图 2-35（b）所示。右上方的◢标记用于调整渐变填充的角度，调整后的效果如图 2-35（c）所示。

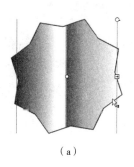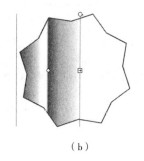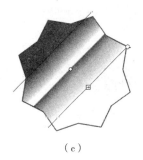

（a）　　　　　　　　　　（b）　　　　　　　　　　（c）

图 2-35　渐变变形工具

2.4.5　套索工具

"套索工具" 主要用于选择舞台中的不规则区域。其使用方法如下：

（1）向舞台中导入一张图片，并将其打散。

（2）选择"套索工具"，鼠标指针变为 ，在要选择区域的开始处按住鼠标左键不放，并沿着区域的路径向结尾处拖动。

（3）释放鼠标，Flash 会自动计算生成一个从开始到结尾的闭合形状，如图 2-36 所示。

图 2-36　套索工具

2.5　变形对象工具

在 Flash CS6 中，变形对象有多种方法，可以使用任意 3D 旋转工具完成，也可以通过"变形"面板完成。除此之外，还可以通过菜单命令对对象进行变形，每种方法都有着各自不同的特点。

2.5.1　任意变形工具

"任意变形工具" 用于对选中的对象进行旋转、缩放和变形等操作。其使用方法如下：

（1）选择"任意变形工具"。

（2）选择舞台上需要修改的矩形对象，矩形周围出现 8 个黑色方形控制柄，中心出现一个白色圆形控制点，如图 2-37（a）所示。

（3）拖动水平控制柄，可修改图形的宽度；拖动垂直控制柄，可修改图形的高度；拖动四周的控制柄，可同时修改图形的高度和宽度。

（4）当鼠标指针移到矩形边框变为 时，拖动鼠标完成倾斜操作，效果如图 2-37（b）所示。

（5）当鼠标指针移到矩形 4 个顶点变为 时，拖动鼠标完成旋转操作，效果如图 2-37（c）所示。此时旋转是以矩形中心为参考点，如果希望以任意某个点为旋转参考点，只需移动圆形控制点到合适的位置即可。图 2-37（d）所示为将旋转参考点由矩形中心拖至右上方后的旋转效果。

项目

2

Flash CS6 工具及其应用

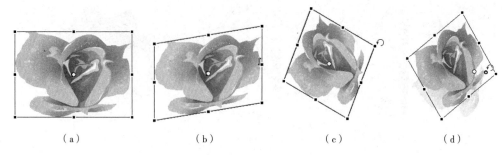

（a）　　　　　　　（b）　　　　　　　（c）　　　　　　　（d）

图 2-37　对象的旋转与倾斜

　　注意：对于一个绘制的图形，如果要通过拖动 4 个拐角的控制点实行等比缩放，一定要按住<Alt>键才能实现。

2.5.2　3D 变形工具

　　"3D 旋转工具" ![] 和 "3D 平移工具" ![]，可以绕 Z 轴旋转或平移影片剪辑，将会产生 3D 效果。

1. 3D 旋转工具

　　"3D 旋转工具"可以对影片剪辑对象进行三维效果的设置，但是必须用于 ActionScript 3.0 中。其使用方法如下：

　　（1）选择"文件"→"导入"→"导入到舞台"命令，向舞台中导入一张图片，然后选择"修改"→"转换为元件"命令，将图片转换为影片剪辑元件。

　　（2）选中对象，选择"3D 旋转工具"，对象中央出现了类似瞄准镜的图形，如果拖动中心白色的实心点，则瞄准镜的位置会发生变化。当鼠标指针移动到红色的中心垂直线时，鼠标指针右下角会出现一个 X，如图 2-38（a）所示，此时顺时针拖动鼠标指针，图形上部会以 X 轴为中心水平向舞台外翻动，效果如图 2-38（b）所示。图 2-38（b）所示的中灰色区域代表调节角度。

　　（3）当鼠标指针移动到绿色的中心水平线时，鼠标指针右下角会出现一个 Y，如图 2-39（a）所示。此时顺时针拖动鼠标指针，图形右部会以 Y 轴为中心垂直向舞台外翻动，如图 2-39（b）所示。

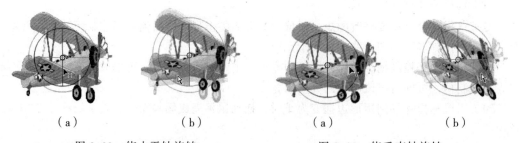

（a）　　　　　　（b）　　　　　　　　（a）　　　　　　（b）

图 2-38　绕水平轴旋转　　　　　　　图 2-39　绕垂直轴旋转

　　（4）当鼠标指针移动到外围蓝色圆圈时，鼠标指针右下角会出现一个 Z，如图 2-40（a）所示。此时，顺时针拖动鼠标指针，图形会以 Z 轴为中心在舞台上转动，如图 2-40（b）所示。

（5）当鼠标移指针动到橙色的圆圈时，可以对图像进行 X、Y、Z 轴三个维度的综合调整，如图 2-41 所示。

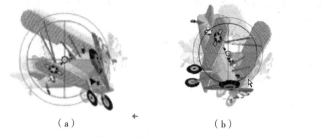

图 2-40　绕纵深轴旋转

图 2-41　三维旋转

2. 3D 平移工具

3D 平移工具█也是针对影片剪辑元件而起作用的工具，它可以使对象沿特定坐标轴移动。其使用方法如下：

（1）向舞台中导入一张图片，并将其转换为影片剪辑元件。

（2）选中对象，选择"3D 平移工具"，对象中央出现了坐标轴，当鼠标指针移动到红色的箭头时，鼠标指针右下角会出现一个 X，如图 2-42（a）所示。此时拖动鼠标指针，图形会水平移动。

（3）当鼠标指针移动到绿色的箭头时，鼠标指针右下角会出现一个 Y，如图 2-42（b）所示。此时拖动鼠标指针，图形会垂直移动。

（4）当鼠标指针移动到中心黑色实心圆时，鼠标指针右下角会出现一个 Z，如图 2-42（c）所示。此时拖动鼠标指针，图形会沿 Z 轴纵深移动。

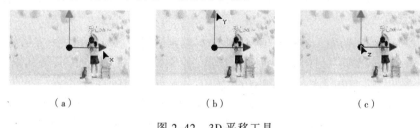

（a）　　　　　　　　　　（b）　　　　　　　　　　（c）

图 2-42　3D 平移工具

（5）当鼠标指针移动到黑色实心圆外围时，拖动鼠标指针，坐标轴的位置会发生变化。

（6）利用"属性"面板中的"3D 定位和查看"选项，可以通过设置 X、Y、Z 的数值对图像位置进行精确调整，还可以对图像的"透视角度"和"消失点"进行设置，如图 2-43 所示。

图 2-43　"3D 定位和查看"选项

2.5.3 变形面板

利用"任意变形工具"可以对对象进行任意变形操作，但是不能精确地控制对象缩放的比例大小、旋转角度及倾斜角度等。在 Flash CS6 中提供了一个变形面板，使用该面板可以对对象进行精确的变形操作。其使用方法如下：

（1）向舞台中导入一张图片，选择"窗口"→"变形"命令，打开变形面板，如图 2-44 所示。

（2）选中对象，在"变形"面板中设置相关参数即可变形对象，如图 2-45 所示。

图 2-44 "变形"面板

图 2-45 实现变形操作效果

2.6 Deco 工具

"Deco 工具"：可以快速地用指定的图案对指定区域进行填充，填充既可以使用默认的图形作为图案，也可以使用库中的任何元件作为图案。绘制效果有 13 种类型，即藤蔓式填充、网格填充、对称刷子、3D 刷子、建筑物刷子、装饰性刷子、火焰动画、火焰刷子、花刷子、闪电刷子、粒子系统、烟动画、树刷子，其使用方法基本相似，现以以下 3 种绘制效果为例进行讲解。

1. 藤蔓式填充

藤蔓式填充就像不断生长攀爬的植物茎叶一样蔓延到指定区域。其使用方法如下：

（1）选择"Deco 工具"，打开属性面板，选择"绘制效果"区域中的"藤蔓式填充"选项，"叶"和"花"的形状均为默认，如图 2-46 所示。"分支角度"选项可以设置元件的显示角度，"段长度"选项是指元件间的距离。如果希望生成动画，可以选中"动画图案"复选框。

（2）在舞台上单击，会看到图案动态地从鼠标单击点开始向四周蔓延，最后效果如图 2-47 所示。鼠标单击点的位置不同，图案的缩放比率不同，填充的结果也不同，因为 Flash 会自动计算要填充的空间是否能容纳图案。

图 2-46 Deco 工具的"属性"面板

图 2-47 藤蔓式填充

（3）使用绘图工具制作两个影片剪辑元件，分别命名为"元件1"和"元件2"。

（4）选择"Deco工具"，在"属性"面板中单击"树叶"选项组中的"编辑"按钮，在"选择元件"对话框中选择"元件2"元件，单击"确定"按钮，如图2-48所示。同样，为"花"选择"元件1"元件作为图案。

（5）在舞台上选择填充点并单击，最终效果如图2-49所示。

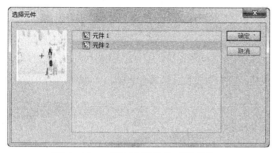

图2-48　"选择元件"对话框

图2-49　藤蔓式填充

2．网格填充

网格填充是非常简单的一种填充。其使用方法如下：

（1）选择"Deco工具"，打开"属性"面板，如图2-50所示设置相关参数。

（2）在舞台上选择填充点并单击，最终效果如图2-51所示。

图2-50　"属性"面板设置

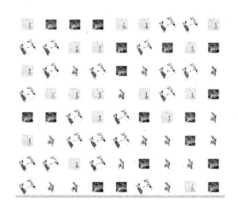

图2-51　网络填充

3．对称刷子

对称刷子，其使用方法如下：

（1）选择"Deco工具"，打开"属性"面板，如图2-52所示设置相关参数。

（2）在舞台上选择填充点并单击，最终效果如图2-53所示。

图 2-52 "属性"面板设置

图 2-53 网络填充

"高级选项"区域中有一个下拉菜单，其中包括跨线反射、跨点反射、旋转和网格平移 4 种填充方式。

- 跨线反射：此模式下，会在舞台上出现一个垂直轴，在任意位置单击会以该轴为对称点填充图案，效果如图 2-54 所示。
- 跨点反射：此模式下，会在舞台上出现一个空心圆圈，在任意位置单击会以该圆为对称点填充图案，效果如图 2-55 所示。
- 旋转：此模式下，会在舞台中出现一个斜角坐标轴，单击后的填充效果如图 2-56 所示。当鼠标指针移到垂直轴的空心圆变为 ▶ 时，拖动鼠标指针可以使图案绕纵深轴旋转。当鼠标指针移到倾斜轴的空心圆时，拖动鼠标指针可以修改填充图案的数量。

图 2-54 跨线反射

图 2-55 跨点反射

图 2-56 旋转

- 网格平移：此模式下，会在舞台中出现一个垂直坐标轴，单击后的填充效果如图 2-57（a）所示。当鼠标指针移到垂直上方或水平右方的空心圆变为 ▶ 时，拖动鼠标指针可以修改图案在垂直方向和水平方向填充的数量。当鼠标指针移到中心点时，拖动鼠标指针可以修改填充位置。当鼠标指针移到中心点右方的空心圆时，拖动鼠标指针可以使图案绕垂直轴旋转，效果如图 2-57（b）所示。当鼠标指针移到中心点上方的空心圆时，拖动鼠标指针可以使图案绕纵深轴旋转，效果如图 2-57（c）所示。

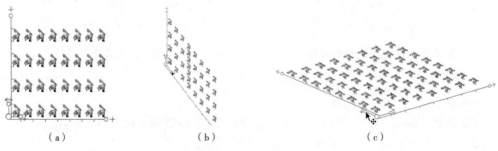

（a）   （b）   （c）

图 2-57 网格平移

- 测试冲突：此选项可防止绘制的对称效果中的形状相互冲突。若取消选择此复选框，则会将对称效果的形状重叠。

2.7 骨骼工具

"骨骼工具" 可以创建轻松自然的运动动画，使运动更接近于生活中的真实效果。其使用方法如下：

（1）在舞台上绘制一个圆角矩形，并将它转换为元件。

（2）将舞台上的元件实例多复制几个，并排列好，如图 2-58 所示。

图 2-58　实例排列

（3）确定左边第一个实例作为父/根骨架，这个实例将会是骨骼的第一段。在工具箱中选择"骨骼工具"，按住鼠标左键并由第一个实例向下一个实例拖动将它们连接起来，然后释放鼠标，在两个实例中间将会出现一个三角形状来表示骨骼段，如图 2-59 所示。

图 2-59　第一段骨骼

（4）使用同样的方法，把第二个实例和第三个实例连接起来。重复此过程，直到所有的实例都用骨骼连接起来，如图 2-60 所示。

图 2-60　完整的骨骼

（5）选择"选择工具"，拖动骨骼链中的最后一节骨骼，可以看到整个骨架都能被控制，如图 2-61 所示。

（6）使用制作好的骨骼创建一个简单的动画。将鼠标指针移到时间轴"骨架_1"图层的第 1 帧，单击并拖动它的边缘到第 45 帧，如图 2-62 所示。

图 2-61　整体控制的骨骼

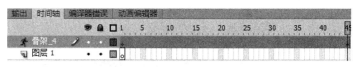

图 2-62　骨架时间轴

（7）单击第 45 帧的帧标记，然后把舞台上的骨架拖动到一个新位置，如图 2-63 所示。Flash 会自动将当前帧变为关键帧，并在两个帧之间生成动画，按快捷键<Ctrl+Enter>可以播放生成的动画。

图 2-63　第 45 帧的骨骼形状

2.8 项目实战一 神秘的魔方制作

2.8.1 项目实战描述与效果

源文件：Flash CS6\项目 2 \源文件\神秘的魔方制作。

1. 项目实战描述

本项目主要结合工具箱中的"矩形"工具、"椭圆"工具、"线条"工具、"颜料桶"工具、"3D 旋转"工具等来创作神秘的魔方，掌握"元件"的创建方法，"元件"类型的设置，"库"面板的使用及"颜色"面板的使用等知识。在"神秘的魔方"绘图中，注意掌握元件的多种创建方法。"神秘的魔方制作"知识点分析如表 2-2 所示。

表 2-2 "神秘的魔方制作"知识点分析

知 识 点	功 能	实 现 效 果
"线条"工具的使用，设置线条的颜色及笔触值	能够使用"线条"工具灵活绘制图形	
创建元件：掌握元件的 3 种类型的不同应用	能够运用不同方法创建元件，并能够正确选择元件类型	
"3D 旋转"工具的使用	能够灵活进行图像的旋转变形	
库面板的应用，能够将元件应用于场景中	能够将库面板中的元件应用于所需的场景中	

2. 项目实战效果

最终作品效果如图 2-64 所示。

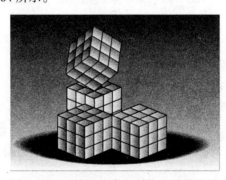

图 2-64 "神秘的魔方制作"最终效果

2.8.2 项目实战详解

（1）选择"文件"→"新建"命令，在弹出的"新建文档"对话框中选择 ActionScript 3.0，单击"确定"按钮，进入新建文档舞台窗口。

（2）按快捷键<Ctrl+Alt+G>，在舞台中绘制网格，如图 2-65 所示。

（3）选择"线条"工具，在其"属性"面板中设置"笔触"值为"3"，颜色为"黑色"，在舞台中绘制魔方框架，效果如图 2-66 所示。

（4）选择"线条"工具，在魔方框架中绘制网格线，如图 2-67 所示。

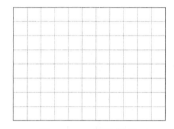

图 2-65　显示网格

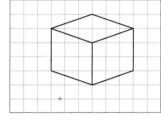

图 2-66　绘制魔方框架

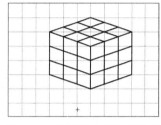

图 2-67　绘制魔方框架网格线

（5）选择"颜料桶"工具，将魔方框架"顶部"设置为"蓝色"渐变，颜色设置如图 2-68 所示，效果如图 2-69 所示。

图 2-68　"颜色"面板

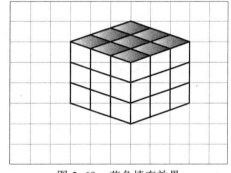

图 2-69　蓝色填充效果

（6）选择"颜料桶"工具，将魔方框架"左侧"设置为"红色"渐变，颜色设置如图 2-70 所示，效果如图 2-71 所示。

图 2-70　"颜色"面板

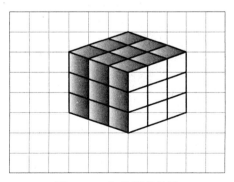

图 2-71　红色填充效果

（7）选择"颜料桶"工具，将魔方框架"右侧"设置为"绿色"渐变，颜色设置如图 2-72 所示，效果如图 2-73 所示。

图 2-72　"颜色"面板

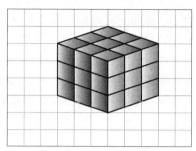

图 2-73　绿色填充效果

（8）在时间轴面板中单击"新建图层"按钮，新建图层并将其命名为"魔方 1"，选择"任意变形"工具，对绘制的魔方进行变形，右击，从弹出的快捷菜单中选择"转换为元件"命令，并将其命名为"魔方 1"图形元件，效果如图 2-74 所示。

（9）在时间轴面板中单击"新建图层"按钮，新建图层并将其命名为"魔方 2"，选择"选择工具"，按住<Alt>键，复制出另一个魔方，并更改其颜色，右击，从弹出的快捷菜单中选择"转换为元件"命令，并将其命名为"魔方 2"图形元件，效果如图 2-75 所示。

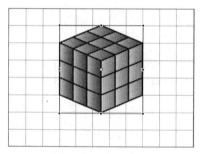

图 2-74　变形魔方

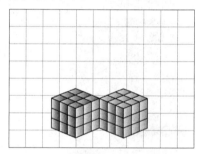

图 2-75　复制并更改图形颜色

（10）在时间轴面板中单击"新建图层"按钮，新建图层并将其命名为"魔方 3"，按住<Alt>键，复制出另一图形复本，并更改其颜色，右击，从弹出的快捷菜单中选择"转换为元件"，并将其命名为"魔方 3"图形元件，然后将复制的第 3 个魔方移到底层，舞台效果如图 2-76 所示，图层面板如图 2-77 所示。

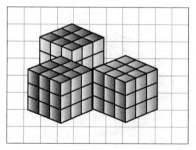

图 2-76　3 个魔方摆放效果

图 2-77　图层顺序

（11）在时间轴面板中单击"新建图层"按钮，新建图层并将其命名为"魔方 4"，再复制一个图形，更改其颜色，右击，从弹出的快捷菜单中选择"转换为元件"命令，并将其命名为"魔方4"图形元件，并使用"任意变形"工具旋转图形，舞台效果如图 2-78 所示，图层面板如图 2-79 所示。

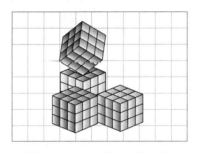

图 2-78　4 个魔方摆放效果　　　　　　　　图 2-79　图层顺序

（12）在时间轴面板中单击"新建图层"按钮，新建图层并将其命名为"背景"，选择"矩形"工具在舞台中绘制一个与舞台大小相同的矩形，并将其填充为蓝色到白色的线性渐变，舞台效果如图 2-80 所示，颜色面板如图 2-81 所示。

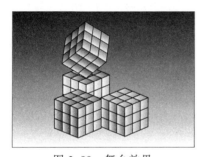

图 2-80　舞台效果　　　　　　　　　　　图 2-81　颜色面板设置

（13）在时间轴面板中单击"新建图层"按钮，新建图层并将其命名为"椭圆"，选择"椭圆"工具，按住<Shift>键，在舞台中绘制一个正圆，并使用"渐变变形"工具调整其中心点，如图 2-82 所示。

（14）选择"修改 | 形状 | 柔化填充边缘"命令，弹出"柔化填充边缘"对话框，设置其参数（见图 2-83），设置好后单击"确定"按钮，柔化填充边缘效果如图 2-84 所示。

（15）使用"选择"工具选中圆形，按<F8>键，将其转换为影片剪辑元件，并命名为"椭圆形"，然后使用"3D 旋转工具"对圆形进行 3D 变形，效果如图 2-85 所示。

图 2-82　圆形效果　　　　　　　　　　图 2-83　"柔化填充边缘"对话框

（16）原位置复制出两个实例副本，并使用"3D 旋转工具"将其变形为如图 2-86 所示的效果，其图层面板如图 2-87 所示。

图 2-84　柔化填充边缘效果

图 2-85　应用 3D 变形效果

图 2-86　柔化填充边缘效果

图 2-87　应用 3D 变形效果

（17）按快捷键<Ctrl+Enter>进行测试，最终效果如图 2-64 所示。

2.9　项目实战二　绘制扇子

2.9.1　项目实战描述与效果

- 素材：Flash CS6\项目 2 \素材\绘制扇子。
- 源文件：Flash CS6\项目 2 \源文件\绘制扇子。

1. 项目实战描述

本项目主要结合工具箱中的"矩形"工具来创建元件，掌握"元件"的创建方法，并将其创建为"图形"类型的元件，通过使用"变形"面板，对元件实现"旋转"操作，着重学会使用"重置选区和变形"按钮对元件进行旋转复制操作，使用"对齐"面板，对元件实现"对齐"操作。应用创建的元件实现"补间动画"及"遮罩动画"效果。"绘制扇子"知识点分析如表 2-3 所示。

表 2-3　"绘制扇子"知识点分析

知　识　点	功　　能	实　现　效　果
创建元件：掌握图形类型的元件的使用，元件的编辑	能够通过多种方法创建元件	
"变形"面板的使用，着重学会使用"重置选区和变形"按钮对元件进行旋转复制操作	能够实现旋转并复制的操作	
椭圆及颜色面板的使用	能够实现扇子钉的创建	
图层的新建及使用	能够新建图层，重置图层顺序，对图层命名	

2. 项目实战效果

最终作品效果如图 2-88 所示。

图 2-88　"招财进宝"最终效果

2.9.2　项目实战详解

（1）选择"文件"→"新建"命令，在弹出的新建文档对话框中选择 ActionScript 3.0，单击"确定"按钮，新建一个文档。

（2）调出"库"面板，在"库"面板下方单击"新建元件"按钮，弹出"创建新元件"对话框，如图 2-89 所示。在"名称"选项文本框中输入"矩形条"，在"类型"选项文本框中选择"图形"选项，单击"确定"按钮，新建一个图形元件"矩形条"，舞台窗口也随之转换为图形元件的舞台窗口，"库"面板如图 2-90 所示。

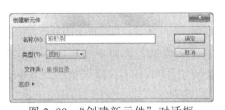

图 2-89　"创建新元件"对话框

图 2-90　"库"面板

（3）选择"矩形"工具，在工具箱中将"笔触颜色"设置为"黑色"，"笔触"设为"1"，"填充颜色"设置为"粉色（#FFCC99）"，属性面板如图 2-91 所示。拖动鼠标在舞台中绘制一个矩形条，"宽"设置为"15"，高设置为"240"，绘制效果如图 2-92 所示。

图 2-91　"属性"面板参数设置

图 2-92　矩形条

（4）选择"任意变形"工具，单击矩形条，此时在矩形条的中间出现了"中心点"，如图 2-93 所示，用鼠标将"中心点"移动到矩形条的下方，如图 2-94 所示。

图 2-93　"中心点"在矩形条中间

图 2-94　"中心点"在矩形条下方

（5）使用"选择"工具，选择矩形条，打开"对齐"面板，如图 2-95 所示。选择"对齐"选项下的"水平中齐"及"垂直中齐"，将矩形条放置于舞台中心，并使用"任意变形"工具对其进行旋转（-90°），如图 2-96 所示。

图 2-95　"对齐"面板

图 2-96　矩形条放于舞台中心

（6）打开"变形"面板，单击下方的"重置选区和变形"按钮，然后选中"旋转"单选按钮，并在文本框中修改数值为"12"，如图 2-97 所示。按<Enter>键复制出一个矩形条，该矩形条是以中心点为轴心顺时针旋转 12°，如图 2-98 所示。

图 2-97　"变形"面板

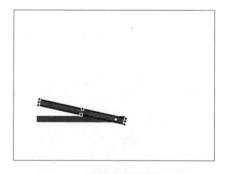

图 2-98　设置参数复制矩形条

（7）连续单击"重置选区和变形"按钮 14 次，即可形成一个完整的扇面，选中整个扇面，如图 2-99 所示。选择"修改 | 组合"命令，将其组合为一个整体，如图 2-100 所示。

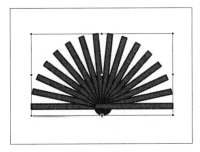

图 2-99　选中所有矩形条

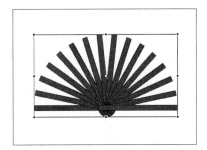

图 2-100　组合矩形条

（8）打开"库"面板，在"库"面板下方单击"新建元件"按钮，弹出"创建新元件"对话框，如图 2-101 所示，在"名称"选项文本框中输入"扇子钉"，在"类型"下拉列表框中选择"图形"选项，单击"确定"按钮，新建一个图形元件"扇子钉"，舞台窗口也随之转换为图形元件的舞台窗口，库面板如图 2-102 所示。

图 2-101　"创建新元件"对话框

图 2-102　"库"面板

（9）选择"椭圆"工具，打开"颜色"面板，在面板中选择"径向渐变"类型，填充颜色从左到右为黄色（#c43333）到棕色（#2a3300），如图 2-103 所示，拖动鼠标在舞台中绘制一个圆形。选中该圆形，选择"修改"→"组合"命令，将其组合，然后将其移动到矩形条的中心点，作为扇子钉，如图 2-104 所示。

图 2-103　"颜色"面板

图 2-104　扇子钉

（10）新建一个图层，将其命名为"背景"层，选择"文件"→"导入"→"导入到库"命令，将"背景"图导入到库中，然后将库面板中的"背景"素材拖动到舞台上，使用"对齐"面板，使其与舞台大小相同，如图 2-105 所示。

（11）新建一个图层，将其命名为"扇子面"，将库面板中的"扇子面"素材拖动到舞台上。将它的位置调整好，如图 2-106 所示。

（12）新建一个图层，将其命名为"扇子钉"，将库面板中的"扇子钉"素材拖动到舞台上。将它的位置调整好后，如图 2-107 所示。其时间轴面板，如图 2-108 所示。

（13）按快捷键<Ctrl+Enter>即可查看效果，如图 2-88 所示。

图 2-105　背景层效果

图 2-106　扇子面层效果

图 2-107　扇子钉层效果

图 2-108　时间轴面板

小　结

Flash CS6 拥有强大的工具系统，使用这些工具可以绘制、调整和编辑图形。图形是制作丰富生动的动画的基础，因此，用户千万不要轻视基本功的学习和训练。另外，Flash 不单是一个技术型工具，不是记住了使用方法就可以精通掌握的，它还是一个艺术型工具，所以希望用户在平时的生活中多观察、多积累，并学习一些艺术方面的知识，这样会让用户的动画更丰满。

练　习　二

1. 制作扑克牌，如图 2-109 所示。

2. 制作一个如图 2-110 所示的环形旋转文字效果。

图 2-109　扑克牌

图 2-110　"环形旋转文字"效果

→ 创建与编辑文本

Flash CS6 具有强大的文本输入、编辑和处理能力。文本用途广泛,是 Flash 动画不可缺少的一部分。Flash CS6 文本类型丰富,用户可以用静态文本设计丰富的文字效果,也可以通过动态文本与脚本结合设计出可控性较好的脚本动画。

项目学习重点:

- 文本的类型;
- 文本的编辑与属性设置;
- 滤镜的使用;
- 混合模式的应用。

3.1 传 统 文 本

"传统文本"一词是从 Flash CS5 版本发布之后才有的,因为从 Flash CS5 版本开始,Flash 增加了一种新的文本类型 TLF。在 Flash CS6 中传统静态文本是默认的文本类型。

3.1.1 传统文本的类型

"文本工具" **T** 可以为动画创建不同类型和不同用途的文本对象。在 Flash CS6 中,用户可以创建 3 种类型的传统文本,分别是:"静态文本""输入文本"和"动态文本",文本舞台效果和属性设置如图 3-1 所示。

图 3-1 文本舞台效果和属性设置

1. 静态文本

默认状态下创建的文本对象均为静态文本,它在影片的播放过程中不会进行动态改变,因此常被用作说明文字。

2. 动态文本

动态文本是指该文本对象中的内容可以动态改变，甚至可以随着影片的播放自动更新。

3. 输入文本

输入文本是指该文本对象在影片的播放过程中可以输入表单或调查表的文本等信息，用于在用户与动画之间产生交互，如 QQ 登录窗口。

3.1.2 传统文本的输入

传统的文本输入有两种方式：

（1）选择"文本工具"，在舞台中单击，出现文本输入光标，直接输入文字即可。在这种输入方式中文本是不限制宽度的，文字的宽度可以超出舞台。这种输入方式的文本框右上角有个"圆形控制点"，如图 3-2 所示。

图 3-2　在"舞台"直接输入的文本效果

（2）用鼠标在舞台中向右下角方向拖动出一个文本框，松开鼠标，出现文本输入光标，就可以在文本框中输入文字。在这种输入方式中是限定文本框宽度的，也就是所画出的文本框宽度。如果输入的文字较多，会自动转到下一行显示。这种输入方式的文本框右上角有个"方形控制点"，可以拖动控制点改变文本框的大小，如图 3-3 所示。

图 3-3　在"舞台"拖动文本框输入的文本效果

注意：在第一种输入方式之中，如果拖动了"圆形控制点"，"圆形控制点"就会变成方形，也就是转变为第二种限定文本框宽度的输入方式。

3.1.3 设置文本属性

输入文字后，往往需要设置文本的一些属性，例如大小、颜色、字体等，以使其符合动画设计的要求。文本的"属性"面板如图 3-4 所示。

1. 设置文本的位置和大小

选中文本后，在"属性"面板可以设置文本的位置和大小，其中 X、Y 设置的是文本左上顶角的坐标值，文本的高度是固定的。舞台左上顶角的坐标是为（0,0），X 坐标轴的方向是向右，Y 坐标轴的方向是向下。

2. 设置文本的字符

可以设置字符的系列（字体名称）、字符样式、字符大小、字符颜色、字符间距。

（1）字符系列：设置文本字体名称，用户尽量使用常用的字体，因为会对以后动画的发布产生影响。Flash CS6 提供的字体如图 3-5 所示。

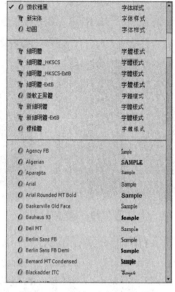

图 3-4　文本的"属性"面板　　　图 3-5　文本"字符系列"　　　图 3-6　文本"嵌入"设置

（2）字符样式：设置文本是 Regular（常规，也是默认）、Bold（加粗）、Italic（倾斜）和 BoldItalic（加粗和倾斜）。文本的"嵌入"设置如图 3-6 所示，用户输入自定义"字体名称"，设置"样式"等属性，字体名称自动添加到"字符系列"列表中，设置结果如图 3-7 所示。文本的一些属性也可以在"文本"菜单中设置，如图 3-8 所示。

图 3-7　文本嵌入结果　　　　　　图 3-8　"文本"菜单

（3）字符大小：设置选定字符或整个文本框的文字大小，字体的磅值越大，文字越大，默认为 12 磅。用户可以通过输入点值和左右拖动点值来设置字符大小，如图 3-9 所示。

图 3-9　字符大小设置、30 号和 50 号字

（4）字符颜色：设置文本的颜色，可以在"属性"面板的"文本（填充）颜色"中选取，也可以输入颜色的值，Flash 颜色的值是由 3 个两位十六进制数组成，如"#009999"，"00""99"和"99"分别是红色、绿色和蓝色的十六进制数。颜色默认设置模式为 RGB(红，绿，蓝)，在"颜色"面板的 RGB()值是十进制的，如 RGB（0,102,255），如图 3-10 所示。

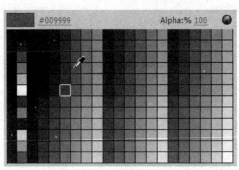

图 3-10　"颜色"和"样本"面板

（5）字符间距：用于设置文本各字符间的距离，默认值为 0，如图 3-11 所示。

图 3-11　字符间距为"10.0"和"0.0"的文本

（6）消除锯齿：默认设置是"可读性消除锯齿"，此选项提供最高品质文本，文本边缘平滑。5 个选项从上到下生成的文本品质递增，但 SWF 文件的大小也递增，如图 3-12 和图 3-13 所示。

图 3-12　可读性消除文本锯齿　　　　图 3-13　无消除文本锯齿

（7）可选项："可选"按钮🆎可以设置播放时是否允许用户选取文本（除输入外）；"上标"🆃按钮和"下标"🅣按钮是设置文本的上标和下标格式，是"静态文本"类型特有的属性，可以把选中的文本设置成上标或者下标，如图 3-14 所示。"将文本呈现为 HTML"按钮和"在文本周围呈现边框"🔲按钮是"动态文本"和"输入文本"的属性。"将文本呈现为 HTML"按钮是当文本中含有 HTML 标签时，显示出来的就和网页中看到的一样，比如链接、图片等，"在文本周围呈现边框"按钮是设置在发布状态是否显示文本的边框。

图 3-14　原文、上标和下标效果

3. 设置文本的段落

段落的设置包括对齐、间距、边距等，如图 3-15 所示。

（1）对齐包括左对齐、居中对齐、右对齐和两端对齐。

（2）间距包括首行缩进和行间距。

（3）边距包括左边距和右边距。

（4）多行是"动态文本"和"输入文本"类型的属性。设置文本是"单行""多行"或者是"多行不换行"等。

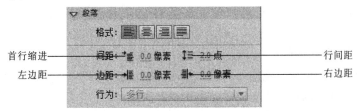

图 3-15　文本段落设置

4. 设置文本的选项

可以将类型为静态文本或动态文本的文本字段设置 URL 链接，而输入文本类型的文本字段则不能进行该项设置。

（1）对于静态文本：直接在"链接"文本框中输入要链接到的 URL 即可。

（2）对于动态文本：首先在"属性"面板中选中"将文本呈现为 HTML"按钮，激活下面的 URL 链接，然后输入要链接到的 URL 即可。

文本的滤镜将在本项目 3.3 节详细介绍。

3.1.4　编辑文本

文本的编辑包括文本的选择、剪贴、复制、粘贴、分离、组合、填充、变形、删除等。

1. 文本的选择

（1）选择"选取工具" ![], 单击文本。文本被选定后周围出现一个蓝色边框，如图 3-16 所示。

（2）使用"文本工具" ![], 单击文本，拖动鼠标选中文本，如图 3-17 所示。

图 3-16　鼠标单击

图 3-17　鼠标拖选

2. 文本的编辑

（1）剪切有 3 种方法，分别是：

● 在选中的文本上右击，在弹出的快捷菜单中选择"剪切"命令。

● 选择"编辑"→"剪切"命令。

● 按快捷键<Ctrl+X>。

（2）复制有 4 种方法，分别是：

● 在选中的文本上右击，在弹出的快捷菜单中选择"复制"命令。

● 选择"编辑"→"复制"命令。

- 在移动对象的过程中，按住<Ctrl>键拖动，此时光标变为+形状，可以拖动并复制该对象。
- 按快捷键<Ctrl+C>。

（3）粘贴比前两个操作复杂一些，因为涉及粘贴选项。

- 在选中的文本上右击，在弹出的快捷菜单中选择“粘贴”命令。
- 选择“编辑”→“粘贴”命令。
- 按快捷键<Ctrl+V>。
- 选择“编辑”→“粘贴到当前位置”命令跟前 3 种方法不一样，前 3 种是“粘贴到中心位置”，这种方法是图层间复制对象非常方便的方式，不仅能复制对象，还能保证对象在同一位置。

3. 文本的分离和组合

（1）分离：使用一次分离命令可以将文本拆成若干个单字，把单字分离就将文本打散成一个个像素点。具体的操作方法是：选中所需分离的文本，选择“修改”→“分离”命令或按快捷键<Ctrl+B>即可，如图 3-18 所示。

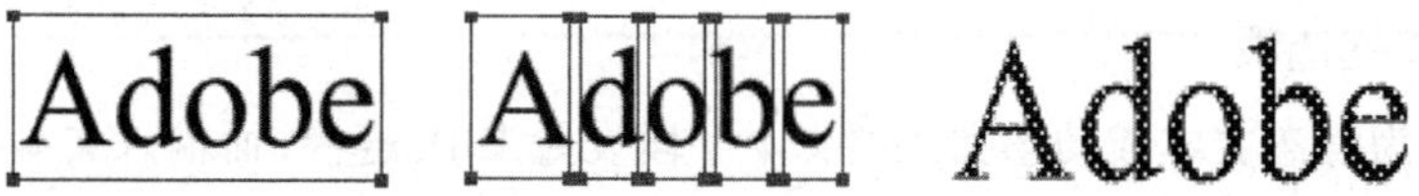

Adobe
Adobe
Adobe

图 3-18　原文字、一次分离、二次分离

（2）组合：从舞台中选择需要组合的文本，然后选择“修改”→“组合”命令或按快捷键<Ctrl+G>，即可组合对象，如图 3-19 所示。

Adobe
Adobe
Flash
Flash

图 3-19　组合前和组合后

4. 文本的颜色填充

选中文本，按两次快捷键<Ctrl+B>，将文字打散。单击浮动面板上的“颜色”面板按钮，或选择“窗口”→“颜色”命令打开“颜色”面板。在“类型”选项中选择 4 种不同类型的颜色填充方式。以下分别是“纯色”“线性渐变”“径向渐变”和“位图填充”4 种填充方式的文本，如图 3-20 所示。

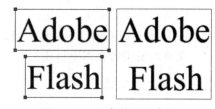

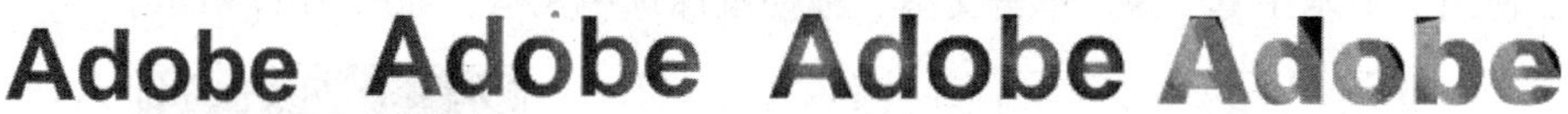

Adobe
Adobe
Adobe
Adobe

图 3-20　文本的填充类型

5. 文本的变形

在将文本分离为位图后，可以非常方便地改变文字的形状。要改变分离后文本的形状，可以使用工具箱中的“选择”工具或“部分选取工具”等，对其进行各种变形操作。选择“修改”→“变形”→“封套”命令，在文字的周围出现控制点，拖动控制点，改变文字的形状。几种常见的变形文本如图 3-21 所示。

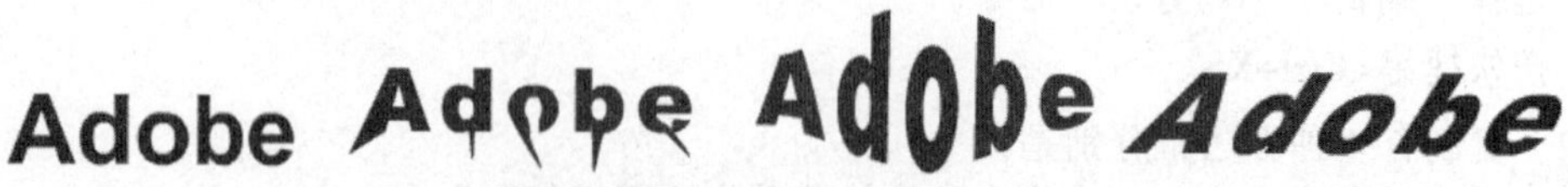

Adobe
Adobe
Adobe
Adobe

图 3-21　文本的变形

6. 文本的删除

删除文本有以下几种方法：
- 选中要删除的文本，按快捷键<Delete>或<Backspace>。
- 选中要删除的文本，选择"编辑"→"清除"命令。
- 选中要删除的文本，选择"编辑"→"剪切"命令。
- 右击要删除的文本，在弹出的快捷菜单中选择"剪切"命令 。

3.2　TLF　文　本

Flash 从 Professional CS5 版本开始，增加了新的文本引擎 TLF（Text Layout Framework，文本布局框架）。TLF 支持更多丰富的文本布局功能和对文本属性的精细控制。与传统文本相比，TLF 文本可加强对文本的控制。两种文本的属性对比如图 3–22 所示。

图 3–22　TLF"属性"面板和传统"属性"面板

3.2.1　TLF 文本类型与功能

与传统文本相比，TLF 文本提供了以下增强功能：

（1）更多字符样式，包括行距、加亮颜色、下画线、删除线、大小写、数字格式。

（2）更多段落样式，包括通过栏间距支持多列、末行对齐选项、边距、缩进、段落间距和容器填充值。

（3）控制更多亚洲字体属性，包括直排内横排、标点挤压、避头尾法则类型和行距模型。

（4）可以为 TLF 文本应用 3D 旋转、色彩效果以及混合模式等属性，而无须将 TLF 文本放置在影片剪辑元件中。

（5）文本可按顺序排列在多个文本容器。这些容器称为串接文本容器或链接文本容器。

（6）能够针对阿拉伯语和希伯来语文字创建从右到左的文本。

（7）支持双向文本，其中从右到左的文本可包含从左到右文本的元素。当遇到在阿拉伯语或希伯来语文本中嵌入英语单词或阿拉伯数字等情况时，此功能必不可少。

3.2.2 输入 TLF 文本

TLF 文本的输入方法和传统文本的输入方法基本一致，因为与传统文本相比，TLF 增加了一些新属性，所以更加方便用户对文本的设置。

1. TLF 文本的输入方式

（1）"点文本"：选择"文本工具"，设置文本类型为 TLF，在舞台中间单击，即可输入文字。"点文本"的边框有 8 个控制点，文本的多少决定文本框大小，默认使用点文本。

（2）"区域文本"：使用"文本工具"，在舞台上拖动出一个文本区域，这个文本区域可以称之为文本容器，文本容器的大小与其包含的文本量无关，两种类型的文本如图 3-23 所示。

图 3-23　点文本和区域文本

2. TLF 文本的特色

（1）TLF 文字需要选择"文件"→"发布设置"命令，在弹出的"发布设置"对话框中将发布的"脚本"和"目标"设置为 ActionScript 3.0 与 Flash Player 10 或更新的版本。

（2）TLF 文字无法作为遮色片使用，若要以文字建立遮色片，请使用传统文字。

（3）TLF 文本不支持 PostScript Type 1 字体。TLF 仅支持 OpenType 和 TrueType 字体。当使用 TLF 文本时，在"文本"→"字体"菜单中找不到 PostScript 字体。

3. 传统文本与 TLF 文本的转换

在这两个文本引擎间转换文本对象时，Flash 将保留大部分格式。然而，由于文本引擎的功能不同，某些格式可能会稍有不同，包括字母间距和行距。仔细检查文本并重新应用已经更改或丢失的任何设置。

4. TLF 的"容器和流"属性设置

"容器和流"控制影响整个文本容器的选项，文本区域分列显示设置是 TLF 文本的特点之一，为文本排版提供更灵活的应用。

（1）选择"文本工具"，在舞台拖动出文本区域。

（2）在文本区域粘贴一大段文本，如图 3-24 所示。

（3）按快捷键<Ctrl+A>选择全部文本，设置文本字体大小，选择左右拖动字符大小的"点值"的方式改变字体的大小，可以预览字体大小设置的结果，设置结果和属性如图 3-25 所示。

图 3-24　粘贴文本

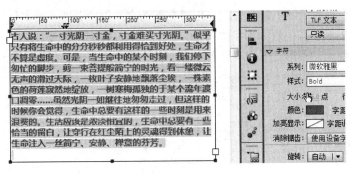

图 3-25 设置文本大小

（4）在"容器和流"选项的"列"设置值中输入 3，文本效果如图 3-26 所示。

图 3-26 "列"设置效果和设置方法

（5）单击文本容器右下角的"红色田字"标记，鼠标右下角出现"绳索"标记。鼠标移动出"红色田字"标记区域后，鼠标右下角出现"文本"标记，如图 3-27 所示。

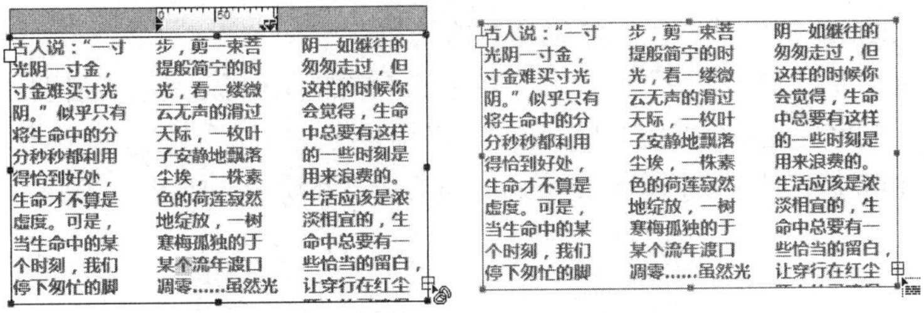

图 3-27 跨多个容器的文本操作（一）

（6）在该文本框的下面拖画出一个新的文本框，如图 3-28 所示。

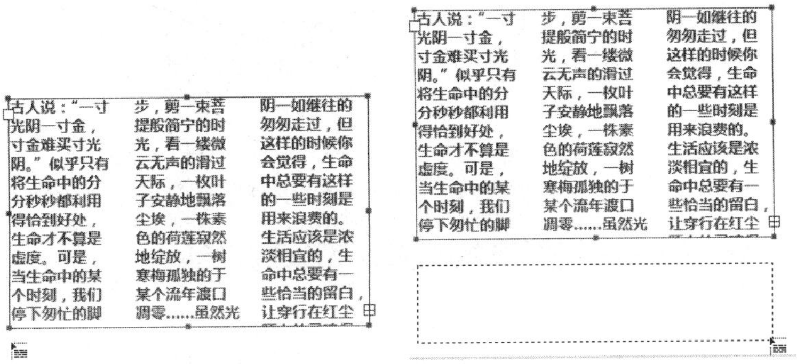

图 3-28 跨多个容器的文本操作（二）

（7）上面文本框显示不下的内容就会出现在新的文本框中，两个文本框之间有一条连接线。单击第一个文本容器，将文本字体变大，两个文本容得文本都变大。单击第二个文本容器，将文本字体变大，则第二个文本容器文本变大，第一个不变，如图 3-29 所示。

图 3-29　跨多个容器的文本操作（三）

3.3　滤镜的使用

在 Flash 中使用滤镜，可以为文本、按钮和影片剪辑增添生动而有趣的视觉效果。Flash CS6 内置的滤镜效果有阴影、发光、模糊、斜角、渐变发光、渐变斜角和调整颜色。

3.3.1　滤镜简介

在 Flash CS6 中，滤镜是一种处理对象的像素进行并生成特殊效果的动画手法，在 Flash 中可以利用补间动画让所有的滤镜效果变得鲜活起来。为对象使用滤镜效果后，可以随时改变滤镜的选项，包括添加滤镜、重置滤镜和删除滤镜。

在"属性"组合面板的"滤镜"面板中可以为已经添加的滤镜效果设置启动、禁用或者删除滤镜；可以为一个对象设置多个滤镜效果，用户可以调整滤镜的先后顺序，得到不同的滤镜效果。每个滤镜都包含相应的控件，可以调整所应用滤镜的强度和质量，如图 3-30 所示。

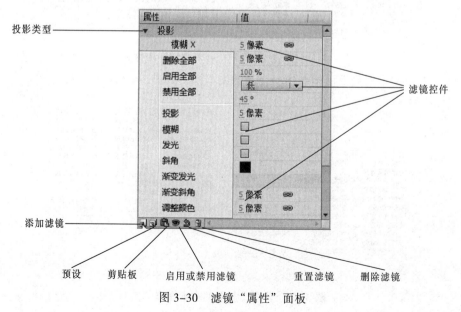

图 3-30　滤镜"属性"面板

注意：对象应用滤镜后会影响动画的播放性能，这跟对象所应用滤镜的类型、数量和质量有关。因此，应在满足动画效果要求的基础上尽量少用滤镜效果。

3.3.2 滤镜的类型

Flash CS6 中的滤镜类型和前面几个版本相比并没有增加，仍然是投影、模糊、发光、斜角、渐变发光、渐变斜角和调整颜色。下面逐一介绍这几种滤镜。

1. 投影

投影是模拟对象投影到该对象后面的一个平面上的效果。可以为文本、按钮和影片剪辑添加投影效果。其选项如下：

- 模糊 X 和模糊 Y：用来设置投影的宽度和高度，单位是像素。
- 强度：设置阴影暗度，"强度"值越大，阴影就越暗。
- 品质：设置投影的品质，分高、中和低三个品质，"高"近似于高斯模糊，"低"为默认值，可以实现最佳回放性能。
- 角度：设置阴影的角度，阴影的视觉角度随之变化，角度值的取值范围是 1 ~ 360。
- 距离：设置阴影与对象之间的距离，正值向右偏，负值向左偏。
- 挖空：设置从视觉上隐藏源对象，并只在挖空图像上显示投影。
- 内阴影：设置对象边界内应用投影。
- 隐藏对象：设置隐藏对象，只显示该对象的阴影。
- 颜色：设置对象的投影颜色，具体颜色视动画效果、对象和舞台设置而定。

2. 模糊

- 模糊 X 和模糊 Y：用来设置模糊的宽度和高度，单位是像素。
- 品质：设置模糊的品质，分高、中和低 3 个品质，"高"近似于高斯模糊，"低"为默认值，可以实现最佳回放性能。

3. 发光

- 模糊 X 和模糊 Y：用来设置发光的宽度和高度，单位是像素。
- 强度：设置发光清晰度，"强度"值越大，光感就越强。
- 品质：设置发光的品质，分高、中和低 3 个品质，"高"近似于高斯模糊，"低"为默认值，可以实现最佳回放性能。
- 颜色：设置对象的发光的颜色，用户可根据动画设计的实际情况自定设置。
- 挖空：设置对象的实体隐藏，只显示对象的发光边缘。
- 内发光：设置在对象的边界内应用发光。

4. 斜角

- 模糊 X 和模糊 Y：用来设置斜角的宽度和高度，单位是像素。
- 强度：设置斜角不透明度，"强度"值越大，倾斜角度越大。
- 品质：设置斜角的品质，分高、中和低 3 个品质，"高"近似于高斯模糊，"低"为默认值，可以实现最佳回放性能。
- 阴影：设置对象阴影的阴影颜色。
- 加亮显示：设置对象边界内应用投影。

- 角度：设置对象边界内应用投影。
- 距离：设置斜角的宽度，正值向右偏移，负值向左偏移。
- 挖空：设置挖空对象并在挖空图像上只显示斜角。
- 类型：设置对象的斜角类型，包括"内侧""外侧"和"全部"。

5. 渐变发光

- 模糊 X 和模糊 Y：用来设置渐变发光的宽度和高度，单位是像素。
- 强度：设置渐变发光的不透明度。
- 品质：设置渐变发光的品质，分高、中和低 3 个品质，"高"近似于高斯模糊，"低"为默认值，可以实现最佳回放性能。
- 角度：设置对象的发光角度，角度值的取值范围是 1～360。
- 距离：设置发光与对象之间的距离，正值向右偏移，负值向左偏移。
- 挖空：设置挖空源对象并在挖空图像上只显示渐变发光。
- 类型：设置对象渐变发光的类型，包括"内侧""外侧"和"全部"。
- 渐变：设置两种或多种可相互混合的颜色。

6. 渐变斜角

- 模糊 X 和模糊 Y：用来设置渐变斜角的宽度和高度，单位是像素。
- 强度：设置渐变斜角的平滑度。
- 品质：设置渐变斜角的品质，分高、中和低 3 个品质，"高"近似于高斯模糊，"低"为默认值，可以实现最佳回放性能。
- 角度：设置对象的渐变倾斜角度，角度值的取值范围是 1～360。
- 距离：设置渐变斜角与对象之间的距离，正值向右偏移，负值向左偏移。
- 挖空：设置挖空源对象并在挖空图像上只显示渐变斜角。
- 类型：设置对象渐变斜角的类型，包括"内侧""外侧"和"全部"。
- 渐变：设置两种或多种可相互混合的颜色。

7. 调整颜色

- 亮度：取值范围为 -100～100，值越小图像越暗，值越大图像越亮。
- 对比度：取值范围为 -100～100 ，调整图像的加亮、阴影和中调。
- 饱和度：取值范围为 -100～100，值越小图像越灰暗，值越大图像越限量。
- 色相：取值范围为 -180～180，设置对象的周围颜色值的不同，设置出冷色调、中间色调和暖色调。

3.3.3 滤镜的应用

用户可以通过实例学习文本或影片剪辑应用不同滤镜的效果，每种滤镜尽可能应用默认设置。使用"文本工具" **T** 在舞台中输入文字"21 世纪"，字符系列为"微软雅黑"，字符样式 Bold，字符大小为 50.0，字母间距为 10.0，颜色为深蓝色，舞台和属性设置如图 3-31 所示。每种滤镜都应用该文本，鉴于初学，这里只设置单一滤镜，不设置叠加使用。

图 3-31　文本初始设置

1. 投影

单击"属性"面板中的"添加滤镜"按钮，选择"投影"滤镜。滤镜效果及其设置如图 3-32 所示。

图 3-32　文字"投影"设置

2. 模糊

单击"属性"面板中的"添加滤镜"按钮，选择"模糊"滤镜。滤镜效果及其设置如图 3-33 所示。

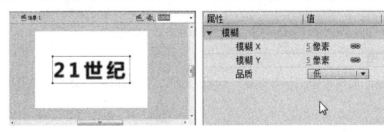

图 3-33　文字"模糊"设置

3. 发光

单击"属性"面板中的"添加滤镜"按钮，选择"发光"滤镜。滤镜效果及其设置如图 3-34 所示。

图 3-34　文字"发光"设置

4. 斜角

单击"属性"面板中的"添加滤镜"按钮，选择"斜角"滤镜。滤镜效果及其设置如图 3-35 所示。

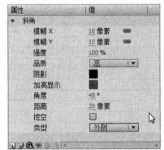

图 3-35 文字"斜角"设置

5. 渐变发光

单击"属性"面板中的"添加滤镜"按钮，选择"渐变发光"滤镜。滤镜效果及其设置如图 3-36 所示。

图 3-36 文字"渐变发光"设置

6. 渐变斜角

单击"属性"面板中的"添加滤镜"按钮，选择"渐变斜角"滤镜。滤镜效果及其设置如图 3-37 所示。

图 3-37 文字"渐变斜角"设置

7. 调整颜色

单击"属性"面板中的"添加滤镜"按钮，选择"调整颜色"滤镜。滤镜效果及其设置如图 3-38 所示。"色相"对文本的影响就是改变文本的颜色。

图 3-38 文字"调整颜色"设置

3.4 混 合 模 式

在 Flash CS6 中用户可以使用混合模式改变一个对象的图像与其下方任意对象的图像的组合方式，从而获得多种混合效果。Flash 提供对混合模式的实时控制，用户可以混合重叠多个影片剪辑中的颜色，从而创造出丰富的动画效果。

3.4.1 认识混合模式

混合模式是将多个元素中相同位置上的每个像素的值与其他像素的值进行处理，在同一位置上生成一个新的像素值的结果。也就是改变两个或两个以上重叠对象的透明度或者颜色相互关系的过程。使用混合模式可以重叠影片剪辑中的颜色形成独特的效果。

混合模式为对象和图像的不透明度增加了控制尺度，可以使用 Flash 混合模式创建突出显示或阴影效果，以透显下层图像的细节或者对不饱和的图像涂色。混合模式不仅取决于要应用混合的对象的颜色，还取决于基准颜色。混合模式的设置与选项如图 3-39 所示。

混合模式包含以下 4 个元素：

- 混合颜色：应用于混合模式的颜色。
- 不透明度：应用于混合模式的不透明度。
- 基准颜色：混合颜色下的像素的颜色。
- 结果颜色：基准颜色的混合效果。

图 3-39 "混合模式"的设置与选项

3.4.2 混合模式的类型

混合模式的显示效果不仅取决于要应用混合的对象的颜色，还取决于基础颜色和混合类型。建议用户体验不同的混合模式，获得最佳效果。

- 一般：正常应用颜色，不与基准颜色发生交互。
- 图层：可以层叠各个影片剪辑，而不影响其颜色。
- 变暗：只替换比混合颜色亮的区域，比混合颜色暗的区域将保持不变。
- 正片叠底：将基准颜色与混合颜色复合，从而产生较暗的颜色。
- 变亮：只替换比混合颜色暗的像素，比混合颜色亮的区域将保持不变。
- 滤色：将混合颜色的反色与基准颜色复合，从而产生漂白效果。
- 叠加：复合或过滤颜色，具体操作取决于基准颜色。
- 强光：复合或过滤颜色，具体操作取决于混合模式颜色。该效果类似于用点光源照射对象。
- 增加：通常用于在两个图像之间创建动画的变亮分解效果。
- 减去：通常用于在两个图像之间创建动画的变暗分解效果。
- 差值：从基色减去混合色或从混合色减去基色，具体取决于哪一种的亮度值较大。该效果类似于彩色底片。
- 反相：反转基准颜色。
- Alpha：应用 Alpha 遮罩层。
- 擦除：删除所有基准颜色像素，包括背景图像中的基准颜色像素。

注意："擦除"和"Alpha"混合模式要求将"图层"混合模式应用于父级影片剪辑。不能将背景剪辑更改为"擦除"并应用它，因为该对象将是不可见的。

3.4.3 混合模式的应用

使用混合模式，可以在选择了相应的影片剪辑实例或按钮实例后，使用"属性"面板将混合模式应用于所选影片剪辑实例或按钮实例。

1. 混合模式应用的具体步骤

（1）选择要应用混合模式的影片剪辑实例。

（2）若要调整影片剪辑实例的颜色和透明度，了使用"属性"面板中的"色彩效果"选项。

（3）从"属性"面板的"显示"选项中，选择影片剪辑的混合模式。对所选的影片剪辑实例应用混合模式。

（4）测试所选混合模式是否适合于试图获得的效果。

（5）体验影片剪辑的颜色设置和透明度设置以及不同的混合模式，以获得所需效果。

2. 混合模式的应用示例

原图效果将和各种混合模式效果进行对比，原图效果如图 3-40 所示。

（1）"一般"模式效果就是不混合。

（2）"图层"模式效果和原图一致。

（3）"变暗"模式效果如图 3-41 所示。

（4）"正片叠底"模式效果如图 3-42 所示。

（5）"变亮"模式效果如图 3-43 所示。

图 3-40　原图　　　　图 3-41　变暗　　　　图 3-42　正片叠底　　　　图 3-43　变亮

（6）"滤色"模式效果如图 3-44 所示。

（7）"叠加"模式效果如图 3-45 所示。

（8）"强光"模式效果如图 3-46 所示。

（9）"增加"模式效果如图 3-47 所示。

图 3-44　滤色　　　　图 3-45　叠加　　　　图 3-46　强光　　　　图 3-47　增加

（10）"减去"模式效果如图 3-48 所示。

（11）"差值"模式效果如图 3-49 所示。

（12）"反相"模式效果如图 3-50 所示。

（13）Alpha 模式效果如图 3-51 所示。

（14）"擦除"模式效果如图 3-52 所示。

 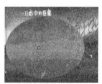 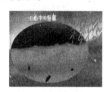  

图 3-48　减去　　图 3-49　差值　　图 3-50　反相　　图 3-51　Alpha　　图 3-52　擦除

注意：发布 SWF 文件时多个图形元件会合并为一个形状，所以不能对不同的图形元件应用不同的混合模式。

3.5　项目实战一　立体文字

3.5.1　项目实战描述与效果

- 素材：Flash CS6\项目 3\素材\立体文字。
- 源文件：Flash CS6\项目 3 \源文件\立体文字。

1. 项目实战描述

本项目主要使用"工具箱"中的"文本工具"输入文本，掌握文本的属性设置方法和技巧，利用"填充变形工具"改变填充方向。在"立体文字"设计中，注意先将文字打散。"立体文字"知识点分析如表 3-1 所示。

表 3-1 "立体文字"知识点分析

知 识 点	功 能	实 现 效 果
文本打散成位图	文本打散成位图后，能够进行各种方式填充、变形等操作，形成更绚的动画效果	ADOBE
"颜色"面板的线性渐变和"渐变变形工具"的配合	"线性渐变"的填充和"渐变变形工具"的配合使用，可以形成立体效果	ADOBE

2. 项目实战效果

最终作品效果如图 3-53 所示。

图 3-53 "立体文字"效果

3.5.2 项目实战详解

绘制按钮元件

（1）选择"文件"→"新建"命令，在弹出的"新建文档"对话框中选择 ActionScript 3.0，单击"确定"按钮，进入新建文档舞台窗口。

（2）选择"文本工具"，在舞台输入静态文本 ADOBE，选中文本，在"属性"面板中，将文本大小设置为 100，间距为 10，颜色可随意设置，其他选项默认，效果如图 3-54 所示。选择"修改"→"分离"命令两次，将文本打散成位图，如图 3-55 所示。

ADOBE
图 3-54 原文效果
ADOBE
图 3-55 打散文字效果

（3）选择"墨水瓶工具"，并将其"笔触颜色"设置为黑色，笔触高度设置为 2 像素。使用"墨水瓶工具"在每一个字母上单击为其添加边框，如图 3-56 所示。

（4）使用"选择工具"，按快捷键<Shift>，把文本的填充区域选中，按快捷键<Delete>将其删除，只留下黑色的边框，如图 3-57 所示。

图 3-56　文字描边　　　　　　　　　　图 3-57　文字边框

（5）使用"选择工具"选取所有文本的边框，或者框选所有文字。按住快捷键<Ctrl>的同时拖动鼠标至其他位置，复制出一个图形，并调整其至合适的位置；一般是在原文字的位置向左下角移动几个像素点，这样移动叠加会形成从右上方向俯视文本的效果，也可以向右上方向移动几个像素点，形成从左下方向仰视文本的效果，如图 3-58 所示。

（6）保持"选择工具"的选取状态，单击工具箱中该工具选项区中的"紧贴至对象"按钮，选择线条工具，舞台比例设置为 200%（为了绘制好直线）在舞台中绘制直线，将线条补充完整，如图 3-59 所示。

图 3-58　复制文本　　　　　　　　　　图 3-59　画连接线

（7）使用"选择工具"选取文字中的多余线条将其删除，如图 3-60 所示。

（8）选择"窗口"→"颜色"命令，打开"颜色"面板，在"颜色类型"选项的下拉列表中选

图 3-60　"立体文字"轮廓

择"线性渐变"，选中色带上左侧的"颜色指针"，将其设为"蓝色"，在色带中间单击，添加一个"颜色指针"，设置为"浅蓝色"，选中色带右侧的"颜色指针"，将其设置为"蓝色"，如图 3-61 所示。

（9）选择"颜料桶工具"，逐个单击每个字母的正面，如图 3-62 所示。

图 3-61　正面颜色设置　　　　　　　　图 3-62　"立体文字"正面填充

（10）按照步骤（8）的方法创建由"深蓝色"至"浅蓝色"再到"深蓝色"的线性渐变，并使用"颜料桶工具"将其填充至文本的侧面，如图 3-63 和图 3-64 所示。

（11）按照步骤（8）的方法创建 "蓝灰色"填充，并使用"颜料桶工具"将其填充至文本的内侧，用"渐变变形工具"调整角度，选择并删除所有的边线，如图 3-65 和图 3-66 所示。

项目 3 创建与编辑文本

图 3-63　侧面颜色设置

图 3-64　"立体文字"侧面填充

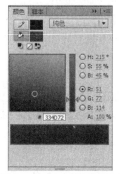

图 3-65　内侧颜色设置

图 3-66　"立体文字"内侧填充

（12）在"图层 1"上新建一个"图层 2"，在"图层 2"中导入一副背景图，并把"图层 1"拖动到"图层 2"上方，按快捷键<Ctrl+Enter>测试动画，如图 3-53 所示。

3.6　项目实战二　发光文字

3.6.1　项目实战描述与效果

源文件：Flash CS6\项目 3 \源文件\发光文字。

1. 项目实战描述

本项目主要是用工具箱中的"文本工具"来创建文本，结合文本的滤镜操作，投影、渐变发光设置，实现文本的发光、阴影和立体效果。"发光文字"知识点分析如表 3-2 所示。

表 3-2　"发光文字"知识点分析

知　识　点	功　　能	实　现　效　果
创建文本、文本的属性设置	设置文本的字体、颜色和大小	发光文字
文本的滤镜应用	实现文本的特殊效果	发光文字

2. 项目实战效果

最终作品效果如图 3-67 所示。

图 3-67 "发光文字"最终效果

3.6.2 项目实战详解

（1）选择"文件"→"新建"命令，在弹出的"新建文档"对话框中选择 ActionScript 3.0，单击"确定"按钮，进入新建文档舞台窗口。

（2）选择"文本工具"，在舞台中央输入文字"发光文字"，设置字体为"紫色"，属性设置和效果如图 3-68 所示。

图 3-68 "发光文字"原文本

（3）选择"选择工具"，单击舞台文本，在"属性"面板中单击"滤镜"选项的"添加滤镜"按钮，在弹出的"滤镜"菜单中，选择"投影"命令，属性设置和效果如图 3-69 所示。

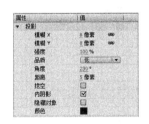

图 3-69 "发光文字"投影滤镜设置

（4）选择"选择工具"，单击舞台文本，在"属性"面板中单击"滤镜"选项的"添加滤镜"按钮，在弹出的"滤镜"菜单中，选择"渐变发光"命令，属性设置和效果如图 3-70 所示。

图 3-70 "发光文字"渐变发光滤镜设置

（5）选择"选择工具"，单击舞台文本，在"属性"面板中单击"滤镜"选项的"添加滤镜"按钮，在弹出的"滤镜"菜单中，选择"渐变发光"命令，属性设置和效果如图 3-71 所示。

图 3-71 "发光文字"发光滤镜设置

（6）按快捷键<Ctrl+Enter>测试动画效果，如图 3-67 所示。

小　结

通过本项目的学习，用户可以感受到"文本工具"在 Flash 动画设计中的重要性，用户基本掌握了文本输入、文本编辑和文本操作。通过文本设置结合"滤镜"和"混合模式"制作出很炫的动画效果。用户要区分传统文本和 TLF 文本的使用，TLF 文本具有很多新的功能。每种文本不同类型具有不同的属性设置和用途。

练　习　三

1. 制作如图 3-72 所示的彩色文字。

FLash

图 3-72　彩色文字

2. 制作如图 3-73 所示的颜色渐变文字。

FLash

图 3-73　颜色渐变文字

3. 制作如图 3-74 所示的位图文字。

图 3-74　位图文字

项目④

➡ 元件、实例和库的应用

"元件"是动画的基本元素，在 Flash 动画中出现的任何内容都是由"元件"组成的，所有的"元件"都存放在"库"面板中，把"元件"从"库"面板拖动到工作区中就创建了该"元件"的一个"实例"。也就是说，"实例"是"元件"的具体应用，一个"元件"可以产生若干个"实例"。

项目学习重点：

- "元件"与"实例"；
- "元件"的类型、复制与修改；
- "库"的应用。

4.1　元件和实例的使用

在 Flash 中"元件"与"实例"的应用十分广泛，它们是 Flash 中不可缺少的角色。本节将详细介绍"元件"与"实例"的相关知识、应用技巧，以及"库"与"公共库"的使用方法等。

4.1.1　元件和实例的概念

在 Flash CS6 中，通过"元件"可以重复使用一个对象，从而有效地减少动画的数据量，提高动画制作的效率。

1. 元件和实例

"元件"是指在 Flash 创作环境中导入或创建，并使用过至少一次的 Flash 素材，这些素材可以是影片剪辑元件，也可以是图形或者按钮元件，如图 4-1 所示。"元件"也可以是从其他应用软件程序中导入的图像。用户所创建的任何元件都会自动转化为当前 Flash 文档中"库"的一部分，如图 4-2 所示。

图 4-1　"创建新元件"对话框

图 4-2　"库"中的元件

2. 实例

"实例"是指位于舞台上或者嵌套于另一个元件内的副本。当将"元件"放在舞台上时，就会创建该"元件"的"实例"，每个"元件"的"实例"都有可以修改的特殊属性，这些属性仅仅用于特定的"实例"而不用于源文件。"实例"也可以缩放、旋转和扭曲。当用户需要对很多重复的元素进行修改时，只要对相对应的"元件"进行修改，程序就会自动地根据所修改的内容对所有应用此"元件"的"实例"进行更新。

4.1.2 元件的类型

Flash CS6 中有图形元件、按钮元件和影片剪辑元件这 3 种元件类型，不同类型的元件适合于不同的情况。

1. 元件的使用

（1）"图形元件" ：该元件用于创建可反复使用的图形，通常是静态的图像或简单的动画，它可以是矢量图形、图像、动画或声音。图形元件的时间轴和影片场景的时间轴同步运行，但它不能添加交互行为和声音控制。

（2）"按钮元件" ：该元件用于创建影片中的交互按钮，通过事件来激发它的动作。按钮元件有弹起、指针经过、按下和点击 4 种状态，每种状态都可以通过图形、元件及声音来定义。

（3）"影片剪辑元件" ：该元件是主动画的一个组成部分，也是用途和功能最多的元件。影片剪辑元件支持 ActionScript 脚本语言和声音，能独立播放，可以包含交互控制、声音以及其他影片剪辑的实例。用户也可以将它放置在按钮元件的时间轴内来制作动画按钮。影片剪辑元件的时间轴不随场景时间轴同步运行。

2. 创建元件的方法

创建元件有以下两种方法：

（1）创建空白元件：

- 选择"插入"→"新建元件"命令，或者单击"库"面板中的"新建元件" 按钮，或者在"库"面板的扩展菜单中选择"新建元件"命令。
- 在弹出的"创建新元件"对话框中输入元件名称并选择类型。
- 设置完成后，单击"确定"按钮。

（2）将选定的对象转换为元件：

- 在舞台上选中一个或多个对象，然后选择"修改"→"转换为元件"命令，或者在选中的对象上右击，在弹出的快捷菜单中选择"转换为元件"命令，或者将对象直接拖动到"库"面板中添加元件或利用快捷键 <F8>完成。
- 在"转换为元件"对话框中输入名称，选择类型，如图 4-3 所示。
- 在"对齐"中单击，以便放置元件的注册点。
- 设置完成后，单击"确定"按钮。

图 4-3 "转换为元件"对话框

注意： 无论是创建的元件还是转换的元件，一旦元件被创建，该元件都会自动保存到"库"面板中。

3. 编辑元件

（1）复制元件：用户往往花费大量的时间创建某个元件，结果却发现这个要创建的元件仅与另一个已存在的元件有很小的差异，因此，用户可复制某个现有的元件作为创建新元件的起点。复制元件后，新元件将被添加到库中，用户可以根据需要进行修改。

① 直接复制元件：

● 先在库中选择一个要复制的元件。

● 单击"库"面板右上角的 按钮，在弹出的下拉菜单中选择"直接复制"命令。

● 在弹出的"直接复制元件"对话框中输入新元件的名称，默认名称是在原名称后加上"副本"字样，如图 4-4 所示。

● 设置完成后，单击"确定"按钮，元件库中将添加复制的元件，如图 4-5 所示。

图 4-4 "直接复制元件"对话框

图 4-5 "库"中复制的元件

② 选择实例复制元件：

● 在舞台上选择一个要复制元件的实例。

● 选择"修改"→"元件"→"直接复制元件"命令，弹出如图 4-6 所示的"直接复制元件"对话框，为复制的元件重命名后，单击"确定"按钮，该元件即可被复制，并且舞台中的实例也会被复制元件的实例所代替。

图 4-6 "直接复制元件"对话框

（2）删除元件：如果要从影片中彻底删除一个元件，只要从库中进行删除即可。如果从舞台中进行删除，则删除的只是元件的一个实例，真正的元件并没有从影片中删除。删除元件和复制元件一样，可以通过"库"面板右上角的面板菜单或者右键菜单进行删除操作。

（3）设置元件的注册点：在"转换为元件"对话框中，有一个"对齐"选项，其意义就是设置转换为元件的图形注册点，其中有 9 个注册点位置可供选择。

● 在"转换为元件"对话框中选择左上角的注册点，则转换为元件后的图形其注册点在元件的左上角，与中心点不重合，如图 4-7 所示。

图 4-7　注册点在左上角

- 在"转换为元件"对话框中选择中下方的注册点，则转换为元件后的图形其注册点在元件的中下方，与中心点不重合，如图 4-8 所示。

图 4-8　注册点在中下方

- 在"转换为元件"对话框中选择中心的注册点，则转换为元件后的图形其注册点在元件的中心点，注册点与中心点重合，如图 4-9 所示。

图 4-9　注册点与中心重合

4.1.3　实例及其面板的应用

1. 创建实例

当创建影片剪辑和按钮实例时，Flash 将为它们指定默认的实例名称。

创建实例的方法如下：

（1）在时间轴上选择一个图层。

（2）选择"窗口"→"库"命令，在"库"面板中将该元件从库中拖动到舞台上。

（3）如果已经创建了图形元件的实例，可以选择"插入"→"时间轴"→"帧"命令来添加一定数量的帧，这些帧将会包含该图形元件。

注意： 对舞台中的实例进行调整，仅影响当前实例，不会对库中的元件产生影响，而如果对"库"面板中的元件进行相应调整，则舞台中的所有实例都将相应地进行更新。

2. 实例的编辑方式

在 Flash CS6 中，对舞台中的实例进行编辑可以通过 3 种途径进入编辑状态，无论用哪种方式编辑，一旦编辑完成后，就可以通过单击"时间轴"面板上的"场景"按钮 **场景1**，或单击"左侧"按钮 ⇐，从当前编辑窗口切换到场景的编辑窗口。

（1）元件编辑模式：

- 在舞台中选择要编辑的元件实例并右击，在弹出的快捷菜单中选择"编辑"命令，即可进入元件编辑状态。
- 进入元件编辑状态后，编辑元件的名称将显示在舞台上方的信息栏里，如图 4-10 所示。

（2）当前位置编辑模式：

- 在需要编辑的元件上右击，在弹出的快捷菜单中选择"在当前位置编辑"命令，即可进入元件编辑状态。
- 在元件编辑状态下，用鼠标选中实例所对应的元件即可进行编辑。
- 在舞台中还将显示其他对象，它们以半透明的状态显示，表示不可编辑状态，如图 4-11 所示。

（3）新窗口编辑模式：

- 在需要编辑的元件上右击，在弹出的快捷菜单中选择"在新窗口中编辑"命令，即可进入元件编辑状态。
- 此时，元件被放置在一个单独的窗口中进行编辑，元件名称显示在舞台上方的信息栏中，如图 4-12 所示。
- 编辑完成后，单击工作区右上角的"关闭"按钮 ⊠，即可关闭该窗口，返回原来的舞台工作区。

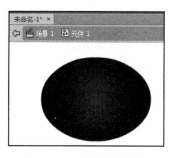　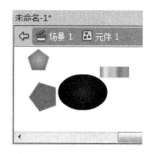　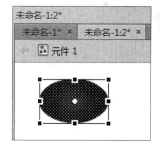

　图 4-10　元件编辑模式　　图 4-11　在当前位置编辑模式　图 4-12　新窗口编辑模式

注意：从舞台的元件实例进入元件编辑状态的另一个最简单的方法是双击元件的实例。

3. 更改实例属性

（1）指定实例名称：

- 将一个影片剪辑元件从"库"面板中拖动到舞台后，其"属性"面板如图 4-13 所示，在面板的"实例名称"文本框中为实例命名。

- 只有影片剪辑元件实例和按钮元件实例可以设置名称，图 4-14 为按钮元件实例的"属性"面板。

图 4-13　影片剪辑实例"属性"面板

- 图形元件实例是不需要设置名称的，其"属性"面板如图 4-15 所示。

图 4-14　按钮实例"属性"面板

图 4-15　图形实例"属性"面板

（2）设置实例颜色和透明度的方法。

在舞台上选择实例后在"属性"面板中进行下列调整：

- 亮度：度量范围是从黑（-100%）到白（100%），如图 4-16 所示。
- 色调：从透明（0%）到完全饱和（100%），如图 4-17 所示。

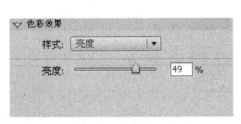

图 4-16　亮度的调整

图 4-17　色调的调整

- Alpha：从透明（0%）到完全饱和（100%），如图 4-18 所示。
- 高级：分别调节实例的红色、绿色、蓝色和透明值，如图 4-19 所示。

图 4-18　Alpha 调整

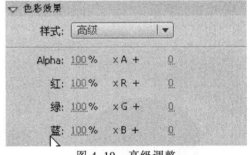

图 4-19　高级调整

（3）交换元件实例：用户可以结合实例指定不同的元件，从而在舞台上显示不同的实例，并保留所有的原始实例属性（如色彩效果或按钮动作），而不会影响"库"面板中的原有元件以及元件的其他实例。交换元件实例的操作步骤如下：

- 选择舞台中的影片剪辑实例，打开"属性"面板，在面板中将显示该实例的属性，如图 4-20 所示。
- 在实例的"属性"面板中单击"交换"按钮，弹出"交换元件"对话框，如图 4-21 所示。

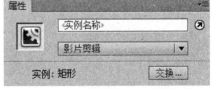

图 4-20　矩形实例"属性"面板

- 从该对话框中的元件列表中选择要替换的元件，在左侧的预览窗口中即可显示该元件的缩略图，如图 4-22 所示。

- 单击"确定"按钮，舞台上的元件将被新的实例所替换。

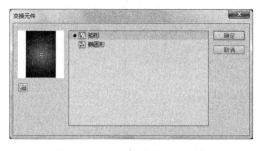 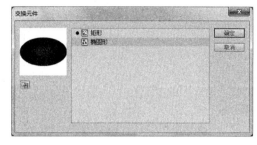

图 4-21 "元件交换"对话框   图 4-22 选择交换元件

注意：如果要复制选定的元件，可单击"交换元件"对话框底部的"复制元件"按钮。如果制作的是几个具有细微差别的元件，那么复制操作使用户可以在库中现有元件的基础上建立一个新元件，并将复制工作减至最少。

（4）为图形实例设置循环。

在播放 Flash 应用程序中图形实例内的动画序列时，需要用到"属性"面板中的"循环"区域来设置重复播放某些实例。在循环选项中有 3 种模式，分别为"循环""播放一次"和"单帧"。默认为"播放一次"，如图 4-23 所示。若要指定"循环"模式，可在"第一帧"文本框中输入帧编号。"单帧"选项可以使用某帧处指定的帧编号。

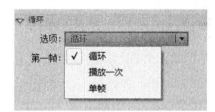

图 4-23 "属性"面板中"循环"区域设置

- "循环"：按照当前实例占用的帧数来循环包含在该实例内的所有动画序列。
- "播放一次"：从指定帧开始播放动画序列直到动画结束。
- "单帧"：用于指定要显示动画序列的某一帧。

4.2 库 的 使 用

"库"是"元件"和"实例"的载体，它是使用 Flash 进行动画制作时一种非常有力的工具。在 Flash CS6 中，"库"面板用来存储在制作动画时创建的元件，导入的视频剪辑文件、音频文件、位图及导入的矢量图形等内容。用户可以通过共享库资源，方便地在多个影片中使用一个库中的资源，以提高动画的制作效率。

Flash 的库包括两种：一种是当前编辑文件的专用库；另一种是 Flash 中自带的公用库。这两种库有着相似的使用方法和特点，但也有很多不同点，所以掌握 Flash 中库的使用，首先要对这两种不同类型的库有足够的认识。

4.2.1 什么是库

Flash 文档中的库用于存储 Flash 中创建或导入的媒体资源。用户可以在 Flash 应用程序中创建永久的库，也可以打开任意 Flash 文档的库，将文件的库项目用于当前文档。选择"窗口"→"库"命令，也可通过按快捷键<F11>或<Ctrl+L>打开"库"面板，如图 4-24 所示。

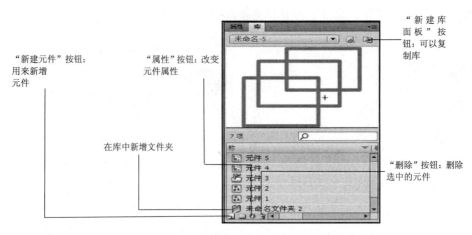

图 4-24 "库"面板

- "新建元件"按钮 🗗：单击此按钮，会弹出"创建新元件"对话框，在该对话框中可以设置新建元件的名称及新建元件的类型。
- "新建文件夹" 📁：在一些复杂的 Flash 文件中，库文件通常会十分繁多，管理起来十分不方便。因此，需要使用"新建文件夹"的功能，在库中创建一些文件夹，将同类的文件放入到相应的文件夹中，使元件的调用更灵活、方便。

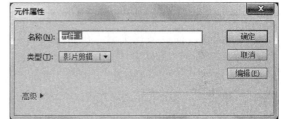

图 4-25 "元件属性"对话框

- "属性"按钮 ⓘ：用于查看和修改库元件的属性，在弹出的对话框中显示了元件的名称、类型等一系列的信息，如图 4-25 所示。
- "删除"按钮 🗑：用来删除库中多余的文件和文件夹。

4.2.2 公共库的创建和使用

选择"窗口"→"公用库"命令，在级联菜单中可以看到"按钮"、"类"和"声音"3个命令。

1. "按钮"库

选择"窗口"→"公用库"→"buttons"命令，将弹出"按钮"库，其中包含多个文件夹，双击其中的某个文件夹将其打开，即可看到该文件夹中包含的多个按钮文件，单击选定其中的一个按钮，便可以在预览窗口中预览，预览窗口右上角的"播放"按钮■和"停止"按钮■可以用来查看按钮效果，如图 4-26 所示。

2. "类"库

选择"窗口"→"公用库"→"classes"命令打开该库，可以看到其中有 DataBindingClasses（数据绑定类）、Utils Classes（组件类）及 WebService Classes（网络服务类）3 个选项，如图 4-27 所示。

3. "声音"库

选择"窗口"→"公用库"→"sounds"命令，将弹出"声音"库。"声音"库中包含各类声音文件，选中一个声音文件后，单击右上角的播放按钮，即可对该声音进行试听，如图4-28所示。

图4-26　"按钮"面板

图4-27　"类"库

图4-28　"声音"库

4.2.3　库元件的复制和修改

复制和修改元件的方法

- 用户可以通过"复制"和"粘贴"命令来复制库资源，也可以在目标文档打开的情况下，在源文档的"库"面板中选择该资源，并将其拖动到目标文档的"库"面板中。
- 当目标文档处于活动状态时，选择"文件"→"导入"→"打开外部库"命令后，在弹出的对话框中选择源文档，单击"打开"按钮，也可以将资源从源文档库拖到舞台上或拖到目标文档的库中。
- 在库中的元件上双击，即可进入元件的编辑窗口。

4.2.4　库文件的导入

在 Flash 中可以使用导入到库的功能，将导入到动画中的对象自动保存到库中，而不在舞台上出现。

将文件导入到库的方法如下：

- 选择"文件"→"导入"→"导入到库"命令。
- 在弹出的"导入到库"对话框中选择需要的素材，单击"打开"按钮，将选中的素材导入到当前编辑的 Flash 文件的库中。

4.3　项目实战一　绘制水晶按钮

4.3.1　项目实战描述与效果

- 素材：Flash CS6\项目4\素材\水晶按钮。
- 源文件：Flash CS6\项目4\源文件\水晶按钮。

1. 项目实战描述

本项目主要结合工具箱中的工具来绘制按钮，掌握"元件"的创建方法，"元件"的类型的设置，"库"面板的使用及"颜色"面板的使用等知识。在"水晶按钮"绘图中，注意掌握元件的多种创建方法。"绘制水晶按钮"知识点分析如表 4-1 所示。

表 4-1 "绘制水晶按钮"知识点分析

知 识 点	功 能	实 现 效 果
创建元件：掌握元件的 3 种类型的不同应用	能够正确选择元件类型，并通过多种方法灵活地创建按钮元件	
元件的编辑方法，库面板的应用，能够将元件应用于场景中	掌握元件的编辑方法，将库面板中的元件应用于所需的场景中	

2. 项目实战效果

最终作品效果如图 4-29 所示。

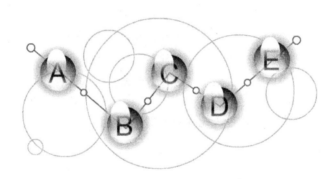

图 4-29 "水晶按钮"最终效果

4.3.2 项目实战详解

1. 绘制按钮元件

（1）选择"文件"→"新建"命令，在弹出的"新建文档"对话框中选择 ActionScript 3.0，单击"确定"按钮，进入新建文档舞台窗口。打开"库"面板，在"库"面板下方单击"新建元件"按钮，弹出"创建新元件"对话框，在"名称"选项文本框中输入"按钮 A"，选择"图形"选项，单击"确定"按钮，新建一个图形元件"按钮 A"，如图 4-30 所示。舞台窗口也随之转换为图形元件的舞台窗口。

（2）选择"椭圆工具"，在工具箱中将"笔触颜色"设置为"无"，"填充颜色"设置为"灰色"，按住<Shift>键的同时，在舞台窗口中绘制一个圆形，选中圆形，在"属性"面板中，将图形的"宽""高"选项分别设为"65"，效果如图 4-31 所示。选择"窗口"→"颜色"命令，打开"颜色"面板，在"颜色类型"选项的下拉列表中选择"径向渐变"，选中色带上左侧的"颜色指针"，将其设为白色，在 Alpha 选项中将其不透明度设为 0%，如图 4-32 所示。选中色带上右侧"颜色指针"，将其设为紫色（#53075F），如图 4-33 所示。

（3）选择"颜料桶"工具，在"圆形"的下方单击，将渐变色填充到图形中，效果如图 4-34 所示。选择"椭圆工具"，在工具箱中将"笔触颜色"设置为"无"，"填充颜色"设为"紫色（#DEC7E4）"，按住<Shift>键的同时，在舞台窗口中绘制出第 2 个圆形，选中圆形，在"属性"面板中将宽、高选项分别设为 65，效果如图 4-35 所示。

图 4-30　　"库"面板

图 4-31　绘制圆形

图 4-32　　"颜色"面板

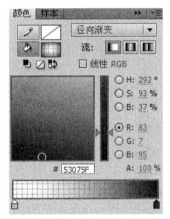

图 4-33　设置右侧"颜色指针"颜色

图 4-34　填充径向渐变颜色

图 4-35　绘制第二个圆形

（4）选中圆形，选择"修改"→"形状"→"柔化填充边缘"命令，弹出"柔化填充边缘"对话框，将"距离"选项设为"30 像素"，"步长数"选项设为 30，选中"扩展"单选按钮，如图 4-36 所示。单击"确定"按钮，效果如图 4-37 所示。将制作好的渐变图形，拖动到柔化边缘图形的上方，效果如图 4-38 所示。

图 4-36　"柔化填充边缘"对话框

图 4-37　柔化边缘效果

（5）选择"文本工具"，在"属性"面板中进行设置，在舞台窗口中输入大小为 50，字体为"文鼎霹雳体"的深紫色（#4D004D）字母 A，效果如图 4-39 所示。在"属性"面板中将"背景颜色"设为"灰色"。选择"椭圆工具"，在工具箱中将"笔触颜色"设置为"无"，"填充颜色"设为"白色"，在舞台窗口中绘制出一个椭圆形，效果如图 4-40 所示。

图 4-38　将渐变图形拖动到
柔化边缘图形上方

图 4-39　输入字母 A

图 4-40　绘制"椭圆形"

（6）选择"窗口"→"颜色"命令，打开"颜色"面板，在"颜色类型"选项的下拉列表中选择"线性渐变"，选中色带上左侧的"颜色指针"，将其设为白色，在 Alpha 选项中将其不透明度设为 0%，选中色带上右侧的"颜色指针"，将其以为"白色"，如图 4-41 所示。单击"颜色"面板右上方的面板菜单按钮，在弹出的菜单中选择"添加样本"命令，将设置好的渐变色添加为样本，如图 4-42 所示。

图 4-41　颜色面板

图 4-42　"颜色面板"弹出菜单

（7）选择"颜料桶"工具，按住<Shift>键的同时，在椭圆形中由下向上拖动渐变色，如图 4-43 所示。松开鼠标后，渐变图形效果如图 4-44 所示。选中渐变图形，按快捷键<Ctrl+G>，对其进行组合。选择"椭圆"工具，再绘制一个白色的椭圆形，效果如图 4-45 所示。在工具箱中单击"填充颜色"按钮，弹出纯色面板，选择面板下方最后一个色块，即刚才添加的渐变色样本，光标变为吸管，拾取该样本色，如图 4-46 所示。

图 4-43　颜料桶工具

图 4-44　渐变效果

图 4-45　绘制椭圆形

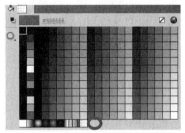

图 4-46　单击"填充颜色"按钮

（8）选择"颜料桶"工具，按住<Shift>键的同时，在椭圆形中由上向下拖动渐变色，如图 4-47 所示。松开鼠标后，渐变图形效果如图 4-48 所示。选中渐变图形，按快捷键<Ctrl+G>，将其进行组合。

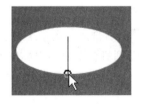

图 4-47　由上向下拖动渐变色

图 4-48　渐变效果

（9）将制作的第 1 个椭圆形放置在字母 A 的上半部，并调整图形大小，效果如图 4-49 所示。将制作的第 2 个椭圆形放置在字母 A 的下半部，并调整大小，效果如图 4-50 所示。在"属性"面板中将背景颜色恢复为白色，按钮制作完成，效果如图 4-51 所示。

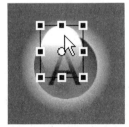

图 4-49　将第 1 个椭圆放在字母 A 上部

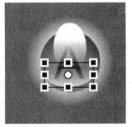

图 4-50　将第 2 个椭圆放在字母 A 下部

图 4-51　字母 A 的效果

2. 添加并编辑元件

（1）用相同的方法再制作出按钮元件"按钮 B""按钮 C""按钮 D""按钮 E"，如图 4-52 所示。选择"文件"→"导入"→"导入到库"命令，在弹出的"导入到库"对话框中选择"项目 4"→"素材"→"水晶按钮 | 底图"文件，单击"打开"按钮，文件被导入到"库"面板中，如图 4-53 所示。

图 4-52　库面板

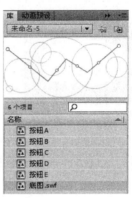

图 4-53　导入素材

（2）单击"时间轴"面板下方的"场景 1"图标 <u>场景 1</u>，进入"场景 1"的舞台窗口。选择"选择工具"，将"库"面板中的图形元件"底图"拖动到舞台窗口的中心位置，效果如图 4-54 所示，并将"图层 1"重新命名为"底图"。

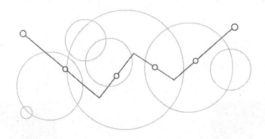

图 4-54　将"底图"拖动至舞台窗口

（3）单击"时间轴"面板下方的"新建图层"按钮，创建新图层并将其命名为"按钮"，如图 4-55 所示。将"库"面板中的按钮元件"按钮 A""按钮 B""按钮 C""按钮 D""按钮 E"拖动到舞台窗口中，并分别放在合适的位置，效果如图 4-56 所示。透明按钮绘制完成，按快捷键<Ctrl+Enter>即可查看效果。

图 4 55 新建"按钮"图层

图 4-56 将按钮元件放入舞台窗口

4.4 项目实战二 招财进宝

4.4.1 项目实战描述与效果

- 素材: Flash CS6\项目 4 \素材\招财进宝。
- 源文件: Flash CS6\项目 4 \源文件\招财进宝。

1. 项目实战描述

本项目主要结合工具箱中的"矩形"工具来创建元件,掌握"元件"的创建方法,并将其创建为"影片剪辑"类型的元件,通过使用"变形"面板,对元件实现"水平翻转"、"旋转"等操作。应用创建的元件实现"补间动画"及"遮罩动画"效果,"招财进宝"知识点分析如表 4-2 所示。

表 4-2 "招财进宝"知识点分析

知 识 点	功 能	实 现 效 果
创建元件:掌握影片剪辑类型元件的使用,元件的编辑	创建影片剪辑元件,实现元件的水平翻转、旋转等操作	
创建补间动画、遮罩动画	实现创建补间动画效果及遮罩动画效果	

2. 项目实战效果

最终作品效果如图 4-57 所示。

图 4-57 "招财进宝"最终效果

4.4.2 项目实战详解

（1）选择"文件"→"新建"命令，在弹出的"新建文档"对话框中选择 ActionScript 3.0，单击"确定"按钮，进入新建文档舞台窗口。打开"库"面板，在"库"面板下方单击"新建元件"按钮，弹出"创建新元件"对话框，在"名称"选项文本框中输入"直线"，选择"影片剪辑"选项，单击"确定"按钮，新建一个影片剪辑元件"直线"，如图 4-58 所示。舞台窗口也随之转换为影片剪辑元件的舞台窗口。

（2）选择"矩形工具"，在工具箱中将"笔触颜色"设置为"无"，"填充颜色"设置为"黄色（#FFCC00）"，按住<Shift>键的同时，在舞台窗口中绘制一条直线，选中直线，在"属性"面板中，将图形的"宽""高"选项分别设为 150、3，效果如图 4-59 所示。

（3）打开"变形"面板，将直线以一个方向进行复制。将直线元件的"注册点"移到场景的中心点，如图 4-60 所示。然后，打开"变形"面板，选中"旋转"，角度为"30°"，连续单击"重置选区和变形"按钮，选中所有线条，右击选择"转换为元件"命令，将其命名为"直线旋转"，元件类型为"影片剪辑"类型，完成后的效果如图 4-61 所示。

图 4-58 "库"面板

图 4-59 绘制直线

图 4-60 移动注册点

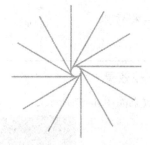

图 4-61 直线旋转元件

（4）新建"图层 2"，选择"图层 1"的第 1 帧，右击，选择"复制帧"命令；选中"图层 2"的第 1 帧，右击，选择"粘贴帧"命令，选中"修改"→"变形"→"水平翻转"命令，结果如图 4-62 所示。

（5）选择两个图层的第 30 帧，按<F5>键插入帧。然后，在时间轴上右击，选择"创建补间动画"命令，结果如图 4-63 所示。然后，分别将这两个图层中的元件向两个方向旋转一周。

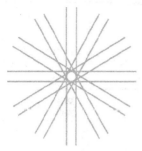

图 4-62　水平翻转

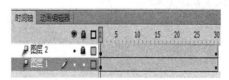

图 4-63　创建补间动画

（6）将图层 2 变为"遮罩层"。在"图层 2"上右击，选择"遮罩层"命令，添加后的效果如图 4-64 所示。

（7）新建一个图层，将其命名为"背景"层，将"库"面板中的"背景"素材拖动到舞台上。再新建一个图层，将其命名为"元宝"，将库面板中的"元宝"素材拖动到舞台上。将它们的位置调整好后，按快捷键<Ctrl+Enter>即可查看效果，如图 4-57 所示，其时间轴面板如图 4-65 所示。

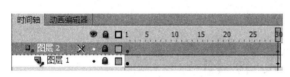

图 4-64　创建遮罩动画

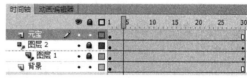

图 4-65　"时间轴"面板

小　结

通过本项目的学习，可以了解到"元件"和"实例"是创建 Flash 动画的重要组成部分，并掌握使用库资源的方法。

用户应重点注意区分"元件"和"实例"的关系，"元件"可以在影片或其他影片剪辑中重复使用，"实例"则可以与其他的元件颜色、大小和功能有很大的差别。"元件"存放在"库"面板中，用户可以在 Flash 影片之间将元件作为共享资源。

练　习　四

1. 制作五角星，如图 4-66 所示。
2. 制作一个如图 4-67 所示的圣诞树效果。

图 4-66　五角星

图 4-67　圣诞树

项目 4　元件、实例和库的应用

项目⑤

→ 导入素材

Flash 作为著名的多媒体动画制作软件，可以将外部的"图形""图像""视频"".swf 影片"等导入到 Flash 中作为素材使用。对于没有绘画基础的用户来说，善于在动画中使用外部素材，可以减少绘制图形的麻烦。

项目学习重点：

- "图形""图像"的导入与应用；
- "视频"文件的导入与应用；
- "声音"文件的导入与应用。

5.1 导 入 位 图

在 Flash CS6 中导入"位图"和"矢量图形"的方法与导入"声音"方法基本相同，而导入 PSD 格式的方法则略有不同，下面通过实例的方式分别进行介绍。

5.1.1 可导入的文件格式

（1）一个好的动画爱好者不仅能够自己绘制图形，还应该善于搜集、编辑和整理外部素材。在学习导入图形图像方法之前，先了解 Flash 都支持哪些格式的图形图像。

（2）支持的位图图像有 bmp、jpg、gif、png 和 psd 等格式的位图图像。

（3）如果系统中安装了 QuickTime 软件，则可以支持 pntg、pct、pic、qtif、sgi、tga 和 tiff 等格式的位图图像。

（4）支持的矢量图形有 wmf、emf、dxf、eps、ai 和 pdf 等格式的矢量图形。

5.1.2 导入位图

"位图"是制作影片常用的图形元素，在 Flash CS6 中，默认支持 bmp、jpeg、gif 等位图格式。要将文件导入到 Flash CS6 中，操作方法如下：

（1）新建一个 Flash 文档，选择"文件"→"导入"→"导入到舞台"命令，或者按快捷键<Ctrl+R>，弹出"导入"对话框，如图 5-1 所示。

（2）在"导入"对话框中选择"位图.jpg"文件，然后单击"打开"按钮，即可将位图导入到舞台和"库"面板中，如图 5-2 所示。

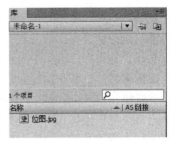

图 5-1　"导入"对话框　　　　　　　　　　图 5-2　"库"面板

（3）在导入图形文件时，如果导入文件的名称是以数字结尾的，并且在该文件夹中还包含其他该类型的多个文件，Flash CS6 会提示用户此文件看起来是图像序列的组成部分，是否导入序列中的所有图像。如果单击"是"按钮，则导入所有的序列图像文件；如果单击"否"按钮，则只导入选中的图像文件，如图 5-3 所示。

图 5-3　导入序列图像

5.1.3　将位图转为矢量图

（1）将位图转换为矢量图后可对其进行更多的编辑。选择要转换的位图，选择"修改"→"位图"→"转换位图为矢量图"命令，弹出"转换位图为矢量图"对话框，如图 5-4 所示。

（2）在"转换位图为矢量图"对话框中将"颜色阈值"选项设为 30，"最小区域"选项设为 8，单击"确定"按钮，等待计算机进行图片转换计算。

图 5-4　"转换位图为矢量图"对话框

- "颜色阈值"文本框：设置颜色之间的差值，可输入范围为 1～500 之间的整数。阈值越小，转换过来的矢量图形颜色越丰富，与原图像差别越小。
- "最小区域"文本框：可输入范围为 1～1 000 之间的整数。值越小，转化后图像越精确，与原图像越接近。
- "曲线拟合"下拉列表框：设置转换时如何平滑图形轮廓线，选择范围从"像素"到"非常平滑"，"像素"表示不平滑。
- "角阈值"下拉列表框：设置是保留锐利边缘（颜色对比强烈的边缘），还是进行平滑处理，选择范围从"较多转角"到"较少转角"。"较多转角"会保留原图像的锐利边缘。

注意：转换图像时，最好转换颜色不丰富，分辨率不大，体积小的图像。色彩比较丰富或分辨率比较高的位图图像，转换时如果"颜色阈值"和最小区域设置过小，会使转换后的矢量图像比原图像大许多，而且转换速度会非常慢。

5.1.4 设置位图属性

位图的"属性"面板

当播放某些包含位图的动画时，有时会发现位图边缘有锯齿，影响位图的美观和动画的质量。此外，如果在 Flash 中过多地使用了位图，会使动画体积变得很大。下面通过设置位图输出属性来解决这两个问题。

（1）新建一个 Flash 文档，选择"文件"→"导入"→"导入到库"命令，弹出"导入"对话框，将位图图像导入。在"库"面板中，选中该位图，在选中的对象上右击，在弹出的快捷菜单中选择"属性"命令，弹出"位图属性"对话框，如图 5-5 所示。

（2）选中"允许平滑"复选框，在"压缩"下拉列表中选中"照片（JPEG）"选项。此时，若取消选中"使用导入的 JPEG 数据"单选按钮，则还可以在"品质"文本框中输入品质参数，如图 5-6 所示。

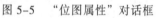

图 5-5　"位图属性"对话框　　　　　　　图 5-6　修改参数

（3）设置好相关选项后，单击"测试"按钮，从对话框底部可查看压缩前和压缩后的图像大小；单击"确定"按钮，可将设置应用于该位图在动画中链接的所有图像。

- "允许平滑"复选框：选择该复选框可为位图消除锯齿，使位图边缘变得光滑。
- "压缩"下拉列表：选择"照片（JPEG）"选项，将以 JPEG 格式压缩图像，适应于具有复杂颜色或色调变化的图像，例如具有渐变填充的照片或图像；选择"无损（PNG/GIF）"选项，将使用无损压缩格式压缩图像，这样不会丢失图像中的任何数据，适用于具有简单形状和较少颜色的图像。
- "使用导入的 JPEG 数据"复选框：选择"照片（JPEG）"压缩方式后，若选择此复选框，会使用导入图像的默认压缩品质压缩图像。否则，将出现"品质"文本框，在该文本框中输入的值越高（1~100），图像质量越好，但文件也会越大。

5.2　导入矢量图

AI 文件是 Illustrator 软件的默认保存格式，由于该格式不需要针对打印机，所以精简了很多不必要的打印定义代码语言，从而使文件的体积减小很多。

5.2.1　导入 Illustrator 文件

要导入 AI 文件，可选择"文件"→"导入"→"导入到舞台"命令，如图 5-7 所示。

在弹出的"导入"对话框中选中要导入的 AI 文件（见图 5-8），然后单击"打开"按钮，弹出"将*.ai 导入到舞台"对话框，如图 5-9 所示。

图 5-7　"导入"命令　　　　　　　　　　图 5-8　"导入"对话框

在"将*.ai 导入到舞台"对话框中，单击"将图层转换为"下拉列表框，可以选择将 AI 文件的图层转换为 Flash 图层、关键帧或单一 Flash 图层，如图 5-10 所示。单击"确定"按钮，完成 AI 文件的导入。

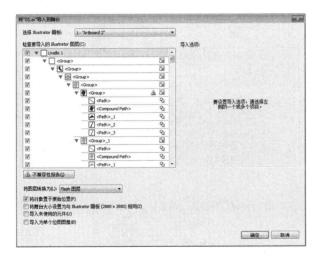

图 5-9　"将*.ai 导入到舞台"对话框　　　　图 5-10　"将图层转换为"下拉列表框

"将图层转换为"下拉列表框中各选项的具体含义如下：

- "Flash 图层"选项：选择该选项后在"检查要导入的 Illustrator 图层"列表框中选中的图层，在导入 Flash CS6 后将会放置在各自的图层上，并且拥有与原来 Illustrator 图层相同的图层名称。
- "关键帧"选项：选择该选项后，在"检查要导入的 Illustrator 图层"列表框中选中的图层，在导入 Flash CS6 后将会按照 Illustrator 图层从下到上的顺序，依次放置在一个新图层的从第一帧开始的各关键帧中，并且以 AI 文件的文件名来命名该新图层。
- "单一 Flash 图层"选项：选择该选项后，可以将导入文档中的所有图层转换为 Flash 文档中的单个平面化图层。

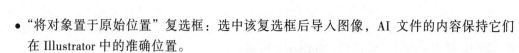

- "将对象置于原始位置"复选框：选中该复选框后导入图像，AI 文件的内容保持它们在 Illustrator 中的准确位置。
- "将舞台大小设置为与 Illustrator 画板/（裁剪区域）相同"复选框：选中该复选框后导入图像，Flash 的舞台大小将调整为与 AI 文件的画板（或活动裁剪区域）相同的大小。默认情况下，该选项没有被选中。
- "导入未使用的元件"复选框：选中该复选框后，在 Illustrator 画板上没有实例的所有 AI 文件的库元件都将导入到 Flash 库中。如果没有选中该选项，没有使用的元件就不会被导入到 Flash 中。
- "导入为单个位图图像"复选框：选中该复选框后可以将 AI 文件整个导入为单个的位图图像，并禁用"将*.ai 导入到舞台"对话框中的图层列表和导入选项。

5.2.2 导入 Fireworks PNG 文件

PNG 是 Fireworks 软件默认的矢量图形保存格式，同时也是与 Flash 结合得最好的图形格式之一。

要导入 Fireworks 的 PNG 文件，可选择"文件"→"导入"→"导入到舞台"命令，在弹出"导入"对话框中选中要导入的 PNG 文件（见图 5-11），然后单击"打开"按钮。

图 5-11　"导入"对话框

5.3　导入 Photoshop PSD 文件

PSD 是 Photoshop 默认的文件格式。在 Flash CS6 中不仅可以直接导入 PSD 文件并保留许多 Photoshop 功能，而且可以在 Flash CS6 中保持 PSD 文件的图像质量和编辑性。

要导入 Photoshop 的 PSD 文件，可选择"文件"→"导入"→"导入到舞台"命令，在弹出"导入"对话框中选中要导入的 PSD 文件，如图 5-12 所示。然后，单击"打开"按钮，弹出"将*.psd 导入到舞台"对话框，如图 5-13 所示。

图 5-12　"导入"对话框　　　　　　图 5-13　"将*.psd 导入到舞台"对话框

在"将*.psd 导入到舞台"对话框中，单击"将图层转换为"下拉列表框，可以选择将 PSD 文件的图层转换为 Flash 文件中的图层或关键帧。各选项的具体含义如下：

- "Flash 图层"选项：选择该选项后在"检查要导入的 Photoshop 图层"列表框中选中的图层，在导入 Flash CS6 后将会放置在各自的图层上，并且拥有与原来 Photoshop 图层相同的图层名称，导入后的"时间轴"面板如图 5-14 所示。
- "关键帧"选项：选择该选项后，在"检查要导入的 Photoshop 图层"列表框中选中的图层，在导入 Flash CS6 后将会按照 Photoshop 图层从下到上的顺序将它们分别放置在一个新图层的从第一帧开始的各关键帧中，并且以 PSD 文件的文件名来命名该新图层，此时的"时间轴"面板如图 5-15 所示。

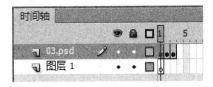

图 5-14　"Flash 图层"效果　　　　　图 5-15　"关键帧"效果

- "将图层置于原始位置"复选框：选中该复选框后导入图像，PSD 文件的内容将保持在 Photoshop 中的准确位置。

5.4　读取 SWF 文件

Flash CS6 通过读取外部的 SWF 文件，不但可以减小影片本身的容量，而且可以得到更多的效果，便于在网络上传播。读取 SWF 文件的操作方法如下：

（1）要有一个 Flash 动画文件，例如，把 a.SWF 保存在名为 L 的文件夹下。

（2）新建一个 Flash ActionScript 2.0 文档，新建一个实例名称为 Raymond 的影片剪辑，在这个影片里面绘制一个方框，大小就是前面做好的那个 Flash 动画 a.swf 的场景大小（可以不绘制任何内容，绘制方框是为了能清楚加载影片的位置和大小）。

（3）把 Raymond 影片剪辑放置场景中，然后在第一帧处的"动作"面板中输入如下语句：

```
raymond.loadMovie("\\a.swf",0);
```

保存 a.swf 文件到 L 文件夹中，然后预览影片。

（4）如果用户需要用按钮事件来触发影片的加载，可以输入如下语句：

```
on(press){ raymond.loadMovie("\\a.swf",0);}
```

用户可以看到，实现这个功能的语句非常简单。

5.5 导 入 视 频

在 Flash CS6 中，可以将视频剪辑导入到 Flash 文档中。根据视频格式和所选导入方法的不同，可以将具有视频的影片发布为 Flash 影片（SWF 文件）或 QuickTime 影片（MOV 文件）。在导入视频剪辑时，可以将其设置为嵌入文件或链接文件。

5.5.1 使用视频组件加载外部视频

对于 Windows 用户而言，如果系统中安装了 QuickTime7 或 DirectX11（或者更高版本），就可以将包括 MOV、AVI 和 MPG/MPEG 等多种文件格式的视频剪辑导入到 Flash CS6 中。

在 Flash CS6 中可以导入的视频文件格式有"频视频交叉".avi 文件，"数字视频".dv 文件，"动动图像专家".mpg、.mpeg 文件，"Windows 媒体文件".wmv、.asf 文件等。

5.5.2 将视频嵌入到 Flash 中

导入视频文件为嵌入文件时，该视频文件将成为荧屏的一部分，如同导入位图或矢量图文件一样。用户可以将具有嵌入视频的影片发布为 Flash 影片。

如果要将视频文件直接导入到 Flash 文档的舞台中，可选择"文件"→"导入"→"导入到舞台"命令；如果要将视频文件导入到 Flash 文档的"库"面板中，可选择"文件"→"导入"→"导入视频"命令。

另外，在"库"面板中，双击"导入视频"图标，弹出"视频属性"对话框，可以从中查看导入视频剪辑的信息，如名称、路径、创建日期、像素尺寸、长度和文件大小等，还可以重命名、更新、导入或导出视频等，如图 5-16 所示。

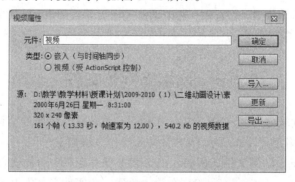

图 5-16 "视频属性"对话框

5.6 导 入 声 音

在 Flash CS6 中导入声音素材后，可以将其直接应用到动画作品中，还可以通过声音编辑器对声音素材进行编辑，然后再进行应用。

5.6.1 声音的类型

1. 音频的基础知识

- "取样率"：指在进行数字录音时，单位时间内对模拟的音频信号进行提取样本的次数。取样率越高，声音质量越好。Flash CS6 经常使用 44 kHz、22 kHz 或 11 kHz 的取样率对声音进行取样。例如，使用 22 kHz 取样率取样的声音，每秒钟要对声音进行 22 000 次分析，并记录每两次分析之间的差值。
- "位分辨率"：指描述每个音频取样点的比特位数。例如，8 位的声音取样表示 2 的 8 次方或 256 级。用户可以将较高位分辨率的声音转换为较低位分辨率的声音。
- "压缩率"：指文件压缩前后大小的比率，用于描述数字声音的压缩效率。

2. 声音素材的格式

Flash CS6 提供了许多使用声音的方式，它可以使声音独立于时间轴连续播放，或使动画和一个音轨同步播放。可以向按钮添加声音，使按钮具有更强的互动性，还可以通过声音淡入淡出更优美的声音效果。下面介绍可导入 Flash CS6 中常见的声音文件格式。

- WAV 格式：可以直接保存对声音波形的取样数据，数据没有经过压缩，所以音质较好，但 WAV 格式的声音文件通常比较大，会占用较多的磁盘空间。
- MP3 格式：一种压缩的声音文件格式。同 WAV 格式相比，MP3 格式的文件大小只有 WAV 格式的 1/10。其优点为体积小、传输方便、声音质量较好，已经被广泛应用到计算机音乐中。
- AIFF 格式：支持 MAC 平台，支持 16 位 44 kHz 立体声。只有系统上安装了 QuickTime7 或者更高版本的软件，才可使用此声音文件格式。
- AU 格式：一种压缩声音文件格式，只支持 8 位的声音，是 Internet 上常用的声音文件格式。只有系统上安装了 QuickTime 7 或者更高版本的软件，才可使用此声音文件格式。

声音文件要占用大量的磁盘空间和内存，所以，一般为提高 Flash 作品在网上的下载速度，使用 MP3 声音文件格式，因为它的声音资料经过了压缩，比 WAV 或 AIFF 声音的体积小。在 Flash CS6 中只能导入采样比率为 44 kHz、22 kHz 或 11 kHz，分辨率为 8 位或 16 位的声音。通常，为了 Flash 作品在网上有比较满意的下载速度而使用 WAV 或 AIFF 文件时，最好使用 16 位 22 kHz 单声道格式。

5.6.2 导入声音

Flash CS6 在库中保持声音以及位图和组件。与图形组件一样，只需要一个声音文件的副本就可在文档中以各种方式使用这个声音文件。

（1）选择"文件"→"新建"命令，弹出"新建文档"对话框，单击"确定"按钮，创建新的 Flash 文档。

（2）选择"文件"→"导入"→"导入到库"命令，在弹出的"导入到库"对话框中选择"项目 5\素材\英文字母发音\A.wav"，如图 5-17 所示。单击"打开"按钮，将声音文件导入到"库"面板中，如图 5-18 所示。

图 5-17　"导入到库"对话框　　　　　　　　图 5-18　"库"面板

（3）在"时间轴"面板中单击"图层 1"，选中第 1 帧关键帧，在"库"面板中选择声音文件 A.wav，按住鼠标左键不放，将其拖动到舞台窗口中，释放鼠标左键，在"图层 1"中出现声音文件的波形，如图 5-19 所示。

（4）选中"图层 1"的第 15 帧，按<F5>键，在该帧上插入普通帧，显示声波效果，如图 5-20 所示。声音添加完成，按快捷键<Ctrl+Enter>即可查看效果。

图 5-19　声音图层　　　　　　　　　　　图 5-20　声波效果

　　注意：一般情况下，将每个声音放在一个独立的层上，每个层都作为一个独立的声音通道。当播放动画文件时，所有层上的声音将混合在一起。虽然在 Flash 中可以导入 bmp、jpg、gif、png和.psd 等格式的位图图像，但在实际应用时，为了避免增加 Flash 影片的体积，最好导入 jpg 或gif 格式的图像。在导入图像前，还可以使用其他的图像编辑软件将图像编辑为动画需要的大小。

5.6.3　设置声音属性

在"时间轴"面板中选中声音文件所在的图层的第一帧，按快捷键<Ctrl+F3>，弹出该帧的"属性"面板，如图 5-21 所示。

- "名称"选项：可以在此选项的下拉列表中选择"库"面板中的声音文件。
- "效果"选项：可以在此选项的下拉列表中选择声音播放的效果，如图 5-22 所示。

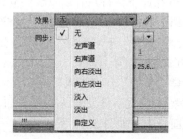

图 5-21　声音"属性"面板　　　　　　　图 5-22　"效果"选项

"无"选项：不对声音文件应用效果。选择此项后可以删除以前应用于声音的特效。

"左声道"选项：只在左声道播放声音。

"右声道"选项：只在右声道播放声音。

"向右淡出"选项：声音从左声道渐变到右声道。

"向左淡出"选项：声音从右声道渐变到左声道。

"淡入"选项：在声音的持续时间内逐渐增加其音量。

"淡出"选项：在声音的持续时间内逐渐减小其音量。

"自定义"选项：弹出"编辑封套"对话框，通过自定义声音的淡入和淡出点，创建自己的声音效果。

● "同步"选项：用于选择何时播放声音。

注意：在 Flash 中有两种类型的声音：事件声音和音频流。事件声音必须完全下载后才能开始播放，除非明确停止，它将一直连续播放。音频流在前几帧下载了足够的资料后就开始播放，它可以和时间轴同步，以便在 Web 站点上播放。

5.6.4 为对象添加声音

1. 将声音添加到时间轴

（1）选中"时间轴"面板中的第一帧，将"库"面板中的声音素材拖动到舞台窗口中（声音不显示实体）。

（2）"图层 1"的第一帧如图 5-23 所示，根据声音时间长度在该图层后方插入普通帧，帧上即显示声音波纹，如图 5-24 所示。

图 5-23　第一帧声音

图 5-24　声音长度

（3）如需要编辑该关键帧上的声音，选中第一帧，打开声音的"属性"面板，在"效果"选项后方单击"编辑声音封套"按钮，弹出"编辑封套"对话框对声音进行编辑，如图 5-25 所示。

（4）添加声音到时间轴后，按快捷键<Ctrl+Enter>即可查看效果。

2. 为影片添加声音

（1）在"库"面板中创建图形元件，命名为"圆"随之转换到图形元件舞台，选择工具箱中的"椭圆"工具在舞台窗口绘制一个圆形，如图 5-26 所示。

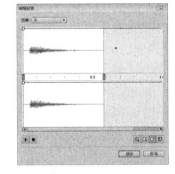

图 5-25　"编辑封套"对话框

（2）在"库"面板中创建影片剪辑元件，命名为"圆"，在"时间轴"中选择"图层 1"的第一帧，将"圆"图形元件拖动到舞台窗口中。

（3）在"图层 1"第 20 帧，按<F6>键，在该帧插入关键帧，选择"窗口"→"变形"命令，打开"变形"面板，将"宽度缩放"和"高度缩放"选项设为 300，如图 5-27 所示。

·（4）选择第一帧，在选中的对象上右击，在弹出的快捷菜单中选择"创建传统补间"命令，生成传统补间动画，如图5-28所示。

（5）在"时间轴"面板中新建图层并命名为"声音"，将"库"面板中的声音素材拖动到舞台场景中，如图5-29所示。

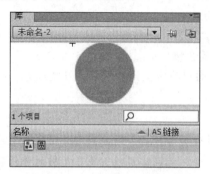

图 5-26　创建"圆"图形元件

图 5-27　"变形"面板

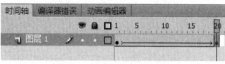

图 5-28　传统补间动画

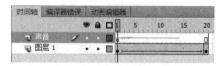

图 5-29　声音图层

（6）单击舞台窗口左上方"场景1"按钮，回到"场景1"，将"库"面板中的"圆动画"影片剪辑拖动到舞台窗口适当的位置。

（7）为影片剪辑添加声音完成，按快捷键<Ctrl+Enter>即可查看效果。

3. 为按钮添加声音

（1）在"库"面板中创建新的按钮元件，命名为"声音按钮"。

（2）选择"图层 1"的弹起关键帧，在舞台窗口中绘制一个圆形，将"宽""高"选项分别设为10，"笔触颜色"选项设为"无"，"填充颜色"选项设为"蓝色"，如图5-30所示。

（3）选中"指针经过"帧，按<F6>键，在该帧上插入关键帧，选择"选择工具"在舞台窗口中选择"圆形"，将"填充颜色"选项设为"黄色"，如图5-31所示。

（4）在"时间轴"面板中新建图层并命名为"声音"，选中"指针经过"帧，按<F6>键，在该帧上插入关键帧，将"库"面板中的声音素材拖动到舞台中，如图5-32所示。

图 5-30　弹起参数

图 5-31　指针经过参数

图 5-32　声音图层

（5）选择舞台窗口左上方的"场景1"按钮 （inline small icon），回到"场景1"，将"库"面板中的"声音按钮"按钮元件拖动到舞台窗口适当的位置，按快捷键<Ctrl+Enter>预览效果。

5.7 项目实战一 英文字母发音

5.7.1 项目实战描述与效果

- 素材：Flash CS6\项目5\素材\英文字母发音。
- 源文件：Flash CS6\项目5\源文件\英文字母发音。

1. 项目实战描述

本项目主要结合工具箱中的"椭圆"工具、"文本工具"和"颜色"面板来绘制按钮，掌握"元件"的创建方法、"元件"类型的设置，掌握"声音素材"导入的方法和声音的使用技巧。"英文字母发音"知识点分析如表5-1所示。

表5-1 "英文字母发音"知识点分析

知 识 点	功 能	实 现 效 果
导入素材：掌握图片、声音的导入方式	能够灵活地掌握声音的使用方法	
创建元件：掌握元件的3种类型的不同应用	能够通过多种方法灵活地创建按钮元件	
掌握元件的编辑方法，"库"面板的应用，能够将元件应用于场景中	掌握元件的编辑，最终将"库"面板中的元件应用于所需的场景中	

2. 项目实战效果

最终作品效果如图5-33所示。

5.7.2 项目实战详解

1. 绘制图形

（1）选择"文件"→"新建"命令，在弹出的"新建文档"对话框中选择ActionScript 3.0，将"宽"选项设为550，"高"选项设为400，"背景颜色"选项设为"绿色"（#006600），单击"确定"按钮，进入新建文档舞台窗口，如图5-34所示。

图5-33 "英文字母发音"最终效果

（2）选择"文件"→"导入"→"导入到库"命令，弹出"导入到库"对话框，选择"Flash CS6\项目5\素材\英文字母发音"文件夹中所有素材，单击"打开"按钮，将素材导入到"库"面板中，如图5-35所示。

（3）在"库"面板下方单击"新建元件"按钮 ，弹出"创建新元件"对话框，在"名称"选项的文本框中输入"按钮背景"，在"类型"选项的下拉列表中选择"图形"选项，单击"确定"按钮，新建一个图形元件"按钮背景"，舞台窗口也随之转换为图形元件的舞台窗口。

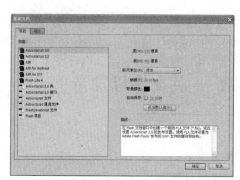

图 5-34 "新建文档"对话框　　　　　　图 5-35　库面板

（4）选择"椭圆工具"，在工具箱中将"笔触颜色"选项设为"无"，"填充颜色"选项设为"灰色"。按住<Shift>键的同时，在舞台窗口中绘制出一个圆形。选中圆形，打开圆形的"属性"面板，将"宽""高"选项分别设为45，将"X""Y"选项分别设为2.50、2.40，如图5-36所示，舞台窗口如图5-37所示。

图 5-36　圆形属性面板　　　　　　　　图 5-37　圆形效果

（5）选择"选择工具"，选中圆形，选择"窗口"→"变形"命令，打开"变形"面板，单击"高度缩放"后的"约束" 按钮，将"宽度缩放""高度缩放"选项分别设为90%、100%，单击"重置选区和变形"按钮，如图5-38所示。复制并缩小圆形，在工具箱中将"填充颜色"选项设为"红色"，单击舞台窗口任意位置后，选中红色的圆形，按<Delete>键，删除红色圆后到灰色的环形。

（6）选择环形，选择"窗口"→"颜色"命令，打开"颜色"面板，在"颜色类型"选项的下拉列表中选择"径向渐变"，选中色带上左侧的"颜色指针"，将其设为"白色"，在Alpha 选项中将其不透明度设为 0%，选中色带上右侧的"颜色指针"，将其设为"粉色"（#FF5BC4），如图5-39所示，效果如图5-40所示。选中环形，按快捷快<Ctrl+G>，将环形转换为组。

图 5-38　"变形"面板　　　　　图 5-39　"颜色"面板　　　　图 5-40　环形效果

（7）选择"椭圆工具"，将"笔触颜色"选项设为"无"，"填充颜色"选项设为"白色"，在舞台窗口中绘制出一个椭圆形。选中椭圆形，选择"窗口"→"颜色"命令，打开"颜色"面板，在"颜色类型"选项的下拉列表中选择"线性渐变"，选中色带上左侧的"颜色指针"，将其设为白色，在 Alpha 选项中将其不透明度设为 0%，如图 5-41 所示，效果如图 5-42 所示。

（8）按<Ctrl>键同时拖动椭圆形，复制一个椭圆形，选择"修改"→"变形"→"垂直翻转"命令，将其翻转，如图 5-43 所示。将 2 个椭圆形全部选中，按<Ctrl+G>组合键，其组合。将环形和椭圆摆放位置如图 5-44 所示。

图 5-41　颜色面板　　　图 5-42　椭圆形　　　图 5-43　垂直翻转　　图 5-44　按钮背景

2. 制作按钮元件

（1）在"库"面板下方单击"新建元件"按钮，弹出"创建新元件"对话框，在"名称"文本框中输入 A，在"类型"下拉列表中选择"按钮"选项，单击"确定"按钮，新建一个按钮元件 A，舞台窗口也随之转换为按钮元件的舞台窗口，如图 5-45 所示。

（2）选中"图层 1"的"弹起"关键帧，将"库"面板中的"按钮背景"图形元件拖动到舞台窗口中。单击"时间轴"面板下方的"插入图层"按钮，创建新图层"图层 2"。选中"图层 2"的"弹起"关键帧，选择"文本"工具，在舞台窗口中输入文字 A，"时间轴"面板如图 5-46 所示。

图 5-45　创建按钮元件　　　　　图 5-46　"时间轴"面板

（3）选中 A 文字，打开它的"属性"面板，设置文字的具体参数如图 5-47 所示。舞台窗口中的效果如图 5-48 所示。

图 5-47　A 属性　　　　　图 5-48　按钮效果　　　　图 5-49　文字变形

（4）选中"图层 1"和"图层 2"的"指针经过"帧，按<F6>键，在该帧上插入关键帧。选中"图层 1"和"图层 2"的"按下"帧，按<F5>键，在该帧上插入普通帧。

（5）选中"图层 2"的"指针经过"帧，在舞台窗口中选择 A 字，选择"窗口"→"变形"命令，打开"变形"面板，将"宽度缩放""高度缩放"选项分别设为 90%、100%，如图 5-49 所示，按<Enter>键确认。

（6）选中"图层 1"的"点击"帧，按<F6>键，在该帧上插入关键帧，如图 5-50 所示。

（7）单击"时间轴"面板下方的"插入图层"按钮 ，创建新图层"图层 3"。选中"图层 3"中的"指针经过"帧，将"库"面板中的声音文件 A .wav 拖动到舞台窗口中，按钮 A 制作完成，"时间轴"面板中的效果如图 5-51 所示。

图 5-50 按钮时间轴 1

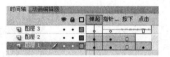
图 5-51 按钮时间轴 2

（8）用相同的方法制作按钮"B"到按钮"Z"。

3. 排列按钮元件

（1）单击"时间轴"面板上方的"场景 1"图标 ，进入"场景 1"的舞台窗口。将"图层 1"重命名为"背景图"。将"库"面板中的"背景图.jpg"拖动到舞台窗口中，如图 5-52 所示。

（2）单击"时间轴"面板下方的"插入图层"按钮 ，创建新的图层并将其命名为"文字"。选择"文本工具"，在舞台窗口中输入文字"英文字母发音"，如图 5-53 所示。打开文字的"属性"面板，设置具体参数，如图 5-54 所示。

图 5-52 背景图层

图 5-53 文字 1 效果

图 5-54 文字 1 属性

（3）在舞台窗口中选择文字，按<Ctrl>键同时拖动文字，对文字进行复制，打开文字的"属性"面板，调整参数，如图 5-55 所示，效果如图 5-56 所示。将 2 行文字微微移动形成立体效果，如图 5-57 所示。

图 5-55 文字 2 属性

图 5-56 文字 2 效果

图 5-57 文字最终效果

（4）单击"时间轴"面板下方的"插入图层"按钮，创建新的图层并将其命名为"按钮"，将"库"面板中的所有字母元件都拖动到舞台窗口中，如图 5-58 所示。将它们排列成 5 排，效果如图 5-59 所示。

图 5-58　按钮图层

图 5-59　按钮摆放后效果

（5）选中第 1 排中的 5 个按钮实例，如图 5-60 所示，选择"窗口"→"对齐"命令，弹出"对齐"面板，单击"垂直中齐"按钮和"水平居中分布"按钮，如图 5-61 所示，效果如图 5-62 所示。

图 5-60　5 个按钮实例

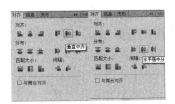

图 5-61　"对齐"面板

图 5-62　对齐后效果

（6）英文字母发音制作完成，按快捷键<Ctrl+Enter>即可查看效果。

5.8　项目实战二 校园风景

5.8.1　项目实战描述与效果

- 素材：Flash CS6\项目 5\素材\校园风景。
- 源文件：Flash CS6\项目 5\源文件\校园风景。

1. 项目实战描述

本项目主要结合工具箱中"文本工具"添加文字，使用"转换位图为矢量图"命令将图片转换为矢量图，掌握位图转换为矢量图的方法和技巧。应用创建的"元件"实现"传统补间动画"效果。"校园风景"知识点分析如表 5-2 所示。

表 5-2　"校园风景"知识点分析

知　识　点	功　　能	实　现　效　果
创建元件	掌握图形元件的创建及修改	
转换位图为矢量图	掌握转换位图为矢量图的具体参数设置方法和技巧	

2. 项目实战效果

最终作品效果如图 5-63 所示。

图 5-63　校园风景最终效果

5.8.2　项目实战详解

1. 导入图片并转换为矢量图

（1）选择"文件"→"新建"命令，在弹出的"新建文档"对话框中选择 ActionScript 3.0，将"宽"选项设为 550，"高"选项度设为 400，"背景颜色"选项设为"绿色"（#006600），如图 5-64 所示。单击"确定"按钮，进入新建文档舞台窗口。

（2）选择"文件"→"导入"→"导入到库"命令，弹出"导入到库"对话框，选择"Flash CS6\项目 5\素材\校园风景"文件夹中所有素材，单击"打开"按钮，将素材导入到"库"面板中，如图 5-65 所示。

图 5-64　"新建文档"对话框

图 5-65　"库"面板

（3）在"库"面板下方单击"新建元件"按钮，弹出"创建新元件"对话框，在"名称"文本框中输入"图片 1"，在"类型"下拉列表中选择"图形"选项，单击"确定"按钮，新建一个图形元件"图片 1"（见图 5-66），舞台窗口也随之转换为图形元件的舞台窗口。

（4）将"库"面板中的 01.jpg 文件拖动到舞台窗口中，打开该图片的"属性"面板，将"X""Y"选项分别设为 0，结果如图 5-67 所示。

图 5-66　"创建新元件"对话框

图 5-67　图片 1 舞台窗口

（5）选择"选择工具"，在舞台窗口中选中 01.jpg 图片，选择"修改"→"位图"→"转换位图为矢量图"命令，弹出"转换位图为矢量图"对话框，在对话框中进行设置，如图 5-68 所示，单击"确定"按钮，位图转换为矢量图，效果如图 5-69 所示。

（6）用同样的方法创建元件"图片 2""图片 3""图片 4""标志元件"和"石基元件"，如图 5-70 所示。将对应的位图图片拖动到该元件的舞台窗口中，将位图转换为矢量图。

图 5-68　"转换位图为矢量图"对话框　　图 5-69　矢量图效果　　图 5-70　创建的图形元件

2. 动画制作

（1）单击"时间轴"面板下方的"场景 1"图标，进入"场景 1"的舞台窗口。选中"图层 1"，将"库"面板中的"图片 1"图形元件拖动到舞台窗口中。选择"选择工具"，在舞台窗口中选择图片 1 实例，打开"属性"面板，将 X、Y 选项分别设为 0。选中第 19 帧，按<F6>键，在该帧上插入关键帧。选中第 46 帧，按<F5>键，在该帧上插入普通帧，如图 5-71 所示。

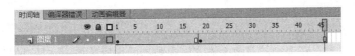

图 5-71　图层 1

（2）选中第 1 帧，选择"选择工具"，在舞台窗口中选择图片 1 实例，打开"属性"面板，在"色彩效果"选项组的"样式"下拉列表中选择 Alpha，值设为 0%，如图 5-72 所示。选中第 1 帧，在选中的对象上右击，在弹出的快捷菜单中选择"创建传统补间"命令，生成传统补间动画，如图 5-73 所示。

图 5-72　色彩效果选项　　　　　图 5-73　创建传统补间动画时间轴

（3）单击"时间轴"面板下方的"插入图层"按钮，创建新图层"图层 2"，选中第 15 帧，按<F6>键，在该帧上插入关键帧。选择"文本"工具，在舞台窗口中输入文字"图书馆"。打开文字的"属性"面板，设置其参数，如图 5-74 所示，舞台窗口中的文字效果如图 5-75 所示。

（4）选择"选择工具"，选中文字，在选中的对象上右击，在弹出的快捷菜单中选择"转换为元件"命令，弹出"转换为元件"对话框，在"名称"文本框中输入"图书馆"，在"类型"下拉列表中选择"图形"选项，如图 5-76 所示。单击"确定"按钮，舞台窗口随之转换为图形元件的舞台窗口。

图 5-74　文字的属性

图 5-75　文字效果

图 5-76　转换为元件对话框

（5）单击"时间轴"面板下方的"场景 1"图标 场景1，进入"场景 1"的舞台窗口。选中"图层 2"的第 30 帧，按<F6>键，在该帧上插入关键帧。在第 46 帧，按<F5>键，在该帧上插入普通帧。

（6）选中第 15 帧，选择"选择工具"，在舞台窗口中选择"图书馆"实例，打开"图书馆"实例的"属性"面板，设置参数，如图 5-77 所示；选中第 30 帧，在舞台窗口中选择"图书馆"实例，在"图书馆"实例的"属性"面板中设置参数，如图 5-78 所示。

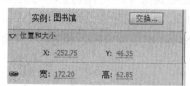

图 5-77　第 15 帧图书馆的属性

图 5-78　第 30 帧图书馆的属性

（7）选中第 15 帧，在选中的对象上右击，在弹出的快捷菜单中选择"创建传统补间"命令，生成传统补间动画，如图 5-79 所示。

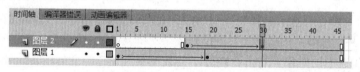

图 5-79　文字动画时间轴

（8）单击"时间轴"面板下方的"插入图层"按钮，创建新图层"图层 3"，选中第 36 帧，按<F6>键，在该帧上插入关键帧。将"库"面板中的"图片 2"图形元件拖动到舞台窗口中，打开图片 2 的"属性"面板，将 X、Y 选项分别设为 0。选中第 46 帧，按<F6>键，在该帧上插入关键帧；选中第 89 帧，按<F5>键，在该帧上插入普通帧。选中第 15 帧，打开图片 2 的"属性"面板，在"色彩效果"选项组的"样式"选项的下拉列表中选择 Alpha 值设为 0%。选中第 15 帧，在选中的对象上右击，在弹出的快捷菜单中选择"创建传统补间"命令，生成传统补间动画。

（9）单击"时间轴"面板下方的"插入图层"按钮，创建新图层"图层 4"，选中第 46 帧，按<F6>键，在该帧上插入关键帧。将"库"面板中的"标志"图形元件拖动到舞台窗口中，打开"标志"实例的"属性"面板，将 X 选项设为 333.15，Y 选项设为 398.55，如图 5-80 所示。选中第 62 帧，按<F6>键，在该帧上插入关键帧，在舞台窗口中选中"标志"实例，打开它的"属性"面板，将 X 选项设为 333.15，Y 选项设为 156.55，如图 5-81 所示。选中第 89 帧，按<F5>键，在该帧上插入普通帧。选中第 46 帧，在选中的对象上右击，在弹出的快捷菜单中选择"创建传统补间"命令，生成传统补间动画。

| 图 5-80　第 46 帧参数 | 图 5-81　第 62 帧参数 |

（10）单击"时间轴"面板下方的"插入图层"按钮🗐，创建新图层"图层 5"，选中第 73 帧，按<F6>键，在该帧上插入关键帧，将"库"面板中的"图片 3"拖动到舞台窗口中，打开"图片 3"的"属性"面板，设置其参数，如图 5-82 所示。选中第 89 帧，按<F6>键，在该帧上插入关键帧，打开"图片 3"的"属性"面板，设置其参数，如图 5-83 所示。选中第 120 帧，按<F5>键，在该帧上插入普通帧。选中第 73 帧，在选中的对象上右击，在弹出的快捷菜单中选择"创建传统补间"命令，生成传统补间动画。

图 5-82　第 73 帧参数　　　　　　　　　图 5-83　第 89 帧参数

（11）单击"时间轴"面板下方的"插入图层"按钮🗐，创建新图层"图层 6"，选中第 94 帧，按<F6>键，在该帧上插入关键帧。将"库"面板中的"石基元件"图形元件拖动到舞台窗口中，打开"石基元件"实例的"属性"面板，将 X 选项设为 550，Y 选项设为 296.25，"宽"选项设为 200，"高"选项设为 85.55，结果如图 5-84 所示。选中第 107 帧，按<F6>键，在该帧上插入关键帧，打开"石基元件"实例的"属性"面板，将 X 选项设为 3.55，Y 选项设为 296.25，如图 5-85 所示。选中第 120 帧，按<F5>键，在该帧上插入普通帧。选中第 94 帧，在选中的对象上右击，在弹出的快捷菜单中选择"创建传统补间"命令，生成传统补间动画。

图 5-84　第 94 帧舞台效果　　　　　　　图 5-85　第 107 帧舞台效果

（12）单击"时间轴"面板下方的"插入图层"按钮🗐，创建新图层"图层 7"。选中第 107 帧，按<F6>键，在该帧上插入关键帧。将"库"面板中的"图片 4"拖动到舞台窗口中，打开"图片 4"的"属性"面板，将 X、Y 选项分别设为 0。选中第 120 帧，按<F6>键，在该帧上插入关键帧。选中第 107 帧，选择"选择"工具，在舞台窗口中选中"图片 4"实例，打开其"属性"面板，在"色彩效果"选项组的"样式"下拉列表中选择 Alpha，值设为 0%。选中第 107 帧，在选中的对象上右击，在弹出的快捷菜单中选择"创建传统补间"命令，生成传统补间动画。"时间轴"面板如图 5-86 所示。

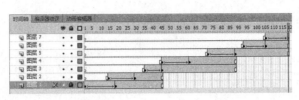

图 5-86　时间轴面板

（13）校园风景效果制作完成，按快捷键<Ctrl+Enter>即可查看效果。

小　　结

　　通过本项目的学习，用户可以掌握如何导入 JPG 素材、PNG 素材、PSD 素材、AI 素材、声音素材、视频素材等；掌握导入素材的几种方法并掌握使用库资源的方法；掌握位图转换为矢量图的制作方法。

　　用户应重点注意导入到库和导入到舞台命令之间的区别和用法，注意导入带有通道和层的素材的细节处理。

练　习　五

　　1. 制作摄像机广告，如图 5-87 所示。
　　2. 制作按钮音效动画效果，如图 5-88 所示。

图 5-87　摄像机广告

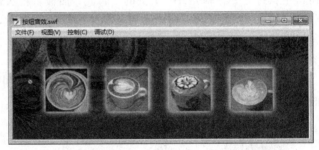

图 5-88　按钮音效

项目⑥

→ Flash CS6 动画基础

在 Flash CS6 动画制作过程中，"时间轴"和"帧"起到了关键性作用。本项目将介绍动画中帧和时间轴的使用方法及应用技巧。通过学习，用户可掌握应用"帧"和"时间轴"制作丰富多彩的动画效果的方法。

项目学习重点：

- "帧"和"时间轴"；
- "逐帧动画"；
- "形状补间动画"的应用；
- "图层"的基本操作。

6.1　Flash CS6 动画的制作原理

在 Flash CS6 中，通过连续播放一系列静止画面，给视觉造成连续变化的效果，这一系列单幅的画面称为"帧"，每秒产生的帧数称为"帧率"。如果"帧率"太慢就会给人造成视觉上不流畅的感觉，所以，按照人的视觉原理，一般将动画的"帧率"设为 24 帧/秒。

在 Flash CS6 中，动画制作的过程就是决定动画的每一帧显示什么内容的过程。用户可以像二维手绘动画一样绘制动画的每一帧，即"逐帧动画"。但制作"逐帧动画"所需要的工作量非常大，为此，Flash CS6 还提供了一种简单的动画制作方法，即关键帧的处理技术的补间动画。补间动画又分为"补间动画""传统补间动画"和"形状补间动画"3 种。

制作"补间动画"的关键是绘制动画的起始帧和结束帧，中间帧的效果由 Flash CS6 自动计算得出。为此，在 Flash CS6 中提供了"关键帧""过渡帧""空白关键帧"的概念。"关键帧"描绘动画的起始帧和结束帧。当动画内容发生变化时必须插入关键帧，即使是"逐帧动画"也要为每个画面创建"关键帧"。"关键帧"有延续性，开始的"关键帧"中的对象会延续到结束的"关键帧"。"普通帧"是动画起始、结束的"关键帧"中间系统自动生成的"帧"。"空白关键帧"是不包含任何对象的"关键帧"。Flash CS6 只支持在"关键帧"中绘画或插入对象，所以，当动画内容发生变化而又不希望延续前面关键帧的内容时需要插入"空白关键帧"。

6.2　时间轴面板

"时间轴"面板由"图层"和"时间轴"组成，如图 6-1 所示。

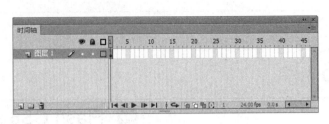

图 6-1 "时间轴"面板

- "眼睛"按钮 ●：单击此按钮，可以隐藏或显示图层中的内容。
- "锁状"按钮 ●：单击此按钮，可以锁定或解锁图层。
- "线框"按钮 □：单击此按钮，可以将图层中的内容以线框的方式显示。
- "新建图层"按钮 ⬚：用于创建图层。
- "新建文件夹"按钮 ⬚：用于创建图层文件夹。
- "删除"按钮：用于删除无用的图层。

6.2.1 播放头和运行时间

1. 播放头

"播放头"指的是"时间轴"面板上方的红色小方块。显示当前帧并可以通过它移动到活动时间段中的任何帧上。拖动它，可以在不同帧之间来回转换，看各帧之间有什么不同。

2. 运行时间

"运行时间"在"时间轴"面板下方，表示当前"时间轴"中的动画时间长度，如图 6-2 所示。"运行时间"的单位为 s。当"播放头"滑动到哪一帧时，"运行时间"显示为当前播放头所在位置的动画时间。

图 6-2 运行时间

6.2.2 洋葱皮工具

一般情况下，Flash CS6 的舞台只能显示当前帧中的对象。如果希望在舞台上出现多帧对象以帮助当前帧对象的定位和编辑，可用 Flash CS6 提供的"洋葱皮"（绘图纸）功能实现。

- "帧居中"按钮 ⬚：单击此按钮，"播放头"所在的帧中的对象会显示在"时间轴"的中间位置。
- "洋葱皮外观"按钮 ⬚：单击此按钮，"时间轴"标尺上出现绘图纸的标记显示，如图 6-3 所示。在标记范围内的帧上的对象将同时显示在舞台中，如图 6-4 所示。可以用鼠标拖动标记点来增加显示的帧数，如图 6-5 所示。

图 6-3 洋葱皮外观

图 6-4 洋葱皮效果

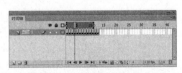
图 6-5 增加显示帧数

- "洋葱皮外观轮廓"按钮 ⬜：单击此按钮，"时间轴"标尺上出现"洋葱皮"的标记显示，如图 6-6 所示，在标记范围内的帧上的对象将以轮廓线的形式同时显示在舞台中，如图 6-7 所示。

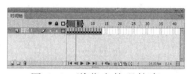

图 6-6　洋葱皮外观轮廓　　　　　　　　图 6-7　轮廓显示显示效果

- "编辑多个帧"按钮 ⬛：单击此按钮，如图 6-8 所示，"洋葱皮"标记范围内的帧上的对象将同时显示在舞台中，可以同时编辑所有的对象，如图 6-9 所示。
- "修改洋葱皮标记"按钮 ⬛：单击此按钮，弹出下拉菜单，如图 6-10 所示。

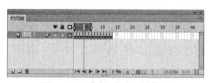

图 6-8　编辑多个"帧"　　　　图 6-9　编辑多个"帧"效果　　图 6-10　弹出的下拉菜单

- "始终显示标记"命令：在"时间轴"标尺上总是显示出洋葱皮标记。
- "锚记标记"命令：将锁定"洋葱皮"标记的显示范围，移动"播放头"将不会改变显示范围，如图 6-11 所示。
- "标记范围 2"命令："洋葱皮"标记显示范围为从当前帧的前 2 帧开始，到当前帧的后 2 帧结束，如图 6-12 所示。

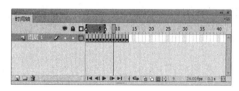

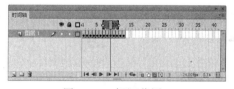

图 6-11　锚记标记　　　　　　　　　图 6-12　标记范围 2

- "标记范围 5"命令："洋葱皮"标记显示范围为从当前帧的前 5 帧开始，到当前帧的后 5 帧结束，如图 6-13 所示。
- "标记整个范围"命令："洋葱皮"标记显示范围为时间轴中的所有帧，如图 6-14 所示。

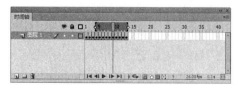

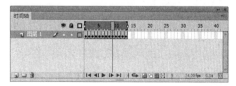

图 6-13　标记范围 5　　　　　　　　　图 6-14　标记整个范围

6.2.3　帧频

在 Flash CS6 中，"帧频"就是影片播放的速度，动画由很多张序列图片组成。比如，一个动作如果用 12 帧频来播放，就把这一个动作分为 12 个分解动作；如果用 24 帧来播放一个动作，就会分为 24 个分解动作。一般默认的是 12 或者 24 帧频，也就是说 1 秒钟 Flash 会从第一帧播放到 12 帧或 24 帧。

6.3 帧

6.3.1 帧的类型

在 Flash CS6 动画制作过程中，帧包括下述多种显示形式。

1. 空白关键帧

在"时间轴"面板中，白色背景带有黑圈的帧为"空白关键帧"。表示在当前舞台中没有任何内容，如图 6-15 所示。

2. 关键帧

在"时间轴"面板中，灰色背景带有黑点的帧为"关键帧"。表示在当前场景中存在一个"关键帧"，在"关键帧"相对应的舞台中存在一些内容，如图 6-16 所示。

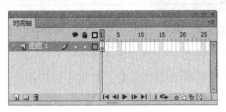

图 6-15 空白关键帧

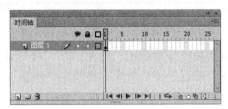

图 6-16 "关键帧"

3. 普通帧

在"时间轴"面板中，存在多个帧。带有黑色圆点的第一帧为"关键帧"，最后一帧上面带有黑的矩形框，为"普通帧"。除了第一帧以外，其他"帧"均为"普通帧"，如图 6-17 所示。

4. 传统补间帧

在"时间轴"面板中，带有黑色圆点的第 1 帧和最后一帧为"关键帧"，中间蓝色背景带有黑色箭头的"帧"为"传统补间帧"，如图 6-18 所示。

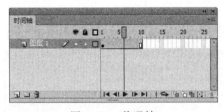

图 6-17 普通帧

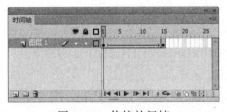

图 6-18 传统补间帧

5. 形状补间帧

在"时间轴"面板中，带有黑色圆点的第 1 帧和最后一帧为"关键帧"，中间绿色背景带有黑色箭头的"帧"为"形状补间帧"，如图 6-19 所示。

在"时间轴"面板中，"帧"上出现虚线，表示是未完成或中断了的"补间动画"，虚线表示不能够生成"形状补间帧"，如图 6-20 所示。

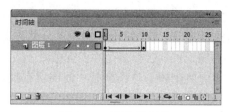
图 6-19　形状补间帧

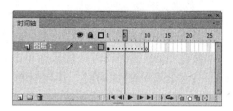
图 6-20　未生成形状补间

6. 包含动作语句的帧

在"时间轴"面板中，第 1 帧上出现一个字母 α，表示这一帧中包含了使用"动作"面板设置的动作语句，如图 6-21 所示。

7. 帧标签

在"时间轴"面板中，第 1 帧上出现一面红旗，表示这一帧的"标签"类型是"名称"。红旗右侧的 aa 是"帧标签"的名称，如图 6-22 所示。

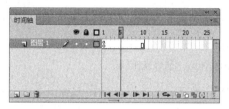
图 6-21　包含动作语句的"帧"

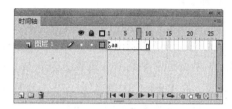
图 6-22　帧标签

在"时间轴"面板中，第 1 帧上出现两条绿色斜杠，表示这一帧的"标签"类型是"注释"，如图 6-23 所示。"帧注释"是对帧的解释，帮助理解该帧在影片中的作用。

在"时间轴"面板中，第 1 帧上出现一个金色的锚，表示这一帧的"标签"类型是"锚记"，如图 6-24 所示。"帧锚记"表示该帧是一个定位，方便浏览者在浏览器中快进、快退。

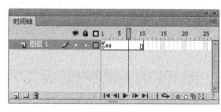
图 6-23　注释

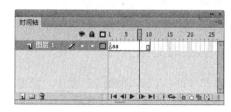
图 6-24　锚记

6.3.2　帧的操作

在"时间轴"面板中，可以对"帧"进行一系列操作。

1. 插入帧

（1）选择"插入"→"时间轴"→"帧"命令，可以在"时间轴"上插入一个"普通帧"。

（2）选择"插入"→"时间轴"→"关键帧"命令，可以在"时间轴"上插入一个"关键帧"。

（3）选择"插入"→"时间轴"→"空白关键帧"命令，可以在"时间轴"上插入一个"空白关键帧"。

2. 选择帧

（1）选择"编辑"→"时间轴"→"选择所有帧"命令，选中"时间轴"中的所有"帧"。

单击要选的"帧","帧"变为深色。

（2）单击选中要选择的"帧"，再向前或想后进行拖动，期间鼠标经过的帧全部被选中。

（3）按住<Ctrl>键的同时，用鼠标单击要选择的帧，可以选择多个不连续的帧。

（4）按住<Shift>键的同时，用鼠标单击要选择的两个帧，这两个帧中间的所有帧都被选中。

3. 移动帧

（1）单击选中一个或多个帧，按住鼠标左键，移动所选帧到目标位置，在移动过程中，如果按住<Alt>键，会在目标位置复制出所选的帧。

（2）单击选中一个或多个帧，选择"编辑"→"时间轴"→"剪切帧"命令，或按快捷键<Ctrl+Alt+X>，剪切所有选中的帧。

（3）单击选中目标位置，选择"编辑"→"时间轴"→"粘贴帧"命令，或按快捷键<Ctrl+Alt+V>在目标位置粘贴所选的帧。

4. 删除帧

（1）单击选中要删除的帧，在弹出的快捷菜单中选择"清除帧"命令，将选中的帧删除。

（2）单击选中要删除的帧，按快捷键<Shift+F5>，删除帧。

（3）单击选中要删除关键帧，按快捷键<Shift+F6>，删除关键帧。

注意： 在 Flash CS6 默认状态下，时间轴面板中每一个图层的第一帧都被设置为关键帧，后面插入的帧将拥有第 1 帧中的所有内容。

6.4　图　层

在 Flash 中，图层是作为"时间轴"面板的一部分出现的，它在 Flash 动画中所起的作用是非常重要的。每一个图层都保持独立，其中的内容互不影响，可以单独操作，同时又可以合成不同的、连续可见的视图档。

6.4.1　图层的类型

在制作 Flash CS6 动画的过程中，需要使用不同类型的图层，如制作"遮罩动画"，就要创建遮罩和被遮罩图层。默认是一个名为图层 1 的普通图层，随着动画制作的过程，可以添加新的图层或修改图层的名称和位置，如图 6-25 所示。

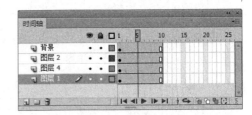

图 6-25　图层的类型

在"时间轴"面板中有 6 种图层类型的图层控制区，包括"图层文件夹""普通图层""遮罩图层""被遮罩图层""引导图层"和"被引导图层"。下面分别介绍不同的图层类型。

1. 普通图层

"普通图层"就是含有文字或图形文件的照片，一张张按顺序叠放在一起，组合起来形成动画的最终效果。

新建一个 Flash 文档，默认情况下只有一个普通图层。单击"时间轴"面板下方的"新建图层"按钮，即可新建一个普通图层。图层中可以放置各种动画元素，图层还可以将舞台窗口上的元素精确定位。

注意：图层可以看成一摞透明的纸，如果图层上没有任何信息，就可以透过它直接看到下一层；如果上面的图层里有图像，则会遮挡下一层的图像信息。图层的数目会受计算机内存的限制，图层的增加不会影响 Flash 最终输出文件的大小。

2. 引导图层和被引导图层

直接创建动画时，运动对象沿直线段运动，如果想让运动对象沿着曲线或者某个事先确定好的路径运动，就通过"引导图层"来产生动画。传统的"引导层动画"，"引导图层"在上方，存放的是运动的轨迹，它的子集图层称为"被引导图层"，存放的是运动的对象。

选中图层，右击，在弹出的快捷菜单中选择"引导层"命令，会发现"引导图层"的图标变为 。这时的"引导图层"没有实际意义，只有将该图层下面的图层向"引导图层"上拖动，使"引导图层"和下面的图层形成引导和被引导的关系，这样"引导图层"才算创建成功，如图 6-26 所示。

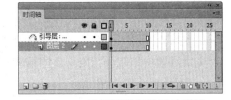

图 6-26　引导图层和被引导图层

也可以选中图层，右击，在弹出的快捷菜单中选择"添加传统运动引导层"命令，这样得到的结果与按前边的方法得到的结果是一样的。

"被引导图层"的名称位于"引导图层"名称的下面，并且缩进显示。在"被引导图层"里创建传统补间，并将开始点和结束点与"引导图层"中的运动轨迹对齐。播放动画，当运动对象沿着轨迹线运动时，引导层动画就创建成功了。

注意：一个引导图层下面可以引导多个图层，引导图层中的所有内容只是在制作动画时用作参考线，并不出现在作品的最终效果中。也就是说，引导图层里的对象，在编辑状态可见，在预览动画时是不可见的。

3. 遮罩图层和被遮罩图层

"遮罩动画"是 Flash CS6 中常用的一种技术，用它可以产生一些特殊的效果，如探照灯效果等。"遮罩动画"由两部分组成，包括"遮罩图层"与"被遮罩图层"。"遮罩图层"是通过普通图层转化而来的。把"遮罩图层"比作一个手电筒，当"遮罩图层"移动时，它下面的"被遮罩图层"的对象就像被手电筒照过一样，只有有光的地方才能看到，即光照到哪里（遮罩图层中的对象在哪里）就能看到哪里，"被遮罩图层"只显示"遮罩图层"有对象的地方。

为得到特殊的显示效果，可以在"遮罩图层"创建一个任意形状的"窗口"，"遮罩图层"下方的"被遮罩图层"上的图像可以通过这个"窗口"显示出来，而"窗口"之外的图像则不会显示，这就是"遮罩动画"的原理。

简单地说，"遮罩图层"提供的"窗口"也叫形状，"被遮罩图层"提供的图像也叫内容，"遮罩动画"的结果是看到两个图层公共的部分，有"窗口"的位置没有图像，而且看不到任何对象，有图像而没有"窗口"也看不到任何对象。

图 6-27　遮罩图层和被遮罩图层

当定义一层为"遮罩图层"时，其下的一层会自动变为"被遮罩图层"，并在图层控制区中缩进显示，效果如图 6-27 所示。

"遮罩图层"中的对象可以是形状、文字、符号、影片剪辑、按钮或组对象等，但是位图及线条不能进行遮罩，它们不能对"被遮罩图层"起作用。一个"遮罩动画"的"遮罩图层"只能是一个图层，而"被遮罩图层"可以是多个图层，一个"遮罩图层"可以同时遮罩几个图层从而产生各种特殊的效果。

6.4.2 图层的基本操作

1. 层的弹出式菜单

- "显示全部"命令：用于显示所有的隐藏图层和图层文件夹。
- "锁定其他图层"命令：用于锁定除当前图层以外的所有图层。
- "隐藏其他图层"命令：用于隐藏除当前图层以外的所有图层。
- "新建图层"命令：用于在当前图层上创建一个新的图层。
- "删除图层"命令：用于删除当前图层。
- "引导层"命令：用于将当前图层转换为引导层。
- "添加传统运动引导层"命令：用于将当前图层转换为运动引导层。
- "遮罩层"命令：用于将当前图层转换为遮罩层。
- "显示遮罩"命令：用于在舞台窗口中显示遮罩效果。
- "插入文件夹"命令：用于在当前图层上创建一个新的层文件夹。
- "删除文件夹"命令：用于删除当前的层文件夹。
- "展开文件夹"命令：用于展开当前的层文件夹，显示出其包含的图层。
- "折叠文件夹"命令：用于折叠当前的层文件夹。
- "属性"命令：用于设置图层的属性，选择此命令，将弹出"图层属性"对话框。
- "名称"选项：用于设置图层的名称。
- "显示"选项：勾选此选项，将显示该图层，否则将隐藏图层。
- "锁定"选项：勾选此选项，将锁定该图层，否则将解锁。
- "类型"选项：用于设置图层的类型。
- "轮廓颜色"选项：用于设置对象呈轮廓显示时，轮廓线所使用的颜色。
- "图层高度"选项：用于设置图层在"时间轴"面板中显示的高度。

2. 创建图层

为了分门别类地制作和组织动画内容，需要创建普通图层。

选择"插入"→"时间轴"→"图层"命令，创建一个新的图层，或者在"时间轴"面板下方单击"新建图层"按钮，创建一个新的图层。

3. 选取图层

选取图层就是将图层变为当前图层，用户可以在当前层上放置对象、添加文本和图形以及进行编辑。要使图层成为当前图层的方法很简单，在"时间轴"面板中单击，选中该图层即可。当前图层会在"时间轴"面板中以深色显示，如图 6-28 所示。

图 6-28　选取图层

按住<Ctrl>键的同时，在要选择的图层上单击，可以一次选择多个图层，如图 6-29 所示。

按住<Shift>键的同时，单击两个图层，在这两个图层中间的其他图层也会被同时选中，如图 6-30 所示。

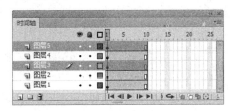

图 6-29　按<Ctrl>键选取多个图层

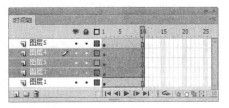

图 6-30　按<Shift>键选取多个图层

4. 排列图层

可以根据需要，在"时间轴"面板中为图层重新排列顺序。

在"时间轴"面板中选中"图层 3"，按住鼠标不放，将"图层 3"向下拖动，这时会出现一条实线，将实线拖动到"图层 1"的下方，松开鼠标，则"图层 3"移动到"图层 1"的下方。

5. 复制、粘贴图层

可以根据需要，将图层中的所有对象复制并粘贴到其他图层或场景中。

在"时间轴"面板中单击，选中要复制的图层，如图 6-31 所示。

选择"编辑"→"时间轴"→"复制图层"命令，进行复制，如图 6-32 所示。

图 6-31　选中"图层 1"

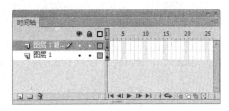

图 6-32　复制图层

6. 删除图层

如果某个图层不再需要，可以将其删除。删除图层有以下两种方法：

（1）在"时间轴"面板中选中要删除的图层，在面板下方单击"删除"按钮，即可删除选中的图层，如图 6-33 所示。

（2）在"时间轴"面板中选中要删除的图层，按住鼠标不放，将其向下拖动，这时会出现实线，将实线拖动到"删除"按钮上进行删除，如图 6-34 所示。

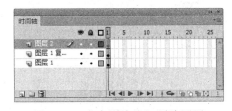

图 6-33　点击删除按钮删除图层

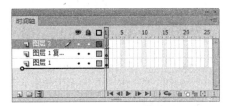

图 6-34　拖动删除图层

7. 隐藏、锁定图层和图层的线框显示模式

（1）隐藏图层：动画经常是多个图层叠加在一起的效果，为了便于观察某个图层中对象的效果，可以把其他的图层线隐藏起来。

在"时间轴"面板中单击"显示或隐藏所有图层"按钮下方的小黑圆点，小黑远点所在的图层就被隐藏，在该图层上显示出一个叉号图标，如图 6-35 所示。此时，图层将不能被编辑。

在"时间轴"面板中单击"显示或隐藏所有图层"按钮，面板中的所有图层将被同时隐藏，如图 6-36 所示。

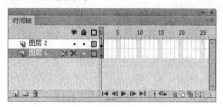
图 6-35　隐藏"图层 1"

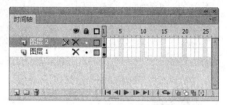
图 6-36　隐藏所有图层

（2）锁定图层：如果某个图层上的内容已符合要求，则可以锁定该图层，以避免内容被意外地更改。

在"时间轴"面板中单击"锁定或解除锁定所有图层"按钮下方的小黑圆点，小黑圆点所在的图层就被锁定，在该图层上显示出一个锁状图标，如图 6-37 所示。此时，图层将不能被编辑。

在"时间轴"面板中单击"锁定或解除锁定所有图层"按钮，面板中的所有图层将被同时锁定，如图 6-38 所示。再单击此按钮，即可解除锁定。

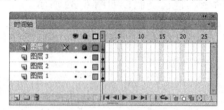
图 6-37　锁定"图层 1"

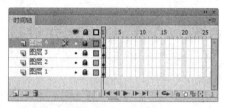
图 6-38　锁定所有图层

（3）图层的线框显示模式：为了便于观察图层中的对象，可以将对象以线框的模式进行显示。

在"时间轴"面板中单击"将所有图层显示为轮廓"按钮下方的实色正方形，实色正方形所在图层中的对象就呈线框模式显示，在该图层上实色正方形变为线框图标，如图 6-39 所示。此时，并不影响编辑图层。

在"时间轴"面板中单击"将所有图层显示为轮廓"按钮，面板中的所有图层将被同时以线框模式显示，如图 6-40 所示。再单击此按钮，即可回到普通模式。

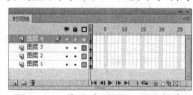
图 6-39　将选中图层显示为轮廓

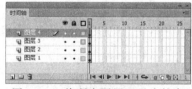
图 6-40　将所有图层显示为轮廓

8. 重命名图层

可以根据需要更改图层的名称，更改图层名称有以下两种方法：

（1）双击"时间轴"面板中的图层名称，名称变为可编辑状态，如图 6-41 所示。输入要更改的

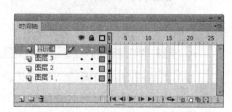
图 6-41　双击图层名称

图层名称，如图6-42所示。

按<Enter>键确认，完成图层名称的修改，如图6-43所示。

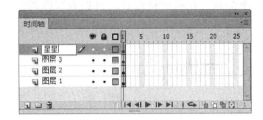 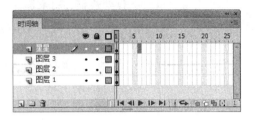

图6-42　输入图层名称　　　　　　　图6-43　完成图层名称修改

（2）选中要修改名称的图层，选择"修改"→"时间轴"→"图层属性"命令，弹出"图层属性"对话框，如图6-44所示，在"名称"文本框中可以重新设置图层的名称，如图6-45所示。单击"确定"按钮，完成图层名称的修改。

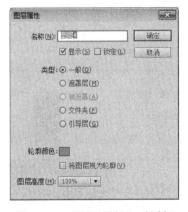 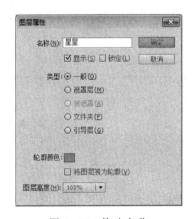

图6-44　"图层属性"对话框　　　　　　图6-45　修改名称

6.4.3　设置图层属性

选中一个图层，右击，在弹出的快捷菜单中选择"属性"命令，弹出"图层属性"对话框。或者选择"修改"→"时间轴"→"图层属性"命令，弹出"图层属性"对话框，如图6-46所示。其中，各选项作用如下：

（1）"名称"文本框：为该图层命名。

（2）"显示"复选框：选中该复选框后，表示该层处于显示状态，否则处于隐藏状态。

（3）"锁定"复选框：选中该复选框后，表示该层处于锁定状态，否则处于解锁状态。

（4）"类型"栏：利用该栏的单选按钮，可以用来确定选定图层的类型。

图6-46　"图层属性"对话框

（5）"轮廓颜色"按钮：单击该按钮，打开"颜色"面板，用"调色"面板可以设置在以轮廓线显示图层对象时，轮廓线的颜色。它仅在"将图层视为轮廓"复选框被选中时有效。

（6）"将图层视为轮廓"复选框：选中该复选框后，将以轮廓线方式显示该图层内的对象。

（7）"图层高度"下拉列表框：用来选择一种百分数，在时间轴窗口中可以改变图层帧单元格的高度，它在观察声波图形时非常有用。

6.5　项目实战一　摇摆的小球

6.5.1　项目实战描述与效果

源文件：Flash CS6\项目 6\源文件\摇摆的小球。

1. 项目实战描述

本项目主要结合工具箱中的"线条工具""椭圆工具"来绘制图形，使用"颜色"面板填充颜色；掌握"元件"的创建方法、"元件"的类型的设置；结合"复制图层""复制帧""粘贴帧"的方法制作"摇摆的小球"动画效果。"摇摆的小球"知识点分析如表 6-1 所示。

表 6-1　"摇摆的小球"知识点分析

知 识 点	功　　能	实 现 效 果
创建图形元件	能够正确选择元件类型，并通过多种方法灵活地创建图形元件	
复制、粘贴帧	能够正确地使用复制帧和粘贴帧命令，并且灵活应用	
复制、粘贴图层	掌握复制、粘贴图层的多种方法，并灵活应用	

2. 项目实战效果

最终作品效果如图 6-47 所示。

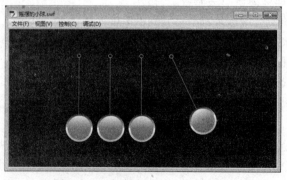

图 6-47　"摇摆的小球"最终效果

6.5.2 项目实战详解

1. 绘制小球

（1）选择"文件"→"新建"命令，在弹出的"新建文档"对话框中选择 ActionScript 3.0，将"宽"选项设为 600、"高"选项设为 300、"背景颜色"选项设为"黑色"（见图 6-48），改变舞台的大小和颜色。

（2）选择"椭圆工具"，打开椭圆工具的"属性"面板，将"笔触颜色"选项设为"白色"，"笔触高度"选项设为"4"，"填充颜色"选项设为"蓝色"，如图 6-49 所示。在舞台窗口中按住<Shift>键的同时拖动鼠标，绘制一个正圆，如图 6-50 所示。

图 6-48　"新建文档"对话框　　　　图 6-49　椭圆工具　　　图 6-50　圆形

（3）选中正圆的填充颜色，选择"窗口"→"颜色"命令，打开"颜色"面板，在"颜色类型"选项的下拉列表中选择"线性渐变"，选中色带上左侧的"颜色指针"，将其设为 #4092C8；选中色带上中间的"颜色指针"，将其设为"#709ECB"；选中色带上右侧的"颜色指针"，将其设为#FFFFFF，效果如图 6-51 所示。

（4）选中正圆的轮廓颜色，选择"窗口"→"颜色"命令，打开"颜色"面板，在"颜色类型"选项的下拉列表中选择"线性渐变"，选中色带上第 1 个的"颜色指针"，将其设为#BFBFBF；选中色带上第 2 个的"颜色指针"，将其设为#FFFFFF；选中色带上第 3 个的"颜色指针"，将其设为#C8C8C8；选中色带上第 4 个的"颜色指针"，将其设为#404040，效果如图 6-52 所示。

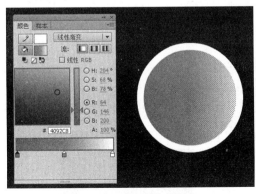 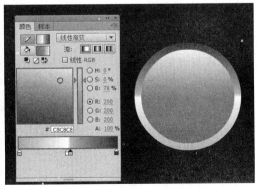

图 6-51　正圆的填充颜色　　　　　　图 6-52　正圆的笔触颜色

（5）选择"渐变变形"工具，选中正圆的填充颜色，调整颜色，如图 6-53 所示；选中正圆的笔触颜色，调整颜色，如图 6-54 所示。

图 6-53　填充颜色调整　　　　　　　　　　图 6-54　笔触颜色调整

（6）选择"线条工具"，打开线条工具的"属性"面板，将"笔触颜色"选项设为蓝色（#7CA6CF），"笔触高度"选项设为1，在舞台窗口中绘制一条直线，用来连接小球，如图6-55所示。

（7）选择"椭圆工具"，打开椭圆的"属性"面板，将"笔触颜色"选项设为蓝色（#7CA6CF），"填充颜色"选项设为"无"，在舞台窗口中绘制一个小圆，如图6-56所示，效果如图6-57所示。

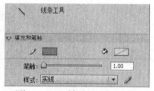

图 6-55　填充颜色调整　　　　　图 6-56　笔触颜色调整　　　图 6-57　笔触颜色调整

（8）选择"选择工具"，框选舞台中的所有图形，右击，在弹出的快捷菜单中选择"转换为元件"命令，弹出"转换为元件"对话框，在"名称"文本框中输入"小球"，在"类型"下拉列表中选择"图形"，单击"确定"按钮，将选中图形转换为图形元件小球，如图6-58所示。

图 6-58　"转换为元件"对话框

2．小球位置摆放

（1）单击"时间轴"面板下方的"场景1"图标 场景1，进入"场景1"的舞台窗口。单击"时间轴"面板下方的"插入图层"按钮，创建新图层"图层2"。

（2）选中"图层1"的第1帧，右击，在弹出的快捷菜单中选择"复制帧"命令，选中"图层2"的第1帧，右击，在弹出的快捷菜单中选择"粘贴帧"命令，"时间轴"面板如图6-59所示。

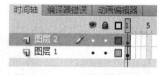

图 6-59　"时间轴"面板

（3）在舞台窗口中选中"图层2"的小球实例，打开小球实例的"属性"面板，将X选项设为200，如图6-60所示。

（4）用同样的方法创建"图层3"和"图层4"，调整舞台窗口中小球实例的位置，效果如图6-61所示。

图 6-60　图层2小球位置

图 6-61　舞台效果

3. 小球动画制作

（1）选中"图层1"，选择"任意变形"工具，将小球实例的中心点调整到上方，如图6-62所示。

（2）选中"图层1"的第20帧，右击，在弹出的快捷菜单中选择"插入关键帧"命令，在20帧处插入关键帧，如图6-63所示。选中第1帧，选择"任意变形"工具，在舞台窗口中调整小球实例，如图6-64所示。

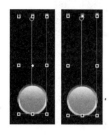

图6-62　改变中心点

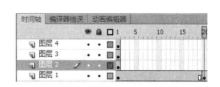

图6-63　插入关键帧

图6-64　调整第1帧位置

（3）选中第1帧，右击，在弹出的快捷菜单中选择"复制帧"命令，选中第25帧，右击，在弹出的快捷菜单中选择"粘贴帧"命令。选中第64帧，右击，在弹出的快捷菜单中选择"插入帧"命令，在该帧上插入普通帧，如图6-65所示。

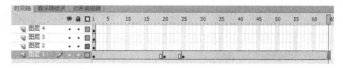

图6-65　图层1

（4）分别选中第1帧和第20帧，右击，在弹出的快捷菜单中选择"创建传统补间"命令，生成传统补间动画。选中"图层2""图层3"和"图层4"的第64帧，右击，在弹出的快捷菜单中选择"插入帧"命令，在该帧上插入普通帧，如图6-66所示。

（5）选中第20帧，选择"任意变形"工具，调整小球实例的位置，如图6-67所示。

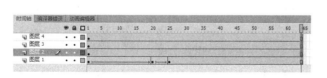

图6-66　"时间轴"面板

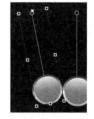

图6-67　第20帧小球位置

（6）选中"图层2"的第1帧，选择"任意变形"工具，将小球实例的中心点移动到上方。分别选中第20帧、第22帧和第27帧，按<F6>键，在该帧上插入关键帧。选中第22帧，选择"任意变形"工具，将舞台窗口中的实例适当进行调整，如图6-68所示。

（7）分别选中第20帧和第22帧，右击，在弹出的快捷菜单中选择"创建传统补间"命令，生成传统补间动画。

（8）选中"图层3"的第1帧，选择"任意变形"工具，将小球实例的中心点移动到上方。分别选中第22帧、第25帧和第30帧，按<F6>键，在该帧上插入关键帧。选中第25帧，选择"任意变形"工具，将舞台窗口中的实例适当调整，如图 6-69 所示。

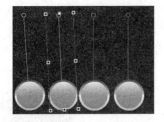

图 6-68 "图层 2"第 22 帧

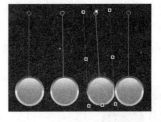

图 6-69 "图层 3"第 25 帧

（9）选中"图层 4"的第 1 帧，选择"任意变形"工具，将小球实例的中心点移动到上方。分别选中第 25 帧、第 39 帧、第 59 帧和第 65 帧，按<F6>键，在该帧上插入关键帧。选中第 39 帧，选择"任意变形"工具，将舞台窗口中的实例适当进行调整，如图 6-70 所示。

（10）选中第 59 帧，选择"任意变形"工具，将舞台窗口中的实例适当进行调整，如图 6-71 所示。分别选中第 25 帧、第 39 帧和第 59 帧，右击，在弹出的快捷菜单中选择"创建传统补间"命令，生成传统补间动画。

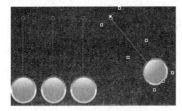

图 6-70 "图层 4"第 39 帧

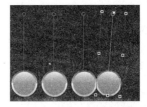

图 6-71 "图层 4"第 59 帧

（11）选中"图层 3"的第 59 帧，按<F6>键，在该帧上插入关键帧。选中第 64 帧，按<F6>键，在该帧上插入关键帧。

（12）选中第 64 帧，选择"任意变形"工具，将舞台窗口中的实例适当进行调整，如图 6-72 所示。选中第 59 帧，右击，在弹出的快捷菜单中选择"创建传统补间"命令，生成传统补间动画。

（13）选中"图层 2"的第 64 帧，按<F6>键，在该帧上插入关键帧。选中第 68 帧，按<F6>键，在该帧上插入关键帧。选中"图层 1""图层 3"和"图层 4"的第 68 帧，按"F5"键，在该帧上插入普通帧。

（14）选中第 64 帧，选择"任意变形"工具，将舞台窗口中的实例适当进行调整，如图 6-73 所示。选中第 68 帧，右击，在弹出的快捷菜单中选择"创建传统补间"命令，生成传统补间动画。

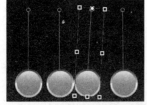

图 6-72 "图层 3"第 64 帧

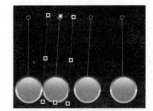

图 6-73 "图层 2"第 68 帧

（15）动画效果制作完成，"时间轴"面板如图 6-74 所示。

图 6-74 "时间轴"面板

（16）摇摆的小球制作完成，按快捷键<Ctrl+Enter>即可查看效果，如图 6-75 所示。

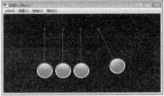

图 6-75 "摇摆的小球"效果

6.6 项目实战二 打字动画效果

6.6.1 项目实战描述与效果

- 素材：Flash CS6\项目 6\素材\打字动画效果\背景图。
- 源文件：Flash CS6\项目 6\源文件\打字动画效果。

1. 项目实战描述

本项目主要结合工具箱中的"矩形工具"来创建图形元件，结合"文本工具"制作文字动画来创建"影片剪辑元件"。掌握"关键帧"的创建和编辑方法，实现打字动画效果"打字动画效果"知识点分析如表 6-2 所示。

表 6-2 "打字动画效果"知识点分析

知 识 点	功 能	实 现 效 果
创建元件和编辑元件	能够正确地创建图形元件和影片剪辑元件，掌握多种创建图形元件的方法	
关键帧的创建及修改	能够正确地创建关键帧并修改关键帧。掌握复制帧、粘贴帧的使用方法	

2. 项目实战效果

最终作品效果如图 6-76 所示。

图 6-76 "打字动画效果"最终效果

6.6.2　项目实战详解

1．图形元件制作

（1）选择"文件"→"新建"命令，在弹出的"新建文档"对话框中选择 ActionScript 3.0，将"宽"选项设为 474，"高"选项设为 364，将"背景颜色"选项设为白色，（见图 6-77），改变舞台的大小和颜色。

（2）选择"文件"→"导入"→"导入到库"命令，在弹出的"导入到库"对话框中选择"Flash CS6\项目 6 \素材\打字动画效果\背景图"，单击"打开"按钮，将"背景图.jpg"导入到"库"面板，如图 6-78 所示。

图 6-77　"新建文档"对话框

图 6-78　"库"面板

（3）在"时间轴"面板，选中"图层 1"重命名为"背景图"，将"库"面板中的"背景图.jpg"拖动到舞台窗口中央，如图 6-79 所示，舞台窗口效果如图 6-80 所示。

图 6-79　"背景图"图层

图 6-80　舞台窗口

（4）在"库"面板下方单击"新建元件"按钮，弹出"创建新元件"对话框，在"名称"文本框中输入"光标图形"，在"类型"下拉列表中选择"图形"选项，单击"确定"按钮，新建一个图形元件"光标图形"，如图 6-81 所示，舞台窗口随之转换为图形元件的舞台窗口。

（5）选择"矩形工具"，打开矩形工具的"属性"面板，将"笔触颜色"选项设为"无"，"填充颜色"选项设为白色，将"矩形选项"选项组设为 100，如图 6-82 所示。在舞台窗口中绘制一个矩形。选中矩形，打开矩形的"属性"面板，将 X、Y 选项分别设为 0，"宽"选项设为 28，"高"选项设为 1.8，参数如图 6-83 所示，效果如图 6-84 所示。

图 6-81　"创建新元件"对话框

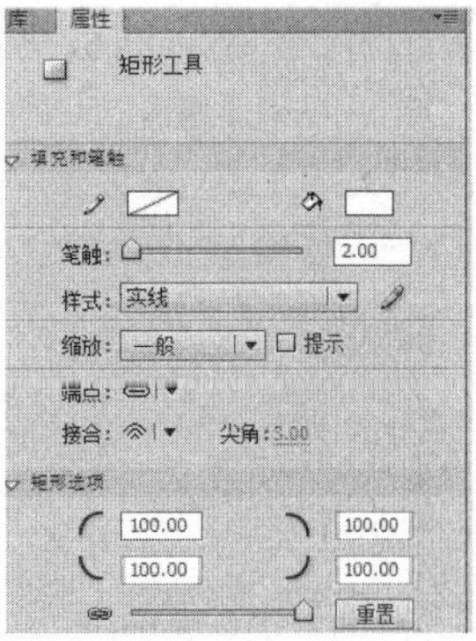

图 6-82　矩形工具"属性"面板

图 6-83　矩形位置和大小

图 6-84　矩形效果

2. 动画效果制作

（1）在"库"面板下方单击"新建元件"按钮，弹出"创建新元件"对话框，在"名称"选项的文本框中输入"文字动画"，在"类型"选项的下拉列表中选择"影片剪辑"选项，单击"确定"按钮，新建一个影片剪辑元件"文字动画"，如图 6-85 所示，舞台窗口随之转换为图形元件的舞台窗口。

图 6-85　"创建新元件"对话框

（2）选中"图层 1"重命名为"光标"，将"库"面板中的"光标图形"图形元件拖动到舞台窗口中，如图 6-86 所示。

（3）单击"时间轴"面板下方的"插入图层"按钮，创建新图层并将其命名为"文字"，如图 6-87 所示。

图 6-86　光标图层

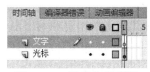

图 6-87　新建文字图层

（4）选择"文本工具"，在舞台窗口中输入文字"六一儿童节：愿小朋友开心"。打开文字的"属性"面板，将"系列"选项设为"华文行楷"，"大小"选项设为"30"，"颜色"选项设为白色，如图 6-88 所示，舞台效果如图 6-89 所示。

图 6-88　文字的属性

图 6-89　文字的效果

（5）选中"光标"图层的第 60 帧，按<F5>键，在该帧上插入普通帧，如图 6-90 所示。选中"文字"图层的第 5 帧，按<F6>键，在该帧上插入关键帧，如图 6-91 所示。

（6）选择"文本工具"，在舞台窗口中将"心"字删除，效果如图 6-92 所示。

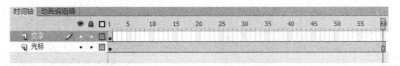

图 6-90 "光标"图层插入普通帧

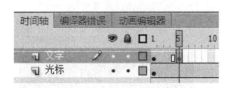

图 6-91 "文字"图层插入关键帧　　　　图 6-92 删除心字后效果

（7）依次在"文字"图层插入关键帧后删除 1 个文字，直到关键帧为空白，"时间轴"面板如图 6-93 所示。

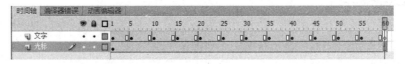

图 6-93 "文字"图层插入关键帧

（8）选中"文字"图层的所有帧，右击，在弹出的快捷菜单中选择"翻转帧"命令，将"文字"图层中选中的所有的帧翻转，如图 6-94 所示。

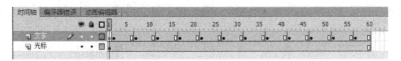

图 6-94 翻转帧

（9）选中"光标"图层的第 2 帧，按<F6>键，在该帧上插入关键帧，如图 6-95 所示。选择"选择工具"，在舞台窗口中选中"光标"图形实例，将其向右侧移动，设置如图 6-96 所示，效果如图 6-97 所示。

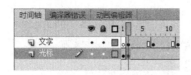

图 6-95 "光标"图层插入关键帧　　　　图 6-96 第 2 帧效果

（10）依次在"文字"图层关键帧对应的"光标"图层，按<F6>键，在该帧上插入关键帧，选择"选择工具"，在舞台窗口中选中"光标"图形实例，移动到文字后方，效果如图 6-98 所示，"时间轴"面板如图 6-99 所示。

<table>
<tr><td>▽ 位置和大小</td></tr>
<tr><td>X: 30.00　　Y: 0.00</td></tr>
<tr><td>宽: 28.00　　高: 1.80</td></tr>
</table>

图 6-97　光标图形实例参数　　　　　图 6-98　　"文字"图层效果

图 6-99　　"时间轴"面板

（11）单击"时间轴"面板下方的"场景 1"图标 ，进入"场景 1"的舞台窗口。单击"时间轴"面板下方的"插入图层"按钮 ，创建新图层并将其命名为"文字动画"，将"库"面板中的"文字动画"影片剪辑元件拖动到舞台窗口中，如图 6-100 所示。

（12）选择"选择工具"，在舞台窗口中选择文字动画实例，选择"窗口"→"变形"命令，打开"变形"面板，将"宽度缩放"和"高度缩放"选项设为 90%，如图 6-101 所示。

图 6-100　新建"文字动画"图层　　　　　图 6-101　设置变形参数

（13）打字动画效果制作完成，按快捷键<Ctrl+Enter>即可查看效果，如图 6-102 所示。

图 6-102　最终效果

小　　结

通过本项目的学习，用户可以了解时间轴是 Flash 动画的重要组成部分。了解"图层"与"帧"的关系，掌握图层的创建和修改方法，掌握"帧"的种类。

用户应重点掌握"复制图层""复制帧""粘贴帧"的使用方法和技巧，掌握"图层属性"的设置，能够很好地应用时间轴来制作动画。

练 习 六

1. 制作足球弹跳动画效果，如图 6-103 所示。
2. 制作一个倒计时动画效果，如图 6-104 所示。

 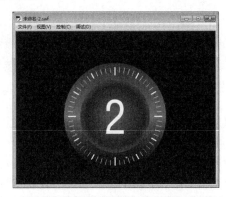

图 6-103　足球弹跳效果　　　　　　　图 6-104　倒计时效果

项目⑦

➡ Flash CS6 动画类型及其应用

在 Flash CS6 动画的制作过程中，时间轴和帧都具有关键性的作用。用户通过学习"逐帧动画""传统补间动画""形状补间动画""引导层动画""遮罩动画"和"骨骼动画"，可以使实例、图形、图像、文本和组合产生动作动画。

项目学习重点：

- "帧"与"时间轴"；
- 补间动画；
- 引导层动画；
- 遮罩动画；
- 骨骼动画。

7.1 逐 帧 动 画

人类具有视觉暂留的特点，即人眼看到物体或画面后，在 1/24 s 内不会消失，利用此原理，在一幅画没有消失之前播放下一幅画，就会给人造成流畅的视觉变化效果。"逐帧动画"就是通过连续播放一系列静止画面，给视觉造成连续变化的效果。

"逐帧动画"是一种常见的动画形式，其原理是在"连续的关键帧"中分解动画动作，也就是在时间轴的每帧上逐帧绘制不同的内容，使其连续播放而成动画。

7.1.1 逐帧动画的概念

创建简单的逐帧动画主要是通过添加"关键帧"、修改"关键帧"来产生动画。

"逐帧动画"又称"帧帧动画"，它是一种简单而常见的动画形式，其原理是通过"连续的关键帧"分解动画动作，也就是说连续播放含有不同内容的帧来形成动画。

"逐帧动画"的每一帧都是由制作者确定，而不是由 Flash 通过计算得到的，然后依次播放这些画面，即生成动画效果。逐帧动画适用于制作非常复杂的动画，GIF 格式的动画就属于这种动画。

"逐帧动画"在时间轴上表现为连续出现的"关键帧"，如图 7-1 所示。

图 7-1 逐帧动画

7.1.2　逐帧动画的特点

　　"逐帧动画"在时间轴上的每一个关键帧中都定义了不同的内容，因此这种动画形式不仅会增加制作负担，而且最终输出的文件量也很大。但它的优势也很明显，由于它的播放模式与电影相似，所以适合表演很细腻的动画，如人物或动物行走、跑跳等动作，很多都是使用逐帧动画实现的。

　　为了使一帧的画面事件显示的时间长一些，可以在"关键帧"后边添加几个与其内容一样的"普通帧"。

　　注意：每个新关键帧中最初包含的内容与前面的关键帧是一样的，为了形成逐帧动画，用户应对内容做出修改或直接将其删除后再导入新的内容。

7.1.3　创建逐帧动画

　　要创建"逐帧动画"，主要通过添加"关键帧"、修改"关键帧"而产生动画。下面通过一个简单的例子介绍如何在 Flash CS6 中创建逐帧动画。

　　（1）选择"文件"→"新建"命令，弹出"新建文档"对话框，选择 ActionScritp 3.0，将"宽"选项设为 350，"高"选项设为 300，"背景颜色"选项设为黑色。

　　（2）选择"矩形工具"，打开矩形工具的"属性"面板，将"笔触颜色"选项设为白色，"填充颜色"选项设为"无"，"笔触高度"选项设为 6.8，"笔触类型"选项设为"点刻线"，"矩形选项"选项组设为 20，如图 7-2 所示。在舞台窗口中央中绘制一个"宽"为 350，"高"为 300 的矩形，如图 7-3 所示。

图 7-2　矩形工具"属性"面板

图 7-3　圆角矩形

　　（3）选中"图层 1"的第 2 帧至第 5 帧，按<F6>键（或者右击，在弹出的快捷菜单中选择"转换为关键帧"命令），将其全部转换为关键帧，如图 7-4 所示。

　　（4）选中第 2 帧，在舞台窗口中双击选中矩形，打开矩形的"属性"面板，在"点刻线"后方单击"编辑笔触样式"按钮，弹出"笔触样式"对话框，（见图 7-5），适当调整"密度"选项。第 3 帧到第 5 帧的设置方法类似，只需要进行简单的变化即可。

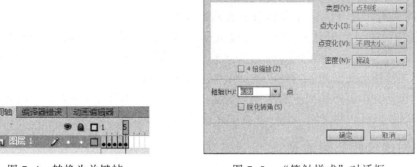

图 7-4　转换为关键帧　　　　　　　　图 7-5　"笔触样式"对话框

（5）单击"时间轴"面板下方的"插入图层"按钮🔳，创建新图层"图层 2"，选择"文本工具"，在舞台窗口中输入文字"特价"，打开文字的"属性"面板，将"系列"选项设为"华文行楷"，"大小"设为"60"，"颜色"设为红色（#FF0000），如图 7-6 所示。

（6）选择"图层 2"的第 2 帧至第 5 帧，按<F6>键，将其全部转换为关键帧，如图 7-7 所示。

图 7-6　设置参数

图 7-7　图层 2 转换为关键帧

（7）选中第 2 帧，将文字改为"平价"，将第 3 帧文字改为"正价"，将第 4 帧文字该为"亏本价"，将第 5 帧文字改为"跳楼价"。

（8）逐帧动画制作完成，按快捷键<Ctrl+Enter>即可查看效果，如图 7-8 所示。

图 7-8　逐帧动画效果

注意：为了使一帧的画面事件显示的时间长一些，可以在关键帧后面添加几个与关键帧内容一样的普通帧。

7.2　传统补间动画

"传统补间动画"所处理的对象必须是舞台上的组件实例、多个图形的组合、文字、导入的素材对象。利用这些动画，可以实现上述对象的大小、位置、旋转、颜色及透明度等变化效果。"传统补间动画"的应用比较广泛，大多数 Flash 动画作品中，都包含有"传统补间动画"。

7.2.1　创建传统补间动画的条件

"补间动画"是 Flash 中非常重要的动画类型，实际上就是"关键帧"动画，即采用了一种独特的过渡变形技术，对某一段动画只需做出帧的序列中的首、尾两个关键帧的状态。

构成"传统补间动画"的条件是元件，包括影片剪辑、图形元件、按钮等，除了元件，其他元素包括文本都不能用于创建补间动画，像位图、文本等都必须先转换成元件才行，形状也只有转换成元件后才可以用于制作"传统补间动画"。

7.2.2　创建传统补间动画

1.　创建传统补间动画的方法

在"时间轴"面板上动画开始播放的地方创建或选择一个关键帧，并从库中拖出一个元件，一帧中只能放一个元件。在动画要结束的地方创建或选择一个关键帧，并设置该元件的属性。选中第 1 个关键帧，右击，在弹出的快捷菜单中选择"创建传统补间"命令，生成传统补间动画。

2.　传统补间动画属性面板

在"时间轴"面板中选择第 1 帧，右击，在弹出的快捷菜单中选择"创建传统补间"命令，生成补间动画。设为动画后，"属性"面板中出现多个新的项目，如图 7-9 所示。

图 7-9　"补间动画"参数

- 缓动：用于设置动作补间动画从开始到　结束时的运动速度，其取值范围为 0～100。当选择正数时，运动速度呈减速度，即开始时速度快，然后速度逐渐减慢；当选择负数时，运动速度呈加速度，即开始时速度慢，然后速度逐渐加快。
- 旋转：用于设置对象在运动过程中的旋转样式和次数。
- 贴紧：选中此复选框，如果使用运动引导层动画，则根据对象的中心点将其吸附到运动路径上。
- 调整到路径：选中此复选框，对象在运动引导动画过程中，可以根据引导路径的曲线改变变化的方向。
- 同步：选中此复选框，如果对象是一个包含动画效果的图形组件实例，其动画和主"时间轴"同步。
- 缩放：选中此复选框，对象在动画过程中可以改变比例。

3.　传统补间动画的表现

"传统补间动画"建立后，"时间轴"面板的背景色变为淡紫色，在起始的帧和结束的帧之间有一个长长的箭头，如图 7-10 所示。

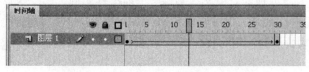

图 7-10　"传统补间动画"时间轴

7.2.3　创建旋转和变形图片

（1）选择"文件"→"新建"命令，在弹出的"新建文档"对话框中，选择ActionScritp 3.0，将"背景颜色"选项设为灰色（#666666），单击"确定"按钮。

（2）选择"文件"→"导入"→"导入到库"命令，弹出"导入到库"对话框，导入1张图片到库面板中。

（3）在"库"面板下方单击"新建元件"按钮，弹出"创建新元件"对话框，在"名称"选项的文本框中输入01，在"类型"选项的下拉列表中选择"图形"选项，单击"确定"按钮，新建一个图形元件01，舞台窗口随之转换为图形元件窗口。将"库"面板中的图片拖动到舞台窗口中。

（4）单击"时间轴"面板上方的"场景1"图标 场景1，进入"场景1"的舞台窗口。选中"图层1"的第1帧，将"库"面板中的01图形元件拖动到舞台中央，如图7-11所示。

（5）选中第10帧，按<F6>键，在该帧上插入关键帧，选择"选择工具"，在舞台窗口中选中01实例，选择"窗口"→"变形"命令，打开"变形"面板，选中"旋转"单选按钮，将"旋转"选项设为-200，如图7-12所示，按<Enter>键确认，舞台窗口效果如图7-13所示。

图7-11　第1帧舞台效果　　　　　　　　图7-12　旋转参数

（6）选中第1帧，右击，在弹出的快捷菜单中选择"创建传统补间"命令，生成传统补间动画，如图7-14所示。按快捷键<Ctrl+Enter>即可查看效果。

图7-13　第10帧舞台效果　　　　　　　图7-14　创建传统补间动画

7.3　形状补间动画

"形状补间动画"是指在一个时间点绘制一个形状对象，然后在另一个时间点更改该形状对象的属性或绘制另一个形状对象。Flash会以插入二者之间的帧的值或形状来创建动画，即"形状补间动画"是通过改变矢量动画对象的属性而产生动画，包括形状本身、颜色、大小、位置、翻转、偏移及它们的组合等。

7.3.1 创建形状补间动画的条件

"形状补间动画"也是 Flash 中非常重要的动画之一，利用它可以制作出各种奇妙的变形效果，如动物之间的转变、文本之间的变化等。

形状补间适用于图形对象，可以在两个关键帧之间制作出变形效果，即让一种形状随时间变化变为另外一种形状，还可以对形状的位置、大小和颜色进行渐变。

Flash 可以对放置在一个图层上的多个形状进行变形，但通常一个图层上只放一个形状会产生较好的效果。利用形状提示点还可以控制更为复杂和不规则形状的变化。

7.3.2 创建形状补间动画

1. 创建形状补间的方法

（1）选择"文件"→"新建"命令，在弹出的"新建文档"对话框中，选择 ActionScritp 3.0，将"宽""高"选项分别设为 500，"背景颜色"选项设为灰色（#666666），单击"确定"按钮。

（2）选择"文本工具"，在"属性"面板中，将"颜色"设为红色（#FF0000），"大小"设为 300（见图 7–15），然后在舞台中输入文字 A。

（3）选择"窗口"→"对齐"命令，弹出"对齐"面板，勾选"与舞台对齐"复选框，单击"水平居中分布"和"垂直居中"按钮将文本居中对齐，如图 7–16 所示。然后，选择"修改"→"分离"命令，将文本分离为图形，如图 7–17 所示。

图 7–15　文字属性　　　　图 7–16　对齐后效果　　图 7–17　分离为图形

（4）选择第 10 帧，按<F7>键，插入空白关键帧。选择"文本工具"，在舞台窗口中输入文字 B，打开字体的"属性"面板，将"颜色"选项设为"蓝色"（#0000FF），对齐在舞台中央，选择"修改"→"分离"命令，将文本分离为图形，如图 7–18 所示。

（5）同样的方法，分别选中第 20 帧、第 30 帧，按<F7>键，在该帧上插入空白关键帧，分别输入文字 C 和 D，并设置为不同颜色，将文本分离为图形，如图 7–19 所示。

图 7–18　B 文字效果　　　　　　　图 7–19　C 和 D 文字效果

（6）选择第 40 帧，按<F7>键，在第 40 帧插入空白关键帧。选中第 1 帧，右击，在弹出的快捷菜单中选择"复制帧"命令；选中第 40 帧，右击，在弹出的快捷菜单中选择"粘贴帧"命令，将第 1 帧的内容原地粘贴到第 40 帧。

（7）分别选中第 1 帧、第 10 帧、第 20 帧、第 30 帧，右击，在弹出的快捷菜单中选择"创建补间形状"命令，生成形状补间动画，如图 7–20 所示。

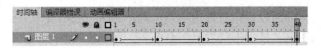

图 7-20　形状补间动画时间轴

（8）选择"控制"→"测试影片"→"测试"命令，即可看到文字从 A 过渡到 B，然后从 B 过渡到 C，接着从 C 过渡到 D，最后从 D 过渡到 A 的效果，如图 7-21 所示。

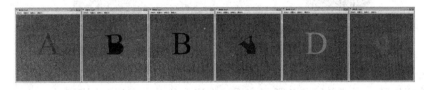

图 7-21　最终动画效果

2．形状补间的属性

与传统补间一样，"形状补间动画"的创建及修改也是在"属性"面板中完成的。当创建好的形状补间动画的两个关键帧后，选中起始帧，打开"属性"面板，在"补间"下拉列表中选择"形状"选项。可以看到形状补间动画的"属性"只有两个参数，如图 7-22 所示。

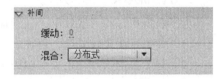

图 7-22　形状补间属性

（1）缓动：用于控制形状补间的速度。取值范围为–100～100。当数值小于 0 时，动画为加速运动；当数值大于 0 时，动画为减速运动；当数值等于 0 时，动画为匀速运动。

（2）混合：用于选择变形的过渡模式。选择"角形"模式，可以使中间帧的过渡形状保持关键帧上图形的棱角，此模式只适用于有尖锐角的图形变换；选中"分布式"模式，可以使中间帧的形状过渡更光滑、更随意。

7.3.3　添加形状提示

形状补间动画中，图形之间的变形过渡是随机的，利用 Flash 的形状提示，可以控制图形对应位置的精确变形。

变形提示用字母的小圆圈标识，英文字母标识部位的名称，最多可以用 26 个英文字母代表图形上的部位。

为了使形状动画中间过程不一样，可以使用形状提示，来控制复杂或特殊的变形过程。形状提示就是在形状的初始图形与结束图形上，分别指定一些形状的关键点，并使这些关键点在起始帧和结束帧一一对应，这样 Flash 就会根据这些关键点的对应关系来计算形状变化的过程。

1．添加形状提示的方法

（1）在"时间轴"面板中，选中"图层 1"的第 1 帧，选择"修改"→"形状"→"添加形状提示"命令，或按快捷键<Ctrl+Shift+H>，即可在第 1 帧中加入一个形状标记 a。再重复上述操作，可以继续增加 b～z 共 26 个形状标记。此处再增加一个形状标记。

（2）用鼠标拖动这些标记，分别放置在第 1 帧图形的一些位置处，如图 7-23 所示。

（3）单机选中终止帧，这时会看到终止帧矩形也有 a 和 b 关键点标记（两个标记重叠）。

用鼠标拖动这些标记，分别放置在矩形的适当位置，如图 7-24 所示。如果没有关键点标记显示，可选择"视图"→"显示形状提示"命令。

图 7-23   起始帧形状标记   图 7-24   结束帧形状标记

（4）在 Flash 中最多可以使用 26 个形状关键点标记，分别用 26 个英文小写字母表示。在起始关键帧的形状关键点用黄色圆圈表示，在终止关键帧用绿色圆圈表示。如果关键点的位置不在曲线上，将显示红色圆圈。

2. 添加形状提示的原则

为了获得更好的形状效果，通常应注意以下几个原则：

（1）如果过渡比较复杂，可在中间增加一个或多个关键帧。

（2）起始关键帧与终止关键帧中关键点标记的顺序最好一样。

例如，在一条线上添加了 3 个形状关键点标记，应该依次为 a、b 和 c。这样无论这条线如何变形，这 3 个点在线上始终会保持 a、b 和 c 的顺序。

（3）最好使各形状关键点沿逆时针方向排列，并且从图形的左上角开始。

（4）形状关键点不一定越多越好，重要的是放置的位置合适，这可以通过实验来决定。

7.4   编辑、调整补间动画

7.4.1   在舞台中编辑属性关键帧

新建 Flash 文档，选中"图层 1"的第 1 帧，在舞台窗口中绘制一个椭圆形，选中椭圆形，右击，在弹出的快捷菜单中选择"转换为元件"命令，将椭圆形转换为图形元件。

选中关键帧，右击，在弹出的快捷菜单中选择"创建补间动画"命令，生成动画补间。

注意：补间动画要求关键帧上的必须是元件。

7.4.2   使用动画编辑器调整补间动画

通过动画编辑器可以查看所有补间属性及其属性关键帧，同时提供了向补间添加详细信息的工具。动画编辑器显示当前选定的补间的属性。在"时间轴"中创建补间动画后，动画编辑器允许以多种不同的方式来控制补间。

选中关键帧，选择"窗口"→"动画编辑器"命令，打开"动画编辑器"面板，如图 7-25 所示。

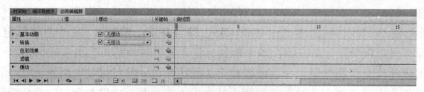

图 7-25   "动画编辑器"面板

使用动画编辑器可以：

（1）添加或删除各个属性的属性关键帧。

（2）将属性关键帧移动到补间内的其他帧。

（3）使用贝赛尔控件对大多数单个属性的补间曲线的形状进行微调。

（4）添加或删除滤镜或色彩效果并调整其设置。

（5）各个属性和属性类别添加不同的预设缓动。

（6）创建自定义缓动曲线。

（7）将自定义缓动添加到各补间属性和属性组中。

7.4.3 在"属性"面板中编辑属性关键帧

选中关键帧，按快捷键<Ctrl+F3>，打开"属性"面板，如图 7-26 所示，显示的是该关键帧的属性。

图 7-26　补间动画关键帧的属性

补间动画属性面板包括"缓动"选项组、"旋转"选项组、"路径"选项组和"选项"选项组。

7.5　引导层动画

"引导层动画"可以在引导层内创建图形等，可以在绘制图形时起到辅助作用，起到运动路径的引导作用。引导层中的图形只能在舞台工作区内看到，在输出的 Flash 影片中是不会出现的。另外，还可以把多个普通图层关联到一个引导层上。在"时间轴"窗口中，引导层名字的左边有个"运动引导层"图标或"普通引导层"图标，它们代表了不同的引导层，不同的引导层有不同的作用。

7.5.1 普通引导层动画

"普通引导层"只起到辅助绘图和绘图定位的作用，引导层中的图形在播放影片时是不会显示的。

1. 创建普通引导层

创建普通引导层的方法有两种：

（1）在"时间轴"面板中选择"图层 1"，右击，在弹出的快捷菜单中选择"引导层"命令，（见图 7-27），该图层转换为普通引导图层。此时，图层前面的图标变为  ，如图 7-28 所示。

（2）在"时间轴"面板中选择"图层 1"，选择"修改"→"时间轴"→"图层属性"命令，弹出"图层属性"对话框，在"类型"选项组中选中"引导层"单选按钮，（见图 7-29），单击"确定"按钮，选中的图层转换为普通引导层。此时，图层前面的图标变为 。

图 7-27　引导层命令

图 7-28　引导层图层

图 7-29　"图层属性"对话框

2. 将普通引导层转换为普通图层

如果要在播放 Flash 影片时显示引导层上的对象，还可以将引导层转换为普通图层。

将普通引导层转换为普通图层的方法有两种：

（1）在"时间轴"面板中选中引导层，右击，在弹出的快捷菜单中选择"引导层"命令，引导层被转换为普通图层。此时，图层前面的图标变为 。

（2）在"时间轴"面板中选中引导层，选择"修改"→"时间轴"→"图层属性"命令，弹出"图层属性"对话框，在"类型"选项组中选中"一般"单选按钮，单击"确定"按钮，选中的引导层转换为普通图层。此时，图层前面的图标变为 。

3. 应用普通引导层制作动画

（1）新建空白文档，在"时间轴"面板中，选中"图层 1"，右击，在弹出的快捷菜单中选择"引导层"命令，图层 1 由普通图层转换为引导层，如图 7-30 所示。

（2）在"时间轴"面板中，选中"引导层"的第 1 帧，选择"椭圆工具"，在舞台窗口中绘制一个正圆形，如图 7-31 所示。

图 7-30　普通图层转换为引导层

图 7-31　引导层椭圆形

（3）在"时间轴"面板下方单击"新建图层"按钮，创建新的图层"图层2"。选择"多角星形工具"，在多角星形"属性"面板中单击"选项"按钮，弹出"工具设置"对话框，设置"样式"为"星形"，"边数"设为"5"（见图7-32），单击"确定"按钮。

（4）选中"图层2"，在正圆形的上方绘制出一个星形图形，如图7-33所示。选择"选择工具"，按住<Ctrl>键的同时，用鼠标将星形图形向右侧拖动，释放鼠标，星形图形被复制，如图7-34所示。

图7-32 工具设置对话框

图7-33 绘制的星形

图7-34 复制星形

（5）用相同的方法，再复制出多个星形图形，并将它们绕着正圆形的外边线进行排列，如图7-35所示。图形绘制完成，按快捷键<Ctrl+Enter>即可查看效果，如图7-36所示，引导层中的圆形图形没有被显示。

图7-35 复制一圈星形效果

图7-36 最终效果

7.5.2 运动引导层动画

"运动引导层"的作用是设置对象运动路径的向导，使与之相连接的被引导层中的对象沿着路径运动，运动引导层上的路径在播放动画时不显示。在引导层上还可创建多个运动轨迹，以引导被引导层上的多个对象沿不同的路径运动。要创建按任意轨迹运动的动画就需要添加运动引导层，但创建运动引导层动画时要求"传统补间动画""形状补间动画"不可以用。

传统的运动引导层动画的特点：

（1）在引导层绘制运动轨迹，在被引导层放置运动对象，且运动对象必须是元件。

（2）一个引导层可以引导多个被引导层。

（3）引导层中的路径在实际播放时不会显示出来。

注意：一个引导层可以引导多个图层上对象按运动路径运动。如果要将多个图层变成某一个运动引导层的被引导层，只需在时间轴面板上将要变成被引导层的图层用鼠标拖动至引导层下方即可。

7.5.3 创建运动引导层动画

1. 引导层动画的制作方法

下面通过制作一个沿曲线移动的动画来介绍如何创建引导层动画。

项目 7 Flash CS6 动画类型及其应用

（1）新建 Flash 文档，在"图层 1"中建立沿直线移动的小球从左侧移动到右侧的 15 帧动画。

（2）选中"图层 1"，右击，在弹出的快捷菜单中选择"添加传统运动引导层"命令，则"图层 1"上面会增加一个"引导层"，同时选中的图层自动成为与引导层相关联的被引导层。关联的图层名字向右缩进，表示它是关联的图层。此外，还可以通过单击"插入"→"时间轴"→"运动引导层"命令，来增加一个引导层。

（3）单击选中的"引导层"，在舞台工作区内绘制路径曲线（辅助线），如图 7-37 所示。

（4）选择"图层 1"的第 1 帧，选择"属性"面板中的"对齐"面板，将鼠标拖动小球到辅助线的起始端或辅助线上，使小球的中心十字与辅助线起始点或辅助线重合。选择终止帧，用鼠标拖动小球到辅助线的终止端或辅助线上，使对象的中心十字与辅助线终止点或辅助线重合。

（5）按<Enter>键，查看动画效果，可以看到小球沿绘制的辅助线移动。按快捷键<Ctrl+Enter>，查看动画效果，此时辅助线不会显示出来。

2. 引导层与普通图层的关联

（1）建立引导层与普通图层的关联。其方法是用鼠标把一个图层控制区域内的普通图层拖动到运动引导层或普通引导层的右下方，再松开鼠标左键，其结果如图 7-38 所示。

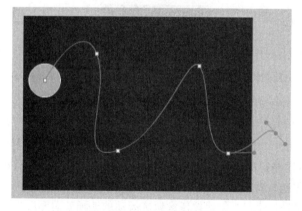

图 7-37　引导层辅助线

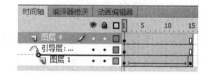

图 7-38　引导层与普通图层的关联

（2）断开图层和引导层的关联。选择引导层，右击，在弹出的快捷菜单中选择"引导层"命令，可以断开引导层与被引导层之间的链接。或者选择引导层，选择"修改"→"时间轴"→"图层属性"命令，弹出"图层属性"对话框，将"图层类型"选项选择"一般"。

（3）引导层转换为普通图层。选中引导层，单击鼠标右键，在弹出的快捷菜单中选择"引导层"命令，使其左边的对钩消失，该图层就转换为普通图层。

3. 分散到图层

（1）新建空白文档，选择"文本工具"，在"图层 1"的舞台窗口中输入文字"自然风光"，如图 7-39 所示。

（2）选中文字，按快捷键<Ctrl+B>，将文字分离成图形，如图 7-40 所示。

（3）选择"修改"→"时间轴"→"分散到图层"命令，将图层1中的文字分散到不同的图层中并且按文字设置图层名，如图7-41所示。

图7-39　自然风光文字　　　　　图7-40　分离文字　　　　　图7-41　分散到图层

注意：文字分散到不同的图层中后，原图层中没有任何对象。

7.6　遮　罩　动　画

利用 Flash CS6 提供的遮罩层功能，可以制作出很多复杂的动画效果。在遮罩层中，有内容的地方将被视作一个透明区域，透过这个区域可以看到遮罩层下面一层的内容；而遮罩层上没有内容的地方，则不会被看到。其中，遮罩层中的对象可以是填充的形状、文字对象、图形元件的实例或影片剪辑等。

7.6.1　遮罩动画的概念

遮罩层就像是一块不透明的板，如果要看到它下面的图像，只能在板上挖一个"洞"，而遮罩层中有对象的地方就可看成是"洞"，通过这个"洞"，被遮罩层中的对象显示出来。利用遮罩层的这一特性，可以制作出很多特殊效果。

1.　遮罩层和被遮罩层中的元素

遮罩层中的图形对象在播放时是看不到的，遮罩层中的内容可以是按钮、影片剪辑、图形、位图、文字等，但不能使用线条。如果一定要用线条，要将线条转化为填充。

被遮罩层中的对象只能透过遮罩层中的对象被看到。在被遮罩层可以使用按钮、影片剪辑、图形、位图、文字、线条等。

2.　遮罩层中可以使用的动画形式

可以在遮罩层、被遮罩层中分别或同时使用传统补间动画、补间动画、引导层动画等动画技术，从而使遮罩动画变成一个可以施展无限想象力的创作空间。

3.　应用遮罩时的技巧

"遮罩动画"的基本原理：能够透过该图层中的对象看到被遮罩层中的对象及其属性（包括它们的动画变形效果等），但遮罩层中对象的许多属性，如渐变色、透明度、颜色和线条样式等却是被忽略的。例如，不能通过遮罩层的渐变色来实现被遮罩层的渐变色变化。

注意：遮罩层中的对象可以是图形、文字、元件的实例等，但不显示位图、渐变色、透明色和线条。

7.6.2　创建遮罩动画

在 Flash CS6 中没有专门的按钮来创建遮罩层，所有的遮罩层都是由普通的图层转换过来的。

1. 建立普通图层与遮罩层的关联

在创建遮罩层后，通常只会将其下方的一个图层设置为被遮罩图层，若要创建遮罩层与普通图层的关联，使遮罩层能够同时遮罩多个图层，可以通过下列方法之一来实现：

（1）在"时间轴"的"图层"面板中，将现有的图层直接拖到遮罩层下面。

（2）在遮罩层的下方创建新的图层。

（3）选择"修改"→"时间轴"→"图层属性"命令，弹出"图层属性"对话框，在"类型"选项区域中选中"被遮罩"单选按钮。

2. 将遮罩层转换为普通图层

（1）在"时间轴"面板中，选中要转换的遮罩层，右击，在弹出的快捷菜单中选择遮罩层命令，遮罩层转换为普通图层。

（2）选择"修改"→"时间轴"→"图层属性"命令，打开"图层属性"对话框，在"类型"选项区域中选中"一般"单选按钮。

3. 取消被遮罩层与遮罩层之间的关联

取消被遮罩层的图层与遮罩层关联的操作方法有 3 种：

（1）在"时间轴"面板中，用鼠标将被遮罩层拖动到遮罩层的左下面或上面。

（2）选中被遮罩的图层，右击遮罩层，在弹出的快捷菜单中选中"图层属性"命令，在弹出的对话框的"类型"选项组中选中"一般"单选按钮。

（3）右击遮罩层，在弹出的快捷菜单中再次选择"遮罩层"命令即可。

注意：如果想要解除遮罩，只需单击时间轴面板上的遮罩层或被遮罩层上的图标即可将其解锁。

4. 创建遮罩层

在创建遮罩层后，通常只会将其下方的一个图层设置为被遮罩图层，若要创建遮罩层与普通图层的关联，使遮罩层能够同时遮罩多个图层，可以通过下列方法之一来实现：

要创建遮罩动画首先要创建遮罩层。在"时间轴"面板中，右击要转换遮罩层的图层，在弹出的快捷菜单中选择"遮罩层"命令，如图 7-42 所示。

选中的图层转换为遮罩层，其下方的图层自动转换为被遮罩层，并且它们都自动被锁定，如图 7-43 所示。

图 7-42　"遮罩层"命令

图 7-43　遮罩层

（1）静态遮罩动画。按快捷键<Ctrl+N>，新建空白文档，选择"文件"→"导入"→"导入到舞台"命令，在弹出的"导入"对话框中选择选择1张图片，单击"确定"按钮，图片被导入到图层1的舞台窗口中，如图7-44所示。在"时间轴"面板下方单击"新建图层"按钮，创建新的图层"图层2"，如图7-45所示。

选择"文件"→"导入"→"导入到舞台"命令，在弹出的"导入"对话框中选择1张图片，将其导入到"图层2"的舞台窗口中，如图7-46所示。按快捷键<Ctrl+B>，将图片分离。

图7-44　舞台窗口　　　　　图7-45　"时间轴"面板　　　　　图7-46　图层2图片

在"时间轴"面板中选中"图层2"，右击，在弹出的快捷菜单中选择"遮罩层"命令，"图层2"转换为遮罩层，"图层1"转换为被遮罩层，两个图层被自动锁定，如图7-47所示，舞台窗口中的图形的遮罩效果如图7-48所示。

图7-47　遮罩图层　　　　　　　　　　　图7-48　遮罩效果

（2）动态遮罩动画。按快捷键<Ctrl+N>，新建空白文档，选中"图层1"，选择"文件"→"导入"→"导入到库"命令，在弹出的"导入"对话框中选择1张图片，将其导入到图层1的舞台窗口中，如图7-49所示。

在"时间轴"面板下方单击"新建图层"按钮，创建新的图层"图层2"。选择"文件"→"导入"→"导入到舞台"命令，在弹出的"导入"对话框中选择1张图片，将其导入到"图层2"的舞台窗口中，如图7-50所示。在舞台窗口中选中地球，右击，在弹出的快捷菜单中选择"转换为元件"命令，将地球转换为图形元件。

图7-49　图层1效果　　　　　　　　　　图7-50　图层2效果

在"时间轴"面板中选择"图层 1"的第 15 帧，按<F5>键，在该帧上插入普通帧，选中"图层 2"的第 15 帧，按<F6>键，在该帧上插入关键帧，如图 7-51 所示。

选中"图层 2"的第 15 帧，在舞台窗口中选择地球实例，将其拖动到如图 7-52 所示的位置。

图 7-51　时间轴面板　　　　　　　　　　　图 7-52　地球位置

选择"图层 1"的第 1 帧，右击，在弹出的快捷菜单中选择"创建传统补间"命令，"图层 1"的第 1 帧到第 15 帧之间生成传统补间动画，如图 7-53 所示。

选中"图层 2"，右击，在弹出的快捷菜单中选择"遮罩层"命令，创建遮罩动画，如图 7-54 所示。

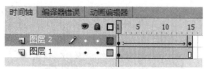

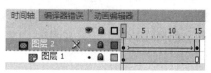

图 7-53　传统补间动画　　　　　　　　　　图 7-54　遮罩动画

按快捷键<Ctrl+Enter>即可查看效果。在不同的帧中，动画显示的效果如图 7-55 所示。

图 7-55　连续遮罩动画效果

注意： 一个遮罩层可以作为多个图层的遮罩层，如果要将一个普通图层变为某个遮罩层的被遮罩层，只需将此图层拖动至遮罩层下方。

7.7　骨　骼　动　画

"骨骼动画"是 Flash CS6 中的一种特殊动画形式。它使用骨骼的关节结构对一个对象或一组相关的对象进行动画处理。在 Flash CS6 中可以为两种形式添加骨骼动画：一种方式是给元件实例添加骨骼；另一种方式是给图形添加骨骼。

7.7.1　创建基于元件的骨骼动画

在 Flash CS6 中，可以给图形、按钮和影片剪辑元件添加骨骼，也可以给文本添加骨骼。

如果需要给文本添加骨骼，要先将文本转换为元件。

为原件添加骨骼动画的操作步骤如下：

（1）新建文档，单击"库"面板下方的"新建元件"按钮 ，弹出"新建元件"对话框，在"名称"文本框中输入"角色"，在"类型"下拉列表中选择"图形"选项，单击"确定"按钮，创建新的图形元件"角色"，舞台窗口随之转换到图形元件的舞台窗口。选择绘图工具自行绘制一个图形，如图 7-56 所示。

（2）分别选中头部和每一节身体，右击，在弹出的快捷菜单中选择"转换为元件"命令，将其转换为图形元件，如图 7-57 所示。

图 7-56　绘制的图形

图 7-57　转换为图形元件

（3）选择"骨骼"工具，在图形的头部中心单击并将其拖动到下面椭圆形的中心位置，松开鼠标，在头部和椭圆之间生成一条骨骼，如图 7-58 所示。在第一根骨骼的尾部单击将其拖动到第 2 个椭圆的中心位置，松开鼠标，在第 1 个椭圆和第 2 个椭圆之间生成了一条骨骼，如图 7-59 所示。用同样的方法，添加其他骨骼效果，如图 7-60 所示。

图 7-58　创建头部骨骼

图 7-59　创建第一节身体骨骼

图 7-60　角色整体骨骼

（4）在"时间轴"面板中自动生成一个"骨架"图层，如图 7-61 所示。在"时间轴"面板中分别选择"骨架"图层的第 5 帧、第 10 帧和第 15 帧，右击，在弹出的快捷菜单中选择"插入姿势"命令。选中图层 1 的第 15 帧，按<F5>键，在该帧上插入普通帧，如图 7-62 所示。

图 7-61　骨架图层

图 7-62　创建第一节身体骨骼

（5）选择"骨架"图层的第 5 帧，选择"选择工具"，在舞台窗口中选择第 3 个骨骼，将其拖动至适当的位置，如图 7-63 所示。用相同的方法分别选择第 10 帧和第 15 帧上的骨骼并将其拖动至适当的位置，如图 7-64 和图 7-65 所示。

图 7-63　第 3 帧效果　　　　图 7-64　第 10 帧效果　　　　图 7-65　第 15 帧效果

（6）为元件添加骨骼动画完成，按快捷键<Ctrl+Enter>即可查看效果。

7.7.2　创建基于图形的骨骼动画

在 Flash CS6 中，用户可以给一个对象绘制模式或合并绘制模式所创建的形状添加骨骼。通过所添加的骨骼来进行移动或旋转形状并对其进行动画制作，从而不需要再绘制不同的形状或创建补间动画。

为图形添加骨骼动画的操作步骤如下：

（1）新建文档，在"时间轴"面板中选择"图层 1"，绘制一个角色图形，如图 7-66 所示。

（2）单击"时间轴"面板下方的"新建图层"按钮，创建新图层"图层 2"，选择"骨骼工具"，在肩膀中心单击将其拖动到大臂的部位，松开鼠标，在肩膀和大臂之间生成一条骨骼，如图 7-67 所示。

图 7-66　角色图形　　　　　　　　　　图 7-67　肩膀到大臂骨骼创建

（3）在第一根骨骼的尾部单击将其拖动到手臂的部位，松开鼠标，在大臂和手臂之间生成一条骨骼，如图 7-68 所示。用相同的方法，添加其他骨骼效果，如图 7-69 所示。

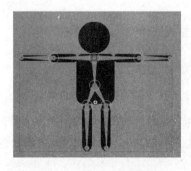

图 7-68　大臂到手臂骨骼创建　　　　　　图 7-69　角色骨骼整体效果

（4）在"时间轴"面板中自动生成一个"骨架"图层。在"时间轴"面板中分别选择"图层 1"和"图层 2"第 20 帧，按<F5>键，在该帧上插入普通帧，如图 7-70 所示。

（5）分别选中"骨架"图层的第 10 帧和第 20 帧，右击，在弹出的快捷菜单中选择"插入姿势"命令，如图 7-71 所示。

图 7-70　骨架图层

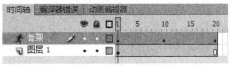

图 7-71　插入姿势

（6）选择"骨架"图层的第 10 帧，选择"选择工具"，在舞台窗口中选择手臂上的骨骼，将其拖动至适当的位置，如图 7-72 所示。用相同的方法，在"骨架"图层的第 20 帧，分别将左手臂和右手臂拖动至适当的位置，效果如图 7-73 所示。

图 7-72　第 10 帧效果

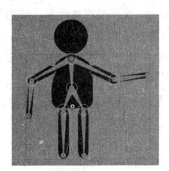

图 7-73　第 20 帧效果

（7）为图形添加骨骼动画完成，按快捷键<Ctrl+Enter>即可查看效果。

7.7.3　动画骨骼的属性

选中已经创建好的骨骼，在"属性"面板中设置选项，如图 7-74 所示。

图 7-74　骨骼"属性"面板

1. 骨骼级别按钮

在骨骼"属性"面板的右上方有 4 个箭头按钮，用来调整骨骼级别。

（1）"上一个同级"按钮：指在同一级别的骨骼中，向上移动一个骨骼。

（2）"下一个同级"按钮：指在同一级别的骨骼中，向下移动一个骨骼。

（3）"子级"按钮：指将选中的骨骼变为根骨骼的下一级骨骼。

（4）"父级"按钮：指将选中的骨骼变为根骨骼。

2. "位置"选项组

展开"位置"选项组，可以设置骨骼位置、长度、角度和速度的最大值和最小值。

3. "联接：旋转"选项组

展开"联接：旋转"选项组，可以设置骨骼旋转的最小值和最大值。

4. "联接：X 平移"选项组

展开"联接：X 平移"选项组，可以设置骨骼在 X 坐标轴上左右平移的最小值和最大值。

5. "联接：Y 平移"选项组

展开"联接：Y 平移"选项组，可以设置骨骼在 Y 坐标轴上上下平移的最小值和最大值。

6. "弹簧"选项组

展开"弹簧"选项组，可以设置弹簧的强度和衰减速率。

7.7.4 绑定骨骼

1. 绑定骨骼

骨架中的第一个骨骼就是根骨骼。它显示为一个圆，并围绕在骨骼头部。"骨骼链"称为骨架。在父子层次结构中，骨架中的骨骼彼此相连。骨架可以是分支的，同一骨骼的骨架分支成为同级。

选择"骨骼"工具创建骨骼，在"时间轴"中相应的位置插入"关键帧"制作动画，选中"关键帧"，右击，在弹出的快捷菜单中选择"插入姿势"命令绑定骨骼同时制作动画。

创建一个 Flash CS6 文档，把要用绑定骨骼的对象转换为影片剪辑，然后选择工具栏中"骨骼工具"（骨头形状的工具），单击其中一个影片剪辑，不要放开，滑向另一个影片剪辑的中心点，松开鼠标，这样就绑定了，其他影片剪辑也是这样。用"任意变形工具"改变中心点可以改变绑定点，用户调整完动作后在，单击骨骼层，会提示转换为"逐帧动画"，完成制作。

2. 删除骨骼

（1）如果要删除单个骨骼及其所有子级，可用鼠标单击该骨骼将其选中，并按<Delete>键，即可将其删除。

（2）如果要删除多个骨骼，可以按住<Shift>键的同时单击所要删除的骨骼，便可以删除所选择的多个骨骼。

（3）如果要从某个形状或元件骨架中删除所有骨骼，可选择该形状或该骨架中的任何实例，然后选择"修改"→"分离"命令，便可以将其所有骨骼删除。

7.8 项目实战一 首饰广告

7.8.1 项目实战描述与效果

- 素材：Flash CS6\项目 7\素材\首饰广告。
- 源文件：Flash CS6\项目 7\源文件\首饰广告。

1. 项目实战描述

本项目主要结合工具箱中的工具来绘制图形元件，使用"创建传统补间"命令制作"传统补间动画"，使用"创建形状补间"命令制作"形状补间动画"。"首饰广告"知识点分析如表 7-1 所示。

表 7-1 "首饰广告"知识点分析

知 识 点	功 能	实 现 效 果
元件的创建和修改	能够通过多种方法灵活地创建和修改图形元件和影片剪辑元件	
传统补间动画	掌握传统补间动画的制作方法和技巧，熟练应用传统补间动画	
形状补间动画	能够熟练应用形状补间动画	

2. 项目实战效果

最终作品效果如图 7-75 所示。

图 7-75 首饰广告最终效果

7.8.2　项目实战详解

1. 创建文档并导入素材

（1）选择"文件"→"新建"命令，在弹出的"新建文档"对话框中选择 ActionScript 3.0，将"宽"设为 600，"高"设为 400，将"背景颜色"选项设为深红色（#500103），（见图 7-76），改变舞台的大小和颜色。

（2）选择"文件"→"导入"→"导入到库"命令，在弹出的"导入到库"对话框中选择"Flash CS6\项目 7\素材\首饰广告"文件夹中所有素材，单击"打开"按钮，素材被导入到"库"面板中，如图 7-77 所示。

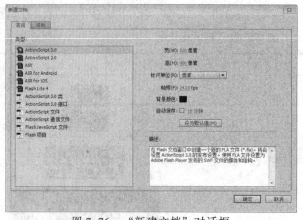

图 7-76　"新建文档"对话框

图 7-77　导入素材

2. 制作图形元件

（1）在"库"面板下方单击"新建元件"按钮，弹出"创建新元件"对话框，在"名称"文本框中输入"戒指"，在"类型"下拉列表中选择"图形"选项，单击"确定"按钮，新建一个图形元件"戒指"，如图 7-78 所示，舞台窗口随之转换为图形元件的舞台窗口，将"库"面板中的"戒指.png"拖动到舞台窗口中，如图 7-79 所示。

图 7-78　创建新元件对话框

图 7-79　戒指舞台效果

（2）在"库"面板下方单击"新建元件"按钮，弹出"创建新元件"对话框，在"名称"文本框中输入"导航条"，在"类型"下拉列表中选择"图形"选项，单击"确定"按钮，新建一个图形元件"导航条"，舞台窗口随之转换为图形元件的舞台窗口，将"库"面板中的"导航条.jpg"拖动到舞台窗口中。

（3）在"库"面板下方单击"新建元件"按钮，弹出"创建新元件"对话框，在"名称"文本框中输入"玫瑰花"，在"类型"下拉列表中选择"图形"选项，单击"确定"按钮，新建一个图形元件"玫瑰花"，舞台窗口随之转换为图形元件的舞台窗口，将"库"面板中的"玫瑰花.png"拖动到舞台窗口中。

（4）在"库"面板下方单击"新建元件"按钮，弹出"创建新元件"对话框，在"名称"文本框中输入 This life with you soon，在"类型"下拉列表中选择"图形"选项，单击"确定"按钮，新建一个图形元件 This life with you soon，舞台窗口随之转换为图形元件的舞台窗口。

（5）选择"文本工具"，在舞台窗口中输入英文 This life with you soon，打开文字的"属性"面板，设置参数，如图 7-80 所示。

（6）在舞台窗口中选择文字，按<Ctrl>键同时拖动文字，复制出一个文字，打开文字的"属性"面板，设置参数，如图 7-81 所示。微调文字 1 和文字 2 的位置，效果如图 7-82 所示。

图 7-80　文字 1 参数

图 7-81　文字 2 参数

图 7-82　文字图形元件效果

（7）在"库"面板下方单击"新建元件"按钮，弹出"创建新元件"对话框，在"名称"文本框中输入"矩形条"，在"类型"下拉列表中选择"图形"选项，单击"确定"按钮，新建一个图形元件"矩形条"，舞台窗口随之转换为图形元件的舞台窗口。

（8）选择"矩形工具"，将"笔触颜色"选项设为"无"，"填充颜色"选项设为"白色半透明"，如图 7-83 所示。在舞台窗口中绘制一个"宽"为 600，"高"为 100 的矩形，效果如图 7-84 所示。

图 7-83　矩形条参数

图 7-84　矩形条效果

（9）在"库"面板下方单击"新建元件"按钮，弹出"创建新元件"对话框，在"名称"文本框中输入"长条1"，在"类型"下拉列表中选择"图形"选项，单击"确定"按钮，新建一个图形元件"长条1"，舞台窗口随之转换为图形元件的舞台窗口。将"库"面板中"矩形条"图形元件拖动到舞台窗口中。

（10）单击"时间轴"面板下方的"插入图层"按钮，创建新图层"图层2"，将"库"面板中的"位图长条.png"拖动到舞台窗口中，摆放效果如图7-85所示。用同样的方法创建"长条2"图形元件，效果如图7-86所示。

图7-85　长条1图形元件

图7-86　长条2图形元件

（11）在"库"面板下方单击"新建元件"按钮，弹出"创建新元件"对话框，在"名称"文本框中输入"星星"，在"类型"下拉列表中选择"图形"选项，单击"确定"按钮，新建一个图形元件"星星"，舞台窗口随之转换为图形元件的舞台窗口。

（12）选择"椭圆工具"，按<Shift>键同时拖动鼠标，绘制一个正圆。打开正圆的"属性"面板，将"宽"和"高"选项设为35。选择"修改"→"颜色"命令，打开"颜色"面板，设置参数，如图7-87所示，舞台窗口中正圆的效果如图7-88所示。

图7-87　"颜色"面板

图7-88　正圆效果

（13）选择"选择工具"，在舞台窗口中选中正圆，按<Ctrl>键同时拖动鼠标复制出一个圆，按快捷键<Ctrl+G>，将复制的圆成组。打开它的"属性"面板，将"宽"选项设为80，"高"选项设为3.6，效果如图7-89所示。

（14）选择"窗口"→"变形"命令，打开"变形"面板，选中"旋转"单选按钮，将"旋转"参数设为45，单击3次"重制选区和变形"按钮 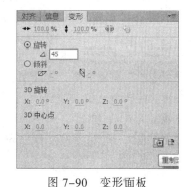，如图7-90所示，效果如图7-91所示。将所有图形中心对齐，如图7-92所示。

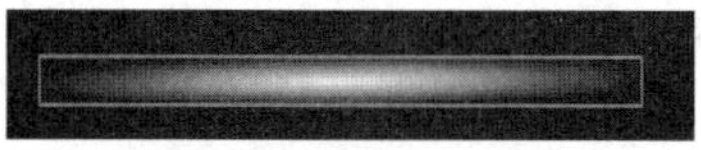

图7-89　长条2图形元件

图7-90　变形面板

图7-91　旋转效果

图7-92　星星效果

（15）单击"时间轴"面板下方的"场景1"图标 ，进入"场景1"的舞台窗口。选中"图层1"，选择"文本工具"，在舞台窗口中输入英文Love，打开文字的"属性"面板，将"大小"设为60，"颜色"选项设为黄色（#FFFF00），如图7-93所示。

（16）在舞台窗口中选中文字，按<Ctrl>键同时拖动文字，复制出一个文字，打开文字的"属性"面板，将"颜色"选项设为深黄色（#666600），微调两个文字的位置，如图7-94所示。

图7-93　Love文字前色

图7-94　Love文字添加后色

（17）选择"选择工具"，框选两个Love文字，多次按快捷键<Ctrl+B>，将文字分离为形状。选中Love形状，右击，在弹出的快捷菜单中选择"分散到层"命令，将其分散到各图层。此时，"时间轴"面板中的"图层1"为空白关键帧，多出了"图层2""图层3""图层4"和"图层5"，分别为图层2至图层5重命名为L、O、V和E，如图7-95所示。在舞台窗口中分别选中L、O、V和E图形，右击，在弹出的快捷菜单中选择"转换为元件"命令，将其转换为图形元件。

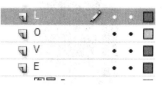

图7-95　分散到图层

3. 制作动画元件

（1）在"库"面板下方单击"新建元件"按钮 ▣，弹出"创建新元件"对话框，在"名称"文本框中输入"星星动画"，在"类型"下拉列表中选择"影片剪辑"选项，单击"确定"按钮，新建一个影片剪辑元件"星星动画"，舞台窗口随之转换为影片剪辑元件的舞台窗口。

（2）将"库"面板中的"星星"图形元件拖动到舞台窗口中，选择"窗口"→"变形"命令，打开"变形"面板，将"宽度缩放""高度缩放"选项设为12%。选中第26帧和第51帧，按<F6>键，在该帧上插入关键帧。选中第26帧，在"变形"面板中，将"宽度缩放""高度缩放"选项设为6%，如图7-96所示。

图7-96　星星动画变形参数

（3）分别选中第1帧和第26帧，右击，在弹出的快捷菜单中选择"创建传统补间"命令，生成传统补间动画，如图7-97所示。

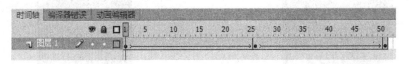

图7-97　"星星"动画时间轴

（4）双击"库"面板中的戒指图形元件，进入图形元件舞台窗口。单击"时间轴"面板下方的"插入图层"按钮 ▣，创建新图层"图层2"。选择"线条工具"和"选择工具"，在戒指高光区域绘制如图7-98所示的图形，将"填充颜色"选项为白色，按<Delete>键，将笔触删除。

（5）选择"窗口"→"颜色"命令，打开"颜色"面板，在"颜色类型"下拉列表中选择"线性渐变"，具体参数如图7-99所示。选择"颜料桶"工具，在图形上方，从上向下拖动鼠标，效果如图7-100所示。

图7-98　高光图形　　　　　　图7-99　"颜色"面板　　　　　图7-100　第1帧画面

（6）选中第 30 帧，按<F6>键，在该帧上插入关键帧。选择"颜料桶"工具，在图形下方，从上方向下拖动鼠标，效果如图 7-101 所示。选中第 1 帧，右击，在弹出的快捷菜单中选择"创建形状补间"命令，生成形状补间动画，如图 7-102 所示。

图 7-101　第 30 帧画面

图 7-102　形状补间动画

4. 时间轴动画制作

（1）单击"时间轴"面板下方的"场景 1"图标，进入"场景 1"的舞台窗口。选中"图层 1"重命名为"长条 1"，将"库"面板中的"长条 1"拖动到舞台窗口中，打开"属性"面板，将 X、Y 选项分别设为 0。选择第 9 帧，按<F6>键，在该帧上插入关键帧。将 Y 选项设为 200。选择第 36 帧，按<F6>键，在该帧上插入关键帧。将 Y 选项设为 520。

（2）单击"时间轴"面板下方的"插入图层"按钮，创建新图层并将其命名为"长条2"，将"库"面板中的"长条 2"拖动到舞台窗口中，打开"属性"面板，将 X 选项设为 0，Y 选项设为 400。选择第 9 帧，按<F6>键，在该帧上插入关键帧。将 Y 选项设为 200。选择第 36 帧，按<F6>键，在该帧上插入关键帧，将 Y 选项设为 520。选择第 43 帧，按<F6>键，在该帧上插入关键帧，将 Y 选项设为-50。

（3）分别选中"长条 1"图层的第 1 帧、第 9 帧、"长条 2"图层的第 1 帧、第 9 帧和第 36 帧，右击，在弹出的快捷菜单中选择"创建传统补间"命令，生成传统补间动画。如图 7-103 所示。

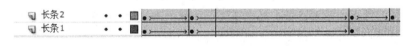

图 7-103　长条动画

（4）单击"时间轴"面板下方的"插入图层"按钮，创建新图层并将其命名为"导航动画"，选中第 45 帧，按<F6>键，在该帧上插入关键帧，将"库"面板中的"导航条"图形元件拖动舞台窗口中，打开"属性"面板，将 X 选项设为 0，Y 选项设为-52。选中 51 帧，按<F6>键，在该帧上插入关键帧，将 Y 选项设为 9；选中第 54 帧，按<F6>键，在该帧上插入关键帧，将 Y 选项设为 0。选中第 45 帧和第 51 帧，右击，在弹出的快捷菜单中选择 "创建传统补间"命令，生成传统补间动画。

（5）单击"时间轴"面板下方的"插入图层"按钮，创建新图层并将其命名为"玫瑰花"，选中第 54 帧，按<F6>键，在该帧上插入关键帧，将"库"面板中的"玫瑰花"图形元件拖动到舞台窗口中，位置如图 7-104 所示。选中第 74 帧，按<F6>键，在该帧上插入关键帧。选中第 54 帧，在舞台窗口中选择玫瑰花实例，打开"属性"面板，在"色彩效果"选项组的"样式"选项的下拉列表中选择 Alpha 值设为 0%，如图 7-105 所示。右击，在弹出的快捷菜单中选择"创建传统补间"命令，生成传统补间动画。

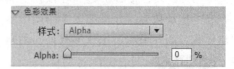

图 7-104　玫瑰花位置　　　　　　　图 7-105　玫瑰花第 54 帧属性

（6）选择"L"图层第 1 帧，按住鼠标左键，移动鼠标到该图层的第 74 帧，将该关键帧移动到第 74 帧。在舞台窗口中选中该实例，打开 L 实例的"属性"面板，设置参数如图 7-106 所示。选中第 81 帧，按<F6>键，在该帧上插入关键帧，在舞台窗口中选中该实例，打开 L 实例的"属性"面板，设置参数，如图 7-107 所示。选中第 74 帧，右击，在弹出的快捷菜单中选择　"创建传统补间"命令，生成传统补间动画。

（7）选择 O 图层的第 1 帧，按住鼠标左键，移动鼠标到该图层第 74 帧，将该关键帧移动到第 74 帧。在舞台窗口中选中 O 实例，打开 O 实例的"属性"面板，设置参数，如图 7-108 所示。选中第 81 帧，按<F6>键，在该帧上插入关键帧，在舞台窗口中选中该实例，打开 O 实例的"属性"面板，设置参数，如图 7-109 所示。选中第 74 帧，右击，在弹出的快捷菜单中选择"创建传统补间"命令，生成传统补间动画。

图 7-106　L 实例第 74 帧参数　　　图 7-107　L 实例第 81 帧参数　　　图 7-108　O 实例第 74 帧参数

（8）选择 V 图层的第 1 帧，按住鼠标左键，移动鼠标到该图层第 81 帧，将该关键帧移动到第 81 帧。在舞台窗口中选中 V 实例，打 V 实例的"属性"面板，设置参数如图 7-110 所示。选中第 88 帧，按<F6>键，在该帧上插入关键帧，在舞台窗口中选中该实例，打开 V 实例的　"属性"面板，设置参数，如图 7-111 所示。选中第 81 帧，右击，在弹出的快捷菜单中选择　"创建传统补间"命令，生成传统补间动画。

图 7-109　O 实例第 81 帧参数　　　图 7-110　V 实例第 81 帧参数　　　图 7-111　V 实例第 88 帧参数

（9）选择 E 图层的第 1 帧，按住鼠标左键，移动鼠标到该图层第 88 帧，将该关键帧移动到第 88 帧。在舞台窗口中选中 E 实例，打 E 实例的"属性"面板，设置参数，如图 7-112 所示。选中第 95 帧，按<F6>键，在该帧上插入关键帧，在舞台窗口中选中该实例，打开 E 实例的"属性"面板，设置参数，如图 7-113 所示。选中第 88 帧，右击，在弹出的快捷菜单中选择　"创建传统补间"命令，生成传统补间动画。

图 7-112　E 实例第 88 帧参数　　　　　　　图 7-113　E 实例第 95 帧参数

（10）单击"时间轴"面板下方的"插入图层"按钮，创建新图层并将其命名为"戒指动画"，选中第99帧，按<F6>键，在该帧上插入关键帧，将"库"面板中的戒指图形元件拖动到舞台窗口中，在舞台窗口中选择"戒指"实例，打开戒指实例的"属性"面板，设置参数，如图7-114所示。选中第109帧，按<F6>键，在该帧上插入关键帧，在舞台窗口中选择戒指实例，打开戒指实例的"属性"面板，设置参数，如图7-115所示。选中第99帧，右击，在弹出的快捷菜单中选择"创建传统补间"命令，生成传统补间动画。

图7-114　戒指第99帧参数　　　　　　图7-115　戒指第109帧参数

（11）单击"时间轴"面板下方的"插入图层"按钮，创建新图层并将其命名为"星星动画"，选中第112帧，按<F6>键，在该帧上插入关键帧，将"库"面板中的"星星动画"影片剪辑元件拖动到舞台窗口中，选择"选择工具"，在舞台窗口中适当调整实例的位置，如图7-116所示。

（12）单击"时间轴"面板下方的"插入图层"按钮，创建新图层并将其命名为"文字"，选中第120帧，按<F6>键，在该帧上插入关键帧，将"库"面板中的This life with you soon图形元件拖动到舞台窗口中，打开该实例的"属性"面板，设置参数，如图7-117所示。

图7-116　星星动画位置　　图7-117　第120帧参数　　图7-118　第133帧参数

（13）选中第133帧，按<F6>键，在该帧上插入关键帧，在舞台窗口中选择文字实例，打开该实例的"属性"面板，设置参数，如图7-118所示。选中第138帧，按<F6>键，在该帧上插入关键帧，在舞台窗口中选择文字实例，打开该实例的"属性"面板，设置参数，如图7-119所示。选中第143帧，按<F6>键，在该帧上插入关键帧，在舞台窗口中选择文字实例，打开该实例的"属性"面板，设置参数，如图7-120所示。选中第147帧，按<F6>键，在该帧上插入关键帧，在舞台窗口中选择文字实例，打开该实例的"属性"面板，设置参数，如图7-121所示。

图7-119　第138帧参数　　　图7-120　第143帧参数　　　图7-121　第147帧参数

（14）选中 120 帧、133 帧、138 帧和 143 帧，右击，在弹出的快捷菜单中选择"创建传统补间"命令，生成传统补间动画。在"时间轴"面板中，选中除"文字"图层以外的其他图层的第 147 帧，按<F5>键，在该帧上插入普通帧。

（15）首饰广告动画效果制作完成，按快捷键<Ctrl+Enter>即可查看效果。

7.9　项目实战二　电子宣传单

7.9.1　项目实战描述与效果

- 素材：Flash CS6\项目 7\素材\电子宣传单。
- 源文件：Flash CS6\项目 7\源文件\电子宣传单。

1. 项目实战描述

本项目主要结合工具箱中的工具来绘制元件，使用"创建传统补间"命令制作动画，综合应用"传统补间动画""形状补间动画""遮罩动画"和"引导层动画"，"电子宣传单"知识点分析如表 7-2 所示。

164

表 7-2　"电子宣传单"知识点分析

知　识　点	功　　能	实　现　效　果
元件的创建和修改	能够通过多种方法灵活地创建和修改图形元件和影片剪辑元件	
遮罩动画的创建及修改	能够通过多种方法灵活地创建遮罩动画	
引导层动画的创建及修改	掌握引导动画的制作技巧	

2. 项目实战效果

最终作品效果如图 7-122 所示。

图 7-122　"电子宣传单"最终效果

7.9.2 项目实战详解

1. 新建文档并导入素材

（1）选择"文件"→"新建"命令，在弹出的"新建文档"对话框中选择 ActionScript 3.0，将"宽"设为 459，"高"设为 650，将"背景颜色"选项设为绿色（#009900），如图 7-123 所示，改变舞台的大小和颜色。

（2）选择"文件"→"导入"→"导入到库"命令，在弹出的"导入到库"对话框中选择"Flash CS6\项目 7\素材\电子宣传单"文件夹中所有素材，单击"打开"按钮，素材被导入到"库"面板中，如图 7-124 所示。

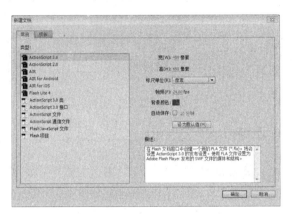

图 7-123　新建文档对话框　　　　　　图 7-124　库面板

2. 制作文字图形元件

（1）在"库"面板下方单击"新建元件"按钮🔳，弹出"创建新元件"对话框，在"名称"文本框中输入"音乐成就梦想"，在"类型"下拉列表中选择"图形"选项，单击"确定"按钮，新建一个图形元件"音乐成就梦想"，如图 7-125 所示。

（2）选择"文本工具"，在舞台窗口中输入文字"音乐成就梦想"，如图 7-126 所示。打开文字的"属性"面板，将"系列"设为"方正舒体"，"大小"设为 56，"颜色"设为深紫色（#420042），如图 7-127 所示。

图 7-125　"创建新元件"对话框　　图 7-126　音乐成就梦想　　图 7-127　文字属性面板

（3）按<Ctrl>键同时拖动文字，复制出一个文字，打开该文字的"属性"面板，将"颜色"设为枚红色（#FF00FF），如图 7-128 所示。微调文字的位置，效果如图 7-129 所示。

图 7-128　文字"属性"面板

图 7-129　音乐成就梦想

3．制作音符图形元件

（1）在"库"面板下方单击"新建元件"按钮，弹出"创建新元件"对话框，在"名称"文本框中输入"音符1"，在"类型"下拉列表中选择"图形"选项，单击"确定"按钮，新建一个图形元件"音符 1"，如图 7-130 所示。

图 7-130　创建"音符 1"图形元件

（2）将"库"面板中的"音符 1.png"拖动到舞台窗口中，将 X、Y 选项分别设为 0。

（3）用同样的方法创建图形元件"音符 2""音符 3""音符 4""音符 5"和"音符 6"。

4．制作渐变色图形元件

（1）在"库"面板下方单击"新建元件"按钮，弹出"创建新元件"对话框，在"名称"文本框中输入"渐变色"，在"类型"下拉列表中选择"图形"选项，单击"确定"按钮，新建一个图形元件"渐变色"，如图 7-131 所示。

（2）选择"矩形工具"，将"笔触颜色"设为"无"，"填充颜色"设为灰色（#666666），在舞台窗口中绘制一个"宽"为 10，"高"为 4.6 的矩形，参数设置如图 7-132 所示，效果如图 7-133 所示。

图 7-131　创建"渐变色"图形元件

图 7-132　矩形参数设置

图 7-133　矩形效果

（3）按 Ctrl 键同时拖动矩形，复制出一个矩形。同样操作 9 次后，调整矩形的位置和颜色，如图 7-134 所示。

（4）在"库"面板下方单击"新建元件"按钮，弹出"创建新元件"对话框，在"名称"文本框中输入"矩形条"，在"类型"下拉列表中选择"图形"选项，单击"确定"按钮，新建一个图形元件"矩形条"。选择"矩形工具"，将"笔触颜色"选项设为"无"，"填充颜色"选项设为深灰色（#333333），绘制一个"宽"为 12.80，"高"为 69.20 的矩形，如图 7-135 所示。

图 7-134　渐变色　　　　　　　　　　　　图 7-135　矩形条

5. 遮罩动画制作

（1）在"库"面板下方单击"新建元件"按钮🔟，弹出"创建新元件"对话框，在"名称"文本框中输入"矩形动画"，在"类型"下拉列表中选择"影片剪辑"选项，单击"确定"按钮，新建一个影片剪辑元件"矩形动画"，如图 7-136 所示。

（2）选择"图层 1"重命名为"渐变色"，将"库"面板中的"渐变色"图形元件拖动到舞台窗口中，如图 7-137 所示。

图 7-136　创建矩形动画元件　　　　　　　图 7-137　渐变色图层

（3）单击"时间轴"面板下方的"插入图层"按钮🔟，创建新图层并将其命名为"矩形条"，将"库"面板中的"矩形条"图形元件拖动到舞台窗口中，如图 7-138 所示。

图 7-138　矩形条图层

（4）选择"矩形条"图层，选择"任意变形工具"，将矩形条的中点调整到矩形的最下方。分别选中第 5 帧、第 15 帧、第 20 帧、第 28 帧、第 40 帧和第 50 帧，按<F6>键，在该帧上插入关键帧。选择"修改"→"变形"命令，打开"变形"面板，选中第 1 帧，在舞台窗口中选择"矩形"实例，在"变形"面板中将"高度缩放"选项设为 87.1%；选中第 5 帧，将"高度缩放"选项设为 14.1%；选中第 15 帧，将"高度缩放"选项设为 74.4%，选中第 20 帧，将"高度缩放"选项设为 43.7%，如图 7-139 所示。

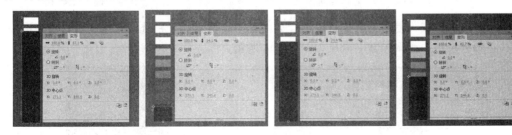

图 7-139　矩形条第 1 帧、第 5 帧、第 15 帧和第 20 帧变形参数

（5）选中第 28 帧，将"高度缩放"选项设为 78%；选中第 40 帧，将"高度缩放"选项设为 13.1%；选中第 50 帧，将"高度缩放"选项设为 94.4%，如图 7-140 所示。

图 7-140 矩形条第 28 帧、第 40 帧和第 50 帧变形参数

（6）分别选中第 1 帧、第 5 帧、第 15 帧、第 20 帧、第 28 帧和第 40 帧，右击，在弹出的快捷菜单中选择"创建传统补间"命令，生成传统补间动画，如图 7-141 所示。

图 7-141 矩形条传统补间动画

（7）选择"矩形条"图层，右击，在弹出的快捷菜单中选择"遮罩层"命令，生成遮罩动画，如图 7-142 所示。

图 7-142 遮罩动画

（8）按住<Shift>键同时选择"矩形条"图层和"渐变色"图层，右击，在弹出的快捷菜单中选择"复制图层"命令，复制出"图层 2"和"图层 3"，如图 7-143 所示。分别选中"图层 2"的每一个关键帧，到舞台窗口中调整参数，效果如图 7-144 所示。

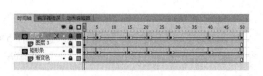

图 7-143 复制遮罩动画

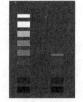

图 7-144 调整动画效果

（9）同样的方式再复制 2 次遮罩动画，如图 7-145 所示。分别选中遮罩图层的每一个关键帧，在舞台窗口中微调参数，效果如图 7-146 所示。

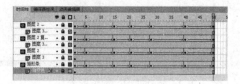

图 7-145 复制遮罩动画

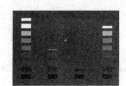

图 7-146 遮罩动画最终效果

6. 文字动画制作

（1）单击"时间轴"面板下方的"场景1"图标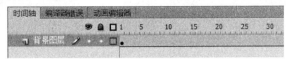，进入"场景1"的舞台窗口。在"时间轴"面板中选中"图层1"，重命名为"背景图层"，如图7-147所示。将"库"面板中的"背景图.jpg"拖动到舞台窗口中央。

图 7-147　背景图层

（2）单击"时间轴"面板下方的"插入图层"按钮▣，创建新图层并将其命名为"文字"，将"库"面板中的"文字"图形元件拖动到舞台窗口中，如图7-148所示。选中"文字"图层的第10帧，按<F6>键，在该帧上插入关键帧，在舞台窗口中选择文字实例，将位置调整到如图7-149所示。选中第15帧，按<F6>键，在该帧上插入关键帧。

（3）选中第22帧，按<F6>键，在该帧上插入关键帧，在舞台窗口中选择文字实例，将位置调整到如图7-150所示。选择"修改"→"变形"命令，打开"变形"面板，将"宽度缩放""高度缩放"选项分别设为70%，如图7-151所示。

图 7-148　第1帧文字效果　　图 7-149　第10帧文字效果　　图 7-150　第22帧文字效果

（4）分别选中第1帧和第15帧，右击，在弹出的快捷菜单中选择"创建传统补间"命令，生成传统补间动画，"时间轴"面板如图7-152所示。

 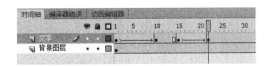

图 7-151　变形面板　　　　　　　　图 7-152　文字图层

（5）单击"时间轴"面板下方的"插入图层"按钮▣，创建新图层并将其命名为"矩形动画"，将"库"面板中的"矩形动画"影片剪辑元件拖动到舞台窗口中，如图7-153所示。按<Ctrl>键同时拖动矩形动画实例，复制出一个矩形动画，并调整它们的位置，如图7-154所示。

图 7-153　矩形动画图层 　　　　　　图 7-154　矩形动画图层舞台效果

7.引导层动画制作

（1）单击"时间轴"面板下方的"插入图层"按钮 ，创建新图层并将其命名为"五线谱"，将"库"面板中的"五线谱.png"拖动到舞台窗口中，按快捷键<Ctrl+B>，将"五线谱.png"分离成形状。选择"套索工具"，将黑色的五线谱以外的形状删除，如图 7-155 所示。

图 7-155　五线谱

（2）选中"五线谱"图层的第 27 帧，按<F6>键，在该帧上插入关键帧，选择"橡皮擦工具"，将舞台窗口中的五线谱擦除一部分，如图 7-156 所示。选中 28 帧，按<F6>键，插入关键帧，继续擦除一部分五线谱，如图 7-157 所示。

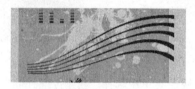

图 7-156　擦除效果 1　　　　　　　图 7-157　擦除效果 2

（3）同样的方法继续创建关键帧，同时擦除一部分五线谱，如图 7-158 所示，"时间轴"面板如图 7-159 所示。

图 7-158　"逐帧动画"画面效果

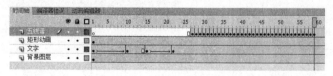

图 7-159　"五线谱"图层

（4）单击"时间轴"面板下方的"插入图层"按钮 ，创建新图层并将其命名为"音符1"选中第 65 帧，按<F6>键，在该帧上插入关键帧，将"库"面板中的"音符 1"图形元件拖动到舞台窗口中。

（5）选中"音符 1"图层，右击，在弹出的快捷菜单中选择"引导层"命令，创建音符 1 的引导层。选中引导层的第 65 帧，按<F6>键，在该帧上插入关键帧。选择"钢笔"工具，在舞台窗口中绘制一条曲线，如图7-160所示。

（6）选中"音符1"图层的第65帧，在舞台窗口中选择音符1实例，调整其位置，如图7-161所示。选中第120帧，按<F6>键，在该帧上插入关键帧，在舞台窗口中选择音符1实例，调整其位置，如图7-162所示，第120帧的音符具体属性如图7-163所示。

图7-160　引导曲线

图7-161　音符位置1

图7-162　音符位置2

图7-163　音符实例属性面板

（7）选中"音符1"图层，单击"时间轴"面板下方的"插入图层"按钮，在"音符1"图层上创建新图层并将其重命名为"音符2"。重复同样的操作，创建"音符3"图层、"音符4"图层、"音符5"图层、"音符6"图层和"音符7"图层，如图7-164所示。

（8）选中"音符2"图层的第72帧，按<F6>键，在该帧上插入关键帧，将"音符2"图形元件拖动到舞台窗口中；选中"音符3"图层第78帧，按<F6>键，在该帧上插入关键帧，将"音符3"图形元件拖动到舞台窗口中；选中"音符4"图层的第83帧，按<F6>键，在该帧上插入关键帧，将"音符4"图形元件拖动到舞台窗口中；选中"音符5"图层的第91帧，按<F6>键，在该帧上插入关键帧，将"音符5"图形元件拖动到舞台窗口中；选中"音符6"图层的第98帧，按<F6>键，在该帧上插入关键帧，将"音符6"图形元件拖动到舞台窗口中；选中"音符7"图层的第105帧，按<F6>键，在该帧上插入关键帧，将"音符1"图形元件拖动到舞台窗口中，如图7-165所示。

图7-164　音符各图层

图7-165　引导动画的各个图层

（9）同时选中"音符2""音符3""音符4""音符5""音符6"和"音符7"图层的第120帧，按<F6>键，在该帧上插入关键帧，如图7-166所示。

图7-166　音符各图层第120帧

（10）分别选中第 72 帧的"音符 2"实例、第 78 帧的"音符 3"实例和第 83 帧的"音符 4"实例，打开实例的"属性"面板，设置其参数，如图 7-167 所示。

图 7-167　音符 2、音符 3、音符 4 实例"属性"面板

（11）分别选中第 91 帧的"音符 5"实例、第 98 帧的"音符 6"实例和第 105 帧的"音符 1"实例，打开该实例的"属性"面板，设置其参数，如图 7-168 所示。

图 7-168　音符 5、音符 6、音符 1 实例的"属性"面板

（12）分别选中"音符 1"图层的第 65 帧、"音符 2"图层的第 72 帧、"音符 3"图层的第 78 帧、"音符 4"图层的第 83 帧、"音符 5"图层的第 91 帧、"音符 6"图层的第 98 帧和"音符 7"图层第 105 帧，右击，在弹出的快捷菜单中选择"创建传统补间"命令，生成传统补间动画，如图 7-169 所示。第 120 帧时舞台窗口如图 7-170 所示。

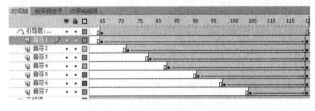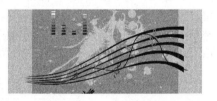

图 7-169　音符传统补间动画　　　　图 7-170　音符舞台效果

（13）选中"引导层"的第 121 帧，右击，在弹出的快捷菜单中选择"插入空白关键帧"命令，在该帧插入空白关键帧。

（14）选中"音符 1"到"音符 7"图层的第 127 帧，按<F6>键，插入关键帧。选中第 130 帧，按<F6>键，插入关键帧，在舞台窗口中选择所有实例，打开"属性"面板，将"色彩效果"选项组的"样式"选项的下拉列表中选择"亮度"值设为 100。

（15）选中第 133 帧，按<F6>键，插入关键帧，在舞台窗口中选择所有实例，打开"属性"面板，将"色彩效果"选项组的"样式"选项的下拉列表中选择"亮度"值设为-100。

（16）选中第 136 帧，按<F6>键，插入关键帧，在舞台窗口中选择所有实例，打开"属性"面板，将"色彩效果"选项组的"样式"选项的下拉列表中选择"亮度"值设为 100。

（17）选中第 127 帧，右击，在弹出的快捷菜单中选择"复制帧"命令，选中第 139 帧，右击，在弹出的快捷菜单中选择"粘贴帧"命令。

（18）选中第 127 帧、第 130 帧、第 133 帧和第 136 帧，右击，在弹出的快捷菜单中选择"创建传统补间"命令，生成传统补间动画，如图 7-171 所示。

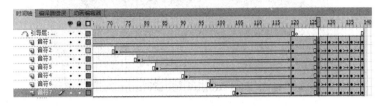

图 7-171　引导层动画

（19）单击"时间轴"面板下方的"插入图层"按钮，创建新图层"图层 6"，选中第 139 帧，按<F6>键，在该帧上插入关键帧，选择"窗口"→"动作"命令，打开"动作"面板，在"脚本窗口"输入"stop();"命令，如图 7-172 所示，"时间轴"面板如图 7-173 所示。

图 7-172　"动作"面板

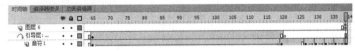

图 7-173　"时间轴"面板

小　　结

通过本项目的学习，用户可以了解 Flash 制作动画的总类，掌握"补间动画"的创建和修改方法；掌握"引导层动画"的制作方法和技巧；掌握"遮罩动画"的使用方法；了解"骨骼"工具的使用特点和编辑方法。

用户应重点注意引导层动画在使用时起始帧和结束帧的参数调整，掌握 3 种"补间动画"的区别和使用技巧及应用方法；掌握"遮罩动画"的"静态遮罩层"和"动态遮罩层"的使用方法。

练　习　七

1. 制作画轴动画效果，如图 7-174 所示。

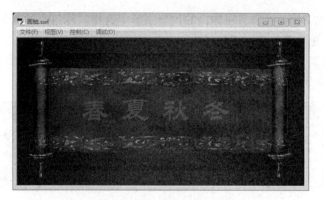

图 7-174　画轴动画效果

2. 制作如图 7-175 所示的生长的树枝动画效果。

图 7-175　生长的树枝动画效果

➡ 交互式动画的制作

Flash 动画具有交互性，可以通过对"按钮"的控制来更改动画的播放形式。ActionScript 语言是 Flash 中提供的一种动作脚本语言，能够为对象编程，具有强大的交互功能，使动画与用户之间的交互性加强。通过学习本项目，可使读者了解并掌握应用不同的动作脚本来实现千变万化的动画效果，从而实现动画交互的操作方式。

项目学习重点：

- 认识交互式动画；
- 了解数据类型；
- 掌握 ActionScript 3.0 语法规则；
- 数据与运算；
- 事件与函数；
- 动画跳转控制。

8.1 认识交互式动画

交互动画是指在动画作品播放时支持事件响应和交互功能的一种动画。也就是说，动画播放时可以接受某种控制，这种控制可以是动画播放者的某种操作，也可以是在动画制作时预先准备的操作。这种交互性提供了观众参与和控制动画播放内容的手段，使观众由被动接受变为主动选择。

最典型的交互式动画就是 Flash 动画。观看者可以用鼠标或键盘对动画的播放进行控制。

Flash 动画交互性就是用户通过菜单、按钮、键盘和文字输入等方式，来控制动画的播放。交互式是为了用户和计算机之间产生互动性，使计算机对互动的指示做出相应的反应。交互式动画就是动画在播放时支持事件响应和交互功能的一种动画，动画在播放时不是从头播到尾，而是可以接受用户的控制。

8.2 ActionScript 3.0 的新增功能

核心语言定义编程语言的基本构成块，例如，语句、条件、表达式、循环和类型。

核心语言的动作面板借助为常见操作、动画和多点触控手势等预设的便捷代码片段，加快项目完成速度。这也是一种学习 ActionScript 3.0 的更简单的方法。

ActionScript 3.0 报告的错误情况比早期的 ActionScrpt 1.0&2.0 版本多。运行时经常用于常见的错误情况，可改善调试体验并使用户能够开发处理错误的应用程序。运行错误可提供带有源文件和行号信息注释的堆栈跟踪，以便能快速定位错误。

运行时的类型信息在运行时保留，保留的这些信息用于运行时的类型检查，改善系统的类型安全性。类型信息还可用于以本机形式表示变量，这样提高了性能，减少了内存使用量。密封类只能拥有在编译时定义的一组固定的属性和方法，不能添加其他属性和方法。由于不能在运行时更改类，使得编译时检查更严格，因此开发的程序更可靠。默认情况下，ActionScript 3.0 中的所有类都是密封的，但可以使用 dynamic 关键字将其声明为动态类。ActionScript 3.0 使用闭包方法可以自动记起它的原始对象实例，此功能对于事件处理非常有用。

ActionScript 3.0 实现了 ECMAScript for XML（E4X），最后被标准化为 ECMA-357。E4X 提供一组用于操作 XML 的自然流畅的语言构造。E4X 通过大大减少所需代码的数量来简化操作 XML 的应用程序的开发。ActionScript 3.0 实现了对正则表达式的支持。命名空间使用统一资源标识符（URI）以避免冲突，而且在使用 E4X 时，还用于表达 XML 命名空间。ActionScript 3.0 包含 3 种新基元素类，数值类型：Number、int 和 uint。Number 表示双精度浮点数；int 类型表示一个带符号的 32 位整数，它可充分利用 CPU 快速处理整数数学运算的能力，int 类型对使用证书循环计数器和变量都非常有用。uint 类型是无符号的 32 位整数类型，可用于 RGB 颜色值、字节计数和其他方面。

ActionScript 3.0 编辑器借助内置 ActionScript 3.0 编辑器提供的自定义类代码提示和代码完成功能，简化开发作业，有效地参考本地或外部的代码库。

ActionScript 3.0 中 API DOM3 事件模型，是文档对象模型级别。（DOM3）提供一种生成和处理事件消息的标准方式。这种事件模型的设计允许应用程序中的对象进行交互、通信、维持其状态以及响应更改。ActionScript 3.0 事件模型的模式遵守万维网联合会 DOM3 事件规范，比早期的更清楚、更有效。显示列表 API，API 由使用可视元素的类组成。Sprite 类是一个轻型构建基块，被设计为可视元素（如用户界面组建）的基类。Shape 类是表示原始的矢量形状。可以使用 new 运算符实例化这些类，并可以随时重新指定其父类；深度管理是自动进行的；提供了用于指定和管理对象的堆叠顺序的方法。

8.3 ActionScript 3.0 常用术语

动作脚本可以由单一的动作组成，如设置动画播放或停止的语言；也可以由复杂的动作组成，如设置先计算条件再执行的动作。ActionScript 3.0 常用术语和其他动作脚本语言一样，使用自己的术语。

下面对重要的 ActionScript 3.0 术语以及与使用 ActionScript 3.0 进行编程有关的术语进行介绍。

（1）Actions（动作）：用于控制影片播放的语句。

例如：gotoAndPlay（转到指定的帧播放动画）动作将会播放动画的制定帧。

（2）Classes（类）：用于定义新的对象类型。

若要定义类，必须在外部脚本文件中使用 Class 关键字，而不是在"动作"面板编写的脚本中使用关键字。

（3）Constants（常量）：是个不变的元素。

例如：常数 Key.tab 的含义始终不变，它代表<Tab>键。

（4）Constructors（构造函数）：用于定义一个类的属性和方法。"构造函数"是类定义中与类同名的函数。

例如：以下代码定义一个 Circle 类，并实现一个构造函数。

```
//文件Circle.as
Class Circle{
Private var radius:Number
Private var circumference:Number
//构造函数
Function Circle(radius:Number){
  Circumference=2*Math.PI*radius;}
}
```

（5）Data types（数据类型）：用于描述变量或动作脚本元素可以包含的信息种类。

（6）Events（事件）：在动画播放时发生的动作。

（7）Expressions（表达式）：具有确定值的数据类型的任意合法组合，由运算符和操作数组成。

（8）Functions（函数）：可重复使用的代码块，它可以接受参数并返回结果。

（9）Identifiers（标识符）：用于标识一个变量、属性、对象、函数或方法。

（10）Instances "实例"：一个类初始化的对象。每一个类的实例都包含了这个类中所有属性和方法。

（11）Instance names（实例名）：脚本中用于表示影片剪辑实例和按钮实例的唯一名称。可以用"属性"面板为舞台上的实例制定实例名称。

例如："库"中的主元件可以名为 counter，而 SWF 文件中该元件的两个实例可以使用实例名称 scorePlayer1_mc 和 scorePlayer2_mc。下面的代码可以用实例名称设置每一个影片剪辑实例中名为 score 的变量。

```
_root.scorePlayer1_mc+=1;
_root.scorePlayer2_mc-=1;
```

（12）Keywords（关键字）：有特殊意义的保留字。

例如：var 是用于声明本地变量的关键字。不能使用关键字作为标识符，var 不是合法的变量名。

（13）Methods（方法）：与类关联的函数。

例如：getBytesLoaded()是与 Movie 类关联的内置方法。也可以为基于内置类的对象或基于创建类的对象，创建充当方法的函数。

在以下代码中，clear()称为先前定义的 controller 对象的方法。

```
Function reset(){
this.x_pos=0;
this.y_pos=0;
}
Controller.clear=reset;
Controller.clear();
```

（14）Objects（对象）：一些属性的集合。每一个对象都有自己的名称，并且都是特定类的实例。

（15）Operators（运算符）：通过一个或多个值计算新值。

例如：加法运算符可以将两个或更多个值相加到一起，从而产生一个新值。运算符处理的值称为操作数。

（16）Parameters（参数）：用于向函数传递值的占位符。

例如：

```
Function display(text1,text2){
Display Text=text2+"my baby"+text2
```

（17）Properties（属性）：用于定义对象的特性。

（18）Target paths（目标路径）：动画文件中，影片剪辑实例、变量和对象的分层结构地址。可以在"属性"面板中为"影片剪辑"对象命名，主时间轴的名称在默认状态下为_root。可以使用"目标路径"控制影片剪辑对象的动作或得到和设置某一个变量的值。

例如：下面的语句是指向影片剪辑 stereoControl 内的变量 volume 的目标路径。

```
_root.stereoControl.volume
```

（19）Variables（变量）：用于存放任何一种数据类型的标识符，可以定义、改变和更新变量，也可在脚本中引用变量的值。

例如：在下面的示例中，等号左侧的标识符是变量

```
var x =10;
var name="Lolo";
var c_color=new Color(mcinstanceName);
```

8.4　ActionScript 3.0 常用语法规则

要使 ActionScript 3.0 语句能够正常运行，就必须按照正确的语法规则进行编写。

8.4.1　区分大小写

在动作脚本中的语句除了关键字区分大小写外，其他 ActionScript 3.0 语句大小写可以混用，但根据书写规范进行输入，可使 ActionScript 3.0 语句更容易阅读。

对于关键字、类名、变量、方法名等，要严格区分大小写。如果关键字的大小写出现错误，在编写程序时就会有错误信息提示。如果采用了彩色语法模式，正确的关键字将以深蓝色显示。

8.4.2　点运算符

在动作脚本中的语句，点"."用于指示与对象相关的属性或方法。通过点语法可以引用类的属性或方法。

例如：

```
var Company:Object={};        //新建一个空对象，将其引用赋值给变量 Company
Company.name="企鹅";          //新增一个属性 name，将字符串"企鹅"赋值给它
Trace(Company.name);          //输出"企鹅"
```

8.4.3 界定符

在 ActionScript 3.0 中大括号"{}"、小括号"( )"和分号";"各有其用。

1. 大括号

动作脚本中的语句可被大括号包括起来组成语句块，用于将代码分成不同的块。

例如：

```
Var a:int = 5;          //声明一个 int 型变量 a 并为其赋值 5
If(a>0){                //如果 a 大于 0
  Trace("正数");         //输出"正数"
}else{                  //否则
  Trace("负数");         //输出"负数"
}
```

2. 小括号

通常用于放置使用动作时的参数，在定义或调用函数时都要使用小括号。

例如：

```
Trace("读者你好！");    //输出"读者你好！"
```

调用函数时，需要被传递的参数也必须放在小括号内。可以使用小括号改变动作脚本的优先顺序或增强程序的易读性。

3. 分号

在动作脚本中语句的结束处添加分号，表示该语句结束。虽然不添加分号也可以正常运行语句，但使用分号可以使语句更易于阅读。

8.4.4 注释

在语句的后面添加注释有助于用户理解动作脚本的含义，以及向其他开发人员提供信息。添加注释的方法是先输入两个斜杠"//"，然后输入注释的内容即可。注释以灰色显示，长度不受限制，也不会影响语句的执行。

例如：

```
Public Function myDate(){             //创建新的 Date 对象
Var myDate:Date=new Date();
CurrentMonth=myDate.getMonth();       //将月份数转换为月份名称
monthName=calcMonth(currentMonth);
year=myDate.getFullYear();
currentDate=myDate.getDate();
}
```

8.4.5 关键字和标识符

现实生活中，所有事物都有自己的名字，从而与其他事物区分开。在程序设计中，也常常用一个记号对变量、方法和类等进行标识，这个记号就成为标识符。动作脚本保留一些单词用于该语言总的特定用途，因此不能将它们用作变量、函数或标签的名称。如何在编写程序的过程中使用关键字，动作编辑框中的关键字会以蓝色显示。为了避免冲突，在命名时可以展开动作工具箱中的 Index 域，检查是否使用了已定义的名字。

标识符的命名需要符合一定的规范，在语言中，标识符的第一个字符必须为字母、下画线或美元符号，后面的字符可以是数字、字母、下画线或美元符号。

8.5 数据与运算

数据是一切编程语言的基石。在 ActionScript 3.0 中的所有数值，比如 MovieClip 的帧数、舞台的大小及视频播放的状态，都是通过数据来描述的。在 ActionScript 3.0 中所有的数据都是对象。我们给数据起了各种各样的名字，这些名字就是通常所说的变量。通过变量来调用数据。

那么数据到底是什么？有哪些类型？变量又是怎样与数据发生联系的？

8.5.1 常量

常量是程序运行过程中数值恒定不变的量。在 ActionScript 3.0 中可以使用 const 关键字进行声明，并且常量只能在声明时直接赋值。一旦赋值，就不再改变。使用 ActionScript 3.0 编程时，建议能使用常量的就尽量使用常量。

"常量"声明格式为：

```
const 常量名: 数据类型 = 值
```

例如：const count:int = 20;在程序运行时，count 的值始终是 20。如果用户中心为 count 赋值，则编译器会报错。

8.5.2 变量

1. 变量定义

变量是为了存储数据而创建的。变量就像是一个容器，用于容纳各种不同类型的数据。当然对变量进行操作，变量的数据就会发生改变。

变量必须要先声明后使用，否则编译器就会报错。比如，现在要去喝水，那么首先要有一个杯子，要声明"变量"的原因与此相同。

注意：计算机中的数据可分为常量与变量。变量在程序执行中可以变化；常量在程序执行中保持不变。

在 ActionScript 3.0 中，使用 var 关键字来声明变量。格式如下：

```
var 变量名: 数据类型;
var 变量名: 数据类型=值;
```

注意：要声明一个初始值，需要加上一个等号病在其后输入相应的值，但值的类型必须和前面的数据类型一致。

2. 变量命名规则

变量的命名既是任意的，又是有规则的。变数的命名首先要遵循下面的几条原则：

（1）它必须是一个标识符。第一个字符必须是字母、下画线（_）或美元记号（$）。其后的字符必须是字母、数字、下画线或美元记号。不能使用数字作为变量名称的第一个字符。

（2）它不能使关键字或动作脚本文本，如 true、false、null 或 undefined。特别不能使用 ActionScript 3.0 的保留字，否则编译器会报错。它在其范围内必须是唯一的，不能重复定义。

3. 变量类型

在使用变量之前，应先制定存储数据的类型，数值类型将对变量产生影响。

在 Flash CS6 中，系统会在给变量赋值时自动确定变量的"数据类型"。

（1）字符串变量：该变量主要用于保存特定的文本信息，如姓名。

（2）对象性变量：用于存储对象型的数据。

（3）逻辑变量：用于判定指定的条件是否成立；其值有两种，true 和 false。true 即是真，表示条件成立，false 即是假，表示条件不成立。

（4）数值型变量：一般用于存储特定的数值，如日期、年龄。

（5）电影片段变量：用于存储电影片段类型的数据。

（6）未定义型变量：当一个变量没有赋予任何值的时候，即为未定义型变量。

4. 变量的作用域

变量的作用域是指变量能被识别和应用的区域。根据变量的作用可以将它分为全局变量和局部变量。

（1）全局变量

全局变量是指在代码的所有区域中定义的变量。全局变量在函数定义的内部和外部均可使用。例如：

```
var cj: String="ahxhnet";
Function test ( )
{
    trace(cj);
}
//cj 是在函数外部声明的全局变量
```

（2）局部变量

局部变量是指仅在代码的某部分定义的变量。在函数内部声明的局部变量仅存在于该函数中。例如：

```
Function localScope ( )
{
    var cj1: String="local";
}
//cj1 是在函数外部声明的局部变量
```

8.5.3　数据类型

ActionScript 3.0 和其他面向对象语言一样，它的数据类型也分为"基元数据类型"和"复杂数据类型"。这两种数据类型不仅仅是概念上的区分，在使用方式上也不一样。

"基元数据类型"是在编程时要频繁使用的"数据类型"。比如，数字、文字、条件真假，这是语言的结构构成单元。

掌握 ActionScript 3.0 程序的一些基本结构，以便养成正确书写和阅读 ActionScript 3.0 程序的习惯。下面介绍一些基本的数据类型。

1. 布尔类型

布尔类型（Boolean）包含量个值：true 和 false。对于 Boolean 类型的变量，其他任何值都是无效的。已经声明但尚未初始化的布尔变量默认值是 false。

2. 字符串类型

字符串类型可以使用单引号和双引号来声明字符串，也可以使用 String 的构造函数来生成。

3. Number 数据类型

"Number 数据类型"是双精度浮点数。数字对象的最小值大约为 5E-324，最大值约为 1.79E+308。

4. Null 数据类型

Null 数据类型只有一个值，即 null，此值意味着没有值，即没有数据。在很多情况下，可以指定 null 值，以指示某个属性或变量尚未赋值。

例如，可以在一下情况指定 null 值：

（1）表示变量存在，但尚未接收到值。

（2）表示变量存在，但不再包含值。

（3）作为函数的返回值，表示函数没有可以返回的值。

（4）作为函数的参数，表示省略了一个参数。

复杂数据类型是相对于基元数据类型而言的。简单的复杂数据类型，往往是由基元数据类型构成的。例如，array（数组），可以直接由一些数字（或字符串）组成。更高级一点的复杂数据类型，其组成元素也是复杂数据类型。

经常用到的 ActionScript 3.0 复杂数据类型有 array、date、error、function、regexp、xml 和 xmllist。我们自己定义的类也全部属于复杂数据类型。

8.5.4 运算符

运算符是用于执行计算的特殊符号，它们具有一个或者多个操作数并返回相应的值。其中，操作数是指被运算符用来输入的值，如"常量""变量"或"表达式"。"运算符"主要被分为"算术运算符""比较运算符""逻辑运算符""赋值运算符""按位运算符"。

1. 算术运算符

算术运算符共有 6 个，分别为加、减、乘、除、取模运算和加 1 运算。加、减、乘、除的运算很简单，如下面的示例代码：

```
var a=1;
var b=2;
trace(a+b);
trace(a*b);
trace(a/b);
trace(a-b)
```

常见的算术运算符如表 8-1 所示。

表 8-1 算术运算符

运 算 符	符 号 说 明
+	加法运算
−	减法运算
*	乘法运算
/	除法运算
%	取模运算
+ +	加 1 运算

2. 比较运算符

比较运算符用于比较两个操作数的值的大小关系。常见的"比较运算符"一般分为两类：一类用于判断大小关系；一类用于判断相等关系。

比较运算符及符号说明如表 8-2 所示。

表 8-2　比较运算符

运　算　符	符　号　说　明
>	大于运算
<	小于运算
> =	大于等于运算
< =	小于等于运算
= =	等于运算
! =	不等于运算

3. 逻辑运算符

逻辑运算符常用于逻辑运算，运算结果为 Boolean 类型。

逻辑运算符及符号说明如表 8-3 所示。

表 8-3　逻辑运算符

运　算　符	符　号　说　明
!	取反运算
&&	与运算
| |	或运算

4. 赋值运算符

赋值运算符有两个操作数，它根据一个操作数的值对另一个操作数进行赋值操作。ActionScrip 3.0 中的"赋值运算符"有 12 个，如表 8-4 所示。

表 8-4　赋值运算符

运　算　符	符　号　说　明
=	赋值
* =	乘法赋值
/ =	除法赋值
%=	求模赋值
+=	加法赋值
− =	减法赋值
<<=	按位向左移位赋值
>>=	按位向右移位赋值
>>>=	按位无符号向右移位赋值
& =	按位"与"赋值
^ =	按位"异或"赋值
| =	按位"或"赋值

5. 按位运算符

按位运算符共有 6 个，如表 8-5 所示。

表 8-5　按位运算符

运　算　符	符　号　说　明
&	按位"与"
^	按位"异或"
|	按位"或"
<<	按位左移位
>>	按位右移位
>>>	按位无符号右移位

按位操作需要把十进制数转换为二进制数，然后进行操作。

8.6　事　件

在使用 Flash 设计交互程序时，"事件"是基础的一个概念。所谓"事件"，就是软件或者硬件发生的事情，它需要应用程序有一定的响应。

一般情况下，在以下几种情况下会产生"事件"：

（1）当某个影片剪辑载入或卸载时。

（2）当在时间轴上播放到某一帧时。

（3）当单击某个按钮或按下键盘上的某个键时。

8.6.1　鼠标事件

鼠标事件即鼠标与用户的交互。而与鼠标交互所发出的事件是鼠标事件对象，属于 MouseEvent 类。

鼠标事件共有以下几种：

（1）单击：MouseEvent.click（单击）

MouseEvent.couble_click（双击）

（2）按键状态：MouseEvent.mouse_down

MouseEvent.mouse_up

（3）鼠标悬停或移开：MouseEvent.mouse_over

MouseEvent.mouse_out

MouseEvent.roll_over

MouseEvent.roll_out

（4）鼠标移动：MouseEvent.mouse_move

（5）鼠标滚轮：MouseEvent.mouse_wheel

这几种事件，其中除了 roll_over 和 roll_out 以外，其余都是可以冒泡的。鼠标事件对象大同小异。鼠标事件对象拥有一系列非常实用的实例属性。除去不太常用的 delta 属性和 related Object 属性，剩下的属性可以分为两类：

（1）当前鼠标的坐标：相对坐标 local X、local Y；舞台坐标 stage X、stage Y。

（2）相关按键是否按下，Boolean 类型；alt key、ctrl key、shift key、button down 鼠标主键，一般情况为左键。

在 ActionScrip 3.0 中这些鼠标事件对象（MouseEvent 对象）实用的属性给编程省去了许多麻烦。比如，提供了事件发生时的鼠标坐标，而且既提供了舞台坐标，也提供了相对父容器的坐标，可按需选择，不要多余的坐标转换。

8.6.2　关键帧事件

将动作脚本添加到"关键帧"上时，只需选中"关键帧"，然后在"动作"面板中输入相关动作脚本即可，添加动作脚本后的"关键帧"会在上面出现一个 α 符号，如图 8-1 所示。

图 8-1　关键帧添加动作脚本

注意：只能为主时间轴或影片剪辑内的关键帧添加脚本，不能为图形元件和按钮实例内的关键帧添加脚本。

8.6.3　影片剪辑事件

在"影片剪辑"和"按钮"实例上添加动作脚本时，需要选择"选择工具"，选中舞台上的实例，然后在"动作"面板中为其添加脚本。

要控制动画播放，为相关对象取一个名称是必需的，然后还要确定它们的位置，即路径，这样才能明确动作脚本是设置给谁的。

1. 实例名称

这里所指的"实例"包括"影片剪辑实例""按钮元件实例""视频剪辑实例""动态文本实例"和"输入文本实例"，它们是 Flash CS6 动作脚本面板的对象。

要定义实例的名称，只需选择"选择工具"选中舞台上的实例，然后在"属性"面板中输入名称即可，如图 8-2 所示。

图 8-2　实例的"属性"面板

注意：在动画中，每个实例名称都是唯一的，不要为两个或两个以上的实例定义相同的名称，否则动作脚本在执行时容易出现错误。

2. 绝对路径

使用"绝对路径"时，不论在哪个影片剪辑中进行操作，都是从"场景"的"时间轴"出发，到影片剪辑实例，再到下一级的影片剪辑实例，一层一层地往下寻找，每个影片剪辑实例之间用"."分开。

假设在场景的时间轴舞台上有一个影片剪辑实例名称为 H，在 H 实例中包含了一个影片剪辑实例 H1，在 H1 实例中还包含了一个影片剪辑实例 H2。

要对 H2 实例添加 play();语句，应输入一下动作脚本：

```
_root.H.H1.H2.play();
```

要对 H 实例添加 play();语句，应输入以下动作脚本：

```
_root.H.play();
```

3. 相对路径

相对路径是以当前实例为出发点，来确定其他实例的位置。

比如，用户以影片剪辑实例 H1 为例，为其添加 stop();语句。

在 H1 影片剪辑中，对它本身进行操作的动作脚本为：

```
this.stop();
```

对 H 实例进行操作，因为 H1 是它的上一级（父级），所以动作脚本为：

```
_parent.stop();
```

对 H2 的操作，因为 H2 是它自己，所以动作脚本为：

```
this.H2.stop();或者H2.stop();
```

8.7 函　　数

"函数"在程序设计过程中，是一个革命性的创新。在 ActionScript 3.0 中，函数使用一个动作脚本的代码块，可以在任何位置重新使用，就减少了代码量。利用函数编程，可以避免杂乱的代码；利用函数编程，可以重复利用代码，提高程序效率；利用函数编程，可以便利地修改程序，提高编程效率。函数常用于复杂和交互性较强的动作制作中。函数的准确定义为：执行特定任务，并可以在程序中重用的代码块。

8.7.1　使用函数

每个函数都具有自己的特性，而且某些"函数"需要传递特定的值。

1. 调用内置函数

内置函数是执行特定任务的函数，可用于用户访问特定的信息。

在 ActionScript 3.0 中，在"动作"面板中单击"将新项目添加到脚本中"按钮，然后打在打开的"顶级"子菜单中可以找到"内置函数"。其中，属于对象的"函数"称为方法，不属于对象的函数则为顶级函数。某些函数需要用户给定相关参数，如果传递的参数多于"函数"的需要，多余的值将被忽略；如果没有传递必需的参数，则该参数被制定为 undefined，这可能会导致错误。

在调用内置函数时，必须把内置函数放在播放头到达的帧内。

2. 向函数传递参数

参数是某些函数执行其代码所需要的元素。

例如：以下函数使用了参数 initials 和 finalScore。

```
function fillOutScorecard(initials, finalScore){
scorecard.display=initials;
scorecard.score=finalScore;
}
```

当调用"函数"时，所需的参数必须传递给"函数"。"函数"会使用传递的值替换函数定义中的参数。例如：

```
fillOutScorecard("JEB",25000)
```

参数 initials 在函数 fillOutScorecard()中就像一个本地变量，它只有在调用该函数时存在，当该函数退出时，该参数也将停止。如果在函数调用时省略了参数，则省略的参数将被传递 undefined 类型值。如果在调用函数时提供了多余参数，多余的参数将被忽略。

3. 从函数返回值

使用 return 语句可以从函数中返回值。return 语句将停止函数运行并使用 return 语句的值替换它。在函数中使用 return 语句时要遵循以下几个规则：

（1）如果为函数指定除 void 之外的其他返回类型，则必须在函数中加入一条 return 语句。

（2）如果指定返回类型为 void，则不应加入 return 语句。

（3）如果不指定返回类型，则可以选择是否加入 return 语句。如果不加入该语句，将返回一个空字符串。

例如，以下函数返回参数 x 的平方，并且指定了返回值的类型为 number。

```
function sqr (x):number{
return x * x;
}
```

有些函数只执行一些类的任务，但不返回值。例如，以下函数只是初始化一些类全局变量。

```
function initialize(){
boat_x=_global.boat._x;
boat_y=_global.boat._y;
car_x=_global.car._x;
car_y=_global.car._y;
}
```

8.7.2 自定义函数

在 ActionScript 3.0 中使用函数语句和函数表达式两种方法可以自定义函数。若采用静态或严格模式的编程，则应使用函数语句来定义函数；若采用动态编程或标准模式的编程，则应使用函数表达式定义函数。一旦定义了函数，就可以从任何一个时间轴中调用它，包括加载的 SWF 文件的时间轴。

1. 自定义函数基础

用户可以把执行自定义功能的一系列语句定义为一个函数。该函数可以有返回值，也可以从任意一个时间轴中调用它。

"函数"就像"变量"一样，被附加在定义它们的影片剪辑时间轴上。用户必须使用目标路径才能调用它们。此外，用户可以使用_global 标识符声明一个全局函数，全局函数可以在所有时间轴中被调用，而且不必使用目标路径，这和变量很相似。

要定义全局函数，可以在函数名称前面加上标识符_global。例如：

```
_global.myFunction=functiong (x){
return (x*2)+3;
}
```

要定义时间轴函数，可以使用 function 动作，后接函数名、传递给该函数的参数，以及指示该函数功能的 ActionScript 语句。

例如：

```
function areaofCircle(radius){
return Math.PI * radius * radius;
}
```

一旦定义了函数，就可以从任意一个时间轴中调用它。如果它包含了详细的输入、输出等信息，那么使用该函数的用户就不需要太多理解它的内部工作原理。

2. 调用自定义函数

用户可以使用目标路径从任意时间轴中调用任意时间轴内的函数。如果函数是使用 _global 标识符声明的，则无须使用目标路径即可调用它。

要调用自定义函数，可以在目标路径中输入函数名称，有的自定义函数需要在括号内传递所有必需的参数。

例如，以下语句中，在时间轴上调用影片剪辑 MathLib 中的函数 sqr()，其参数为 3，最后把结果存储在变量 temp 中：

```
var temp=_root.MathLib.sqr(3);
```

在调用自定义函数时，可以使用绝对路径或相对路径。

（1）使用绝对路径调用函数。利用绝对路径调用 initialize() 函数，该函数是在场景的时间轴上定义的，不需要参数。

```
_root.initialize();
```

（2）使用相对路径调用函数。利用相对路径调用 list() 函数，该函数是在 functionsClip 影片剪辑中定义的。

```
_parent.functionsClip.list(6);
```

8.8　动画的跳转

8.8.1　循环语句的使用

循环类的动作主要控制一个动作重复的次数，或者在特定的条件成立时重复动作。在 Flash CS6 中可以使用 while、do...while、for 和 for...in 动作创建循环。

1. while 循环

如果用户要在条件成立时重复动作，可使用 while 语句。

while 循环语句可以获得一个表达式的值，如果表达式的值为 true，则执行循环体中的代码。在主体中的所有语句都执行之后，表达式将再次被取值。

例如：以下代码将执行 4 次循环。

```
I=4;
while(var I > 0){
my_mc.duplicateMovieClip("newMC" + i.i);
i--;
}
while 循环语句调用格式如下：
while(condition){
Statement(s);
}
```

其中，参数 condition 指每次执行 while 动作时，都要重新计算的表达式；statement(s) 指条件计算结果为 true 时要执行的命令。

2. do...while 语句

使用 do...while 语句可以创建与 while 循环相同类型的循环。在 do...while 循环中，表达式在代码块的最后，这意味着程序将在执行代码块之后才会检查条件，所以无论条件是否满足循环都至少会执行一次。

3. for 语句

如果用户要使用内置计数器重复动作，可使用 for 语句。

多数循环都会使用计数器以控制循环执行的次数。每执行一次循环就称为一次迭代，用户可以声明一个变量并编写一条语句，每执行一次循环，该变量都会增加或减小。在 for 动作中，计数器和递增计数器的语句都是该动作的一部分。

例如：在以下代码中，第一个表达式（var i = 4）是在第一次的迭代之前计算的初始表达式；第二个表达式（i > 0）是每次运行循环之前检查的条件；第三个代表（i--）称为后表达式，每次运行循环之后才会计算该表达式。

```
for (var i=4; i>0; i--) {
myMC.duolicateMovieClip("newMC" + i, i+10);
}
```

注意：在实际脚本编辑过程中，有时 for 语句也可以用 if...else 语句来代替，但是 for 语句要显得精练。

4. for...in 语句

使用 for...in 循环可以循环访问对象属性或者数组元素（不按任何特定的顺序来保存对象的属性，因此属性可能以看似随机的顺序出现）。

例如：以下的代码中使用的 trace 语句在"输出"面板中显示其结果。

```
var myArray:Array = ["1","2","3"];
for (var i:String in myArray)
{
trace(myArray[i]);
}
//输出;
// 1
// 2
// 3
```

5. for each...in 语句

for each...in 循环用于循环访问集合中的项目，它可以是对象中的标签、对象属性保存的值或数组元素。

例如：可以使用 for each...in 循环来循环访问通用对象的属性，但是与 for...in 循环不同的是，for each...in 循环中的迭代变量包含属性所保存的值，而不包含属性的名称。

```
var myObject:Object= {x:10,y:20};
for each (var num in myObject)
{
trace(num);
}
//输出:
//10
//20
```

如果要循环访问 XML 或 XMLList 对象，可以参考下面的示例：

```
var myXML:XML=<users>
<fname>Jane</fname>
<fname>Susan</fname>
<fname>John</fname>
```

```
</users>;
for each (var item in myXML.fname)
{
    trace(item);
}
/*输出
Jane
Susan
John
*/
```

如果要循环访问数组中的元素，可以参考下面的示例：

```
var myArray:Array=["1","2","3"];
for each (var item in myArray)
{
    trace(item);
}
//输出;
// 1
// 2
// 3
```

注意：如果对象是密封类的实例，那么将无法循环访问该对象的属性。即使对于动态类的实例，也无法循环访问任何固定属性。

8.8.2 条件语句的使用

条件语句用于决定特定情况下才执行命令，或者针对不同的条件执行具体操作。ActionScript 3.0 提供了 3 个基本条件语句。

1. if...else 控制语句

if...else 控制语句是一个判断语句。该语句的调用格式有如下 3 种：

（1）格式 1：if(condition1){statement(s1);}

（2）格式 2：if(condition1){statement(s1);}else{statement(s2);}

（3）格式 3：if(condition1){statement(s1);}else if(condition2){statement(s2);}

其中，参数 condition1、condition2 是计算结果为 true 或 false 的表达式；statement(s1)是在条件 condition1 的计算结果为 true 的情况下执行的语句，statement(s2)是在条件 condition2 的计算结果为 true 的情况下执行的语句。

2. if...else if 控制语句

if...else if 条件语句可以用来测试多个条件。

例如：下面的代码不仅测试 x 的值是否超过 20，而且还测试 x 的值是否为负数。

```
if(x>20)
{
trace("x is>20");
}
else if(x<0)
{
    trace("x is negative");
}
```

如果 if 或 else 语句后面只有一条语句，则无须大括号括起后面的语句。

例如：下面的代码不适用大括号。

```
if(x>0)
trace("x is positive");
else if (x<0)
trace("x is negative");
else
trace("x is 0");
```

但是，在实际编程过程中应尽量使用大括号，因为以后在缺少大括号的条件语句中添加语句时，可能会出现意外的行为。

例如：在下面的代码中，无论条件的计算结果是否为 true，positiveNums 的值总是按 1 递增。

```
var x:int;
var positiveNums:int=0;
if(x>0)
trace("x is positive");
positiveNums++;
trace(positiveNums);//1
```

3．switch...case 控制语句

switch...case 控制语句是多条件判断语句，也是创建 ActionScript 语句的分支结构。像 if 动作一样，switch 动作测试一个条件，并在条件返回 true 值时执行语句。

switch...case 控制语句调用格式如下：

```
switch(expression){
    caseClause:
    [defaultClause:]
}
```

其中各参数说明如下：

（1）expression 为任何表达式。

（2）caseClause 为一个 case 关键字，其后跟有一个表达式、冒号和一组语句，如果在使用全等（==）的情况下，此处的表达式与 switch 的 expression 参数相匹配，则执行这组语句。

（3）defaultClause 为一个 default 关键字，其后跟有一组语句，如果 case 表达式都不与 switch 的 expression 参数全等（==）匹配时，将执行这些语句。

例如：在下面的代码中，如果 number 参数的计算结果为 1，则执行 case1 后面的 trace()动作；如果 number 参数的计算结果为 2，则执行 case2 后面的 trace()动作，依此类推；如果 case 表达式与 number 参数都不匹配，则执行 default 关键字后面的 trace()动作。

```
switch (number){
case 1:
trace("case 1 tested true");
break;
case 2:
trace("case 2 tested true");
break;
case 3:
trace("case 3 tested true");
break;
```

```
default:
trace("no case tested true")
}
```

上面的代码几乎每一条 case 语句用都有 break 语句，用户在使用 switch...case 语句时，必须要明确 break 语句的功能。

8.9　编写动作脚本

动作脚本使 Flash 具有强大交互功能的灵魂所在。它是一种编程语言，Flash CS6 有两种版本的动作脚本语言，分别是 ActionScript 1.0&2.0 和 ActionScript 3.0。通过对按钮、影片、帧等的对象添加 ActionScript 3.0 脚本，可以使 Flash 动画呈现特殊的效果或实现特定的交互功能。

8.9.1　动作面板

选择"窗口"→"动作"命令（快捷键<F9>），可以打开"动作"面板。"动作"面板的左上方为"动作工具箱"，左下方为"对象窗口"，右上方为"脚本导航器"，右下方为"脚本窗口"，如图 8-3 所示。

1. 动作工具箱

"动作工具箱"中显示了包含语句、函数、操作符等各种类别的文件夹。单击文件夹即可显示出动作语句，双击动作语句可以将动作语句添加到脚本窗口中，或者直接将它拖动到脚本窗口中。

"动作工具箱"的项目分类，并且还提供字母顺序排列的索引，单击"动作工具箱"最下方的"索引"，就可以看到首先是运算符，然后是按字母顺序排列的命令，如图 8-4 所示。

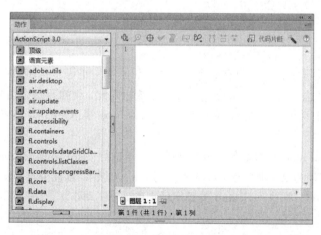

图 8-3　"动作"面板

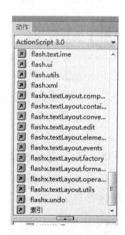

图 8-4　动作工具箱

2. 脚本窗口

在"脚本窗口"中可以输入制作动画过程中需要的代码。除了可以在动画工具箱中通过双击语句的方式在脚本窗口中添加动作脚本外，还可以在这里直接用键盘进行输入。

3. 脚本导航器

单击"脚本导航器"中的某一项，与该项关联的脚本将显示在脚本窗口中，并且"播放头"将移到时间轴上相应的位置。双击"脚本导航器"中的某一项可固定脚本，即将其固定在当前位置。

下面介绍"脚本导航器"中的一些常用工具的按钮：

- "将新项目添加到脚本中" ⊞：显示语言元素，这些元素也显示在"动作工具箱"中。通过该按钮选择要添加到脚本中的项目。
- "查找" ♫：查找并替换脚本中的文本。
- "插入目标路径" ⊕：为脚本中的某个动作设置绝对或相对目标路径（仅限"动作"面板）。
- "语法检查" ✔：检查当前脚本中的语法错误。语法错误列在"输出"面板中。
- "自动套用格式" ▤：设置脚本的格式以实现正确的编码语法和更好的可读性。
- "显示代码提示" ⊡：如果已经关闭了自动代码提示，可使用"显示代码提示"来显示正在处理的代码行的代码提示。
- "调试选项" ⅍：仅限"动作"面板设置和删除断点，以便在调试时可以逐行执行脚本中的每一行。
- "折叠成对大括号" ⅀：对出现在当前包含插入点的成对大括号或小括号间的代码进行折叠。
- "折叠所选" ▥：折叠当前所选的代码块。
- "展开全部" ▤：展开当前脚本中所有折叠的代码块。
- "应用块注释" ▣：将注释标记添加到所选代码块的开头和结尾。
- "应用行注释" ▣：在插入点处或所选多行代码中每一行的开头处添加单行注释标记。
- "删除注释" ▣：从当前行或当前选择内容的所有行中删除注释标记。
- "显示/隐藏工具箱" ▣ 代码片断：显示或隐藏动作工具箱。
- "脚本助手" ◥：在"脚本助手"模式中，将显示一个用户界面，用于输入创建脚本所需的动作脚本（仅限"动作"面板）。
- "帮助" ⊙：显示脚本窗口中所选动作脚本的参考信息。

8.9.2 使用动作面板添加动作

在 Flash CS6 中，用户可以将动作脚本添加在"关键帧""影片剪辑实例"和"按钮实例"上。

选择"窗口"→"动作"命令，打开"动作"面板，控制动画的播放和停止所使用的动作脚本如下：

1. on

事件处理函数，制定触发动作的鼠标事件或按键事件。例如：

```
on(press){
}
```

此处的 press 代表发生的事件，可以将 press 替换为任意一种对象事件。

2. play

用于使动画从当前的帧开始播放。例如：

```
on(press){
play();
}
```

3. stop

用于停止当前正在播放的动画，并使播放头停留在当前帧。例如：

```
on(press){
stop ();
}
```

4. addEventListener()

用于添加事件的方法。例如：

```
所要接收事件的对象. addEventListener(事件类型.事件名称,事件响应函数的名称);
{
//此处是为响应的事件所要执行的动作
}
```

8.10 项目实战一 浏览图片

8.10.1 项目实战描述与效果

- 素材：Flash CS6\项目 8\素材\浏览图片。
- 源文件：Flash CS6\项目 8\源文件\浏览图片。

1. 项目实战描述

本项目主要结合工具箱中的工具来绘制图形元件，使用"创建传统补间"命令制作动画，使用动作面板添加脚本语言。"浏览图片"知识点分析如表 8-6 所示。

表 8-6 "浏览图片"知识点分析

知　识　点	功　　能	实　现　效　果
按钮元件的创建及修改	能够通过多种方法灵活地创建按钮元件	
掌握 ActionScript 3.0 的编辑方法，动作面板的应用	掌握添加动作脚本的方法，最终达到鼠标跟随的动画效果	

2. 项目实战效果

最终作品效果如图 8-5 所示。

图 8-5 浏览图片最终效果

8.10.2 项目实战详解

1. 制作元件

（1）选择"文件"→"新建"命令，在弹出的"新建文档"对话框中选择 ActionScript 3.0，将"宽"选项设为 600，"高"选项设为 400，将"背景颜色"选项设为灰色（#999999），（见图 8-6），改变舞台的大小和颜色。

（2）打开"库"面板，选择"文件"→"导入"→"导入到库"命令，在弹出的"导入到库"对话框中选择"Flash CS6\项目 8\素材\浏览图片"文件夹中所有图片，单击"打开"按钮，文件被导入到"库"面板中，如图 8-7 所示。

图 8-6　新建文档属性　　　　　　　图 8-7　导入素材

（3）在"库"面板下方单击"新建元件"按钮，弹出"创建新元件"对话框，在"名称"文本框中输入"图片集合"，在"类型"下拉列表中选择"图形"选项，单击"确定"按钮，新建一个图形元件"图片集合"，如图 8-8 所示。舞台窗口也随之转换为图形元件的舞台窗口，此时"库"面板如图 8-9 所示。

（4）选择"矩形工具"，在工具箱中将"笔触颜色"选项设为"无"，"填充颜色"选项设为"白色"，在舞台窗口中绘制一个"宽"选项为 1000，"高"选项为 130 的矩形，如图 8-10 所示。选择"选择工具"，在舞台窗口中选中"白色矩形"，在工具箱中单击"填充颜色"按钮，打开"纯色"面板，在 Alpha 选项框中输入 50%，如图 8-11 所示，按<Enter>键，确定操作，舞台窗口中的图形效果如图 8-12 所示。

图 8-8　新建"图片合集"图形元件　　　　图 8-9　"库"面板

图 8-10　填充颜色

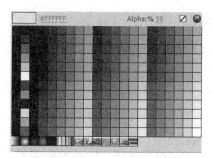

图 8-11　矩形条效果

（5）分别将"库"面板中的图片 01、02、03、04、05、06 拖动到舞台窗口中的矩形上，如图 8-13 所示。

图 8-12　图形效果图

图 8-13　图片拖动到舞台

（6）选择"选择工具"，将图形上的图片同时选取，如图 8-14 所示。选择"窗口"→"对齐"命令，打开"对齐"面板，在"对齐"面板中单击"垂直中齐"按钮（见图 8-15），将图片水平中对齐。再单击"对齐"面板中的"水平居中分布"按钮，（见图 8-16），将图片水平居中分布，效果如图 8-17 所示。

图 8-14　全部选中图片

图 8-15　垂直中齐

图 8-16　水平居中分布

图 8-17　图片水平居中分布效果

（7）按键盘上的方向键，将 6 张图片移到矩形条的中心位置，效果如图 8-18 所示。

图 8-18　图片与矩形条摆放效果

（8）在"库"面板下方单击"新建元件"按钮 ，弹出"创建新元件"对话框，在"名称"文本框中输入"浏览"，在"类型"下拉列表中选择"按钮"选项，单击"确定"按钮，新建一个按钮元件"浏览"，如图 8-19 所示，舞台窗口也随之转换为按钮元件的舞台窗口。

（9）选择"多角星形"工具，打开多角星形的"属性"面板，将"笔触颜色"选项设为"无"，"填充颜色"选项设为白色，单击"选项"按钮，弹出"工具设置"对话框，选择"样式"下拉列表中的"星形"，将"边数"选项设为 3（见图 8-20），单击"确定"按钮，在舞台窗口绘制一个三角星形，效果如图 8-21 所示。

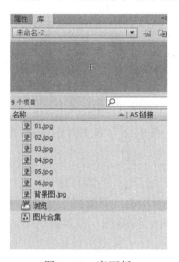

图 8-19　库面板

图 8-20　属性面板

图 8-21　三角星形

（10）选择"选择工具"，将鼠标放置在星形右上方边线的折角位置，向右上方拖动鼠标，边线上出现圆圈，释放鼠标，折角变为直线，用相同的方法拖动星形右下方的折角，将其变为直线，如图 8-22 所示。选中星形，选择"任意变形"工具，改变星形的高度，效果如图 8-23 所示。

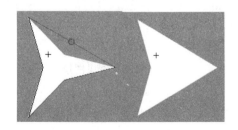

图 8-22　折线变直线

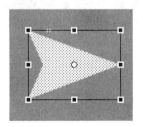

图 8-23　任意变形

（11）在"库"面板下方单击"新建元件"按钮 ，弹出"创建新元件"对话框，在"名称"文本框中输入"停止浏览",在"类型"下拉列表中选择"按钮"选项,单击"确定"按钮,新建一个按钮元件"停止浏览",如图8-24所示,舞台窗口也随之转换为按钮元件的舞台窗口。

(12)选择"矩形工具",在矩形工具的"属性"面板,将"笔触颜色"选项设为"无","填充颜色"选项设为白色,"矩形选项"设为60,如图8-25所示。在舞台窗口中绘制一个矩形,按住<Ctrl>键的同时单击拖动鼠标,复制一个矩形,将两个矩形调整到合适的位置,效果如图8-26所示。

图8-24 "停止浏览"按钮 图8-25 矩形属性 图8-26 "停止浏览"按钮效果

2. 制作图片浏览动画

(1)单击舞台窗口左上方的"场景1"图标 场景1,进入"场景1"的舞台窗口。在"时间轴"面板上将"图层1"重新命名为"背景图",将"库"面板中的"背景图"文件拖动到舞台窗口中,将其放置在中心位置,效果如图8-27所示。选中"背景图"图层的第200帧,按<F5>键,在该帧上插入普通帧,如图8-28所示。

图8-27 背景图 图8-28 背景图层

(2)单击"时间轴"面板下方的"新建图层"按钮 ,创建新图层并将其命名为"照片",选中"照片"图层的第2帧,按<F6>键,在该帧上插入关键帧。将"库"面板中的图形元件"图片集合"拖动到舞台窗口中,并将其放置在舞台的左侧,效果如图8-29所示。选中"照片"图层的第200帧,按<F6>键,在该帧上插入关键帧。按住<Shift>键同时水平向右拖动舞台上的图片到舞台的右侧,效果如图8-30所示。

图 8-29　第 2 帧效果

图 8-30　第 200 帧效果

（3）选中"照片"图层的第 2 帧，在选中的对象上右击，在弹出的快捷菜单中选择"创建传统补间"命令，生成动作补间动画，如图 8-31 所示。

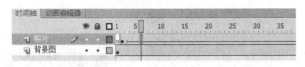

图 8-31　传统补间效果

（4）在"时间轴"面板中继续新建图层并将其命名为"遮罩"。选中"遮罩"图层的第 2 帧，按<F6>键，在该帧上插入关键帧。选择"矩形工具"，在矩形工具的"属性"面板中，将"笔触颜色"选项设为白色，"填充颜色"选项设为灰色（#999999），将"笔触高度"选项设为 5，如图 8-32 所示。分别在舞台窗口中绘制 3 个矩形，效果如图 8-33所示。

图 8-32　矩形工具属性面板

图 8-33　遮罩图

（5）选中"遮罩"图层，在选中的对象上右击，在弹出的快捷菜单中选择"遮罩层"命令，将"遮罩"图层转换为遮罩层，如图 8-34 所示，舞台窗口中的效果如图 8-35 所示。

图 8-34　遮罩命令

（6）在"时间轴"面板中新建图层并将其命名为"白框"。选择"线条工具"，在舞台窗口中分别绘制 3 个图形，效果如图 8-36 所示。

（7）在"时间轴"面板中新建图层并将其命名为"按钮"。选择"文本工具"，在舞台窗口中输入文字"浏览"和"停止浏览"。在文本工具的"属性"面板中进行设置，将文字的"系列"选项设为"华文琥珀"，"大小"设为"20"，"颜色"设为黄色（#FFFF00），参数如图 8-37所示。调整文字到舞台右下方适当的位置，效果如图 8-38 所示。

图 8-35　遮罩效果

图 8-36　白框图层

图 8-37　文本参数

图 8-38　文字效果

（8）将"库"面板中"浏览"和"停止浏览"按钮元件拖动到舞台窗口中文字的右侧。在舞台中选择"浏览"按钮实例，按快捷键<Ctrl+T>，打开"变形"面板，将"缩放宽度""缩放高度"选项分别设为 8%，如图 8-39 所示。选择"停止浏览"按钮实例，将"缩放宽度""缩放高度"选项分别设为 5%，如图 8-40 所示。按钮效果如图 8-41 所示。

图 8-39　浏览变形参数

图 8-40　停止浏览变形参数

图 8-41　按钮效果

（9）在舞台窗口中选中"浏览"按钮实例，在按钮元件的"属性"面板的"实例名称"文本框中输入 start_Btn，如图 8-42 所示。在舞台窗口中选中"停止浏览"按钮实例，在按钮元件的"属性"面板中的"实例名称"文本框中输入 stop_Btn，如图 8-43 所示。

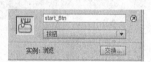

图 8-42　"浏览"实例名称

图 8-43　"停止浏览"实例名称

3．添加动作脚本

（1）在"时间轴"面板中新建图层并将其命名为"动作脚本"。选择"窗口"→"动作"命令，弹出"动作"面板。在"脚本窗口"中输入脚本语言，动作面板中的效果如图 8-44 所示。

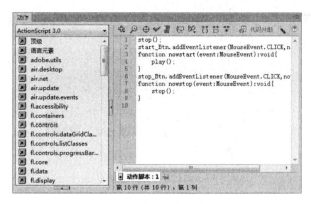

图 8-44　脚本窗口

（2）具体动作脚本内容如下：

```
stop();
start_Btn.addEventListener(MouseEvent.CLICK,nowstart);
function nowstart(event:MouseEvent):void{
   play();
}
stop_Btn.addEventListener(MouseEvent.CLICK,nowstop);
function nowstop(event:MouseEvent):void{
    stop();
}
```

（3）浏览图片效果制作完成，按快捷键<Ctrl+Enter>即可查看效果。

8.11　项目实战二　鼠标跟随

8.11.1　项目实战描述与效果

- 素材：Flash CS6\项目 8\素材\鼠标跟随\背景图。
- 源文件：Flash CS6\项目 8\源文件\鼠标跟随。

1. 项目实战描述

本项目主要结合工具箱中的工具来绘制图形元件，使用文本工具输入文本，使用动作面板添加动作脚本语言。"鼠标跟随"知识点分析如表 8-7 所示。

表 8-7　"鼠标跟随"知识点分析

知　识　点	功　　能	实　现　效　果
掌握元件 3 种类型的不同应用，库面板的应用	能够通过多种方法灵活地创建图形元件和影片剪辑元件	
掌握 ActionScript 3.0 的编辑方法，动作面板的应用	掌握添加动作脚本的方法，最终达到鼠标跟随的动画效果	

2. 项目实战效果

最终作品效果如图 8-45 所示。

图 8-45　鼠标跟随最终效果

8.11.2　项目实战详解

1. 文档设置

（1）选择"文件"→"新建"命令，在弹出的"新建文档"对话框中选择 ActionScript 3.0，将"宽"选项设为 600，"高"选项设为 200，将"背景颜色"选项设为"黑色"，如图 8-46 所示，单击"确定"按钮，改变舞台的大小和颜色。

（2）在"时间轴"面板中选中"图层 1"，将"图层 1"重新命名为"背景图"。按快捷键"Ctrl+ R"，弹出"导入"对话框，在对话框中选择"Flash CS6\项目 8\素材\鼠标跟随\背景图"文件，单击"打开"按钮，文件被

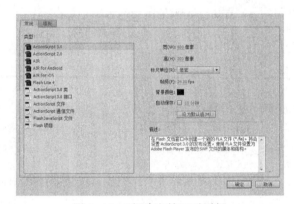

图 8-46　"新建文档"对话框

导入到舞台窗口中。打开图片的"属性"面板，将 X、Y 选项分别设为 0, 效果如图 8-47 所示。

（3）单击"时间轴"面板下方的"新建图层"按钮▣, 创建新图层并将其命名为"文字"。选择"文本工具"，在舞台窗口中适当的位置输入英文 Welcome，打开文本工具的"属性"面板，将"系列"选项设为 Algerian，"大小"选项设为 30，"颜色"选项设为红色（#990000）。再次在舞台窗口中适当的位置输入文字"鼠标跟随"，将"系列"选项设为"华文彩云"，"大小"选项设为 30，"颜色"选项设为红色（#990000），字体效果如图 8-48 所示。

图 8-47　背景图

图 8-48　文字效果

2. 元件制作

（1）打开"库"面板，在"库"面板下方单击"新建元件"按钮▣, 弹出"创建新元件"对话框，在"名称"文本框中输入"渐变矩形"，在"类型"下拉列表中选择"图形"选项，单击"确定"按钮，新建一个图形元件"渐变矩形"，如图 8-49 所示，舞台窗口也随之转换为图形元件的舞台窗口。

（2）选择"矩形工具"，在工具箱中将"笔触颜色"选项设为"无"，

图 8-49　创建渐变矩形

"填充颜色"选项设为白色，在舞台窗口中绘制一个矩形。

（3）选择"窗口"→"颜色"命令，打开"颜色"面板，在填充颜色的"颜色类型"选项的下拉列表中选择"线性渐变"，选中色带上左侧的"颜色指针"，将其设为白色，并将 Alpha 选项设为 0%，选中色带上右侧的"颜色指针"，将其设为白色，并将 Alpha 选项设为 50%，如图 8-50 所示。选择"颜料桶"工具，在白色的矩形内部单击，将白色矩形填充为"渐变色"，效果如图 8-51 所示。

（4）在"库"面板中新建一个图形元件并将其命名为"矩形"，选择"矩形工具"，在工具箱中将"笔触颜色"选项设为紫色（#660099），"填充颜色"选项设为"无"，"笔触高度"选项设为 1，在舞台窗口中绘制"宽"和"高"设为 12 的矩形。

（5）单击"时间轴"面板下方的"新建图层"按钮，创建新图层"图层 2"。选择"线条工具"，将"笔触颜色"选项设为浅紫色（#6633CC），在舞台窗口绘制两条相交的直线。打开线条的"属性"面板，将"宽""高"选项分别设为 85，"笔触高度"选项设为 0.5。将"矩形"和"线条"以中心方式对齐，效果如图 8-52 所示。

图 8-50 "颜色"面板

图 8-51 渐变矩形

图 8-52 矩形

3. 动画制作

（1）在"库"面板下方单击"新建元件"按钮，弹出"创建新元件"对话框，在"名称"文本框中输入"矩形动画"，在"类型"下拉列表中选择"影片剪辑"选项，单击"确定"按钮，新建一个影片剪辑元件"矩形动画"，如图 8-53 所示。舞台窗口也随之转换为影片剪辑元件的舞台窗口。

（2）将"库"面板中的图形元件"渐变矩形"拖动到舞台窗口中。选中"图层 1"的第 20 帧，按<F6>键，在该帧上插入关键帧。选中该关键帧的同时，选择"窗口"→"变形"命令，打开"变形"面板，将"宽度缩放""高度缩放"选项分别设为 250%，如图 8-54 所示。

（3）选择"选择工具"，在舞台中选中"渐变矩形"，打开图形元件的"属性"面板，在"色彩效果"选项组的"样式"下拉列表中将 Alpha 值设为 0%，如图 8-55 所示。

图 8-53 创建影片剪辑

图 8-54 变形参数

图 8-55 色彩效果

（4）选中"图层 1"的第 1 帧，在选中的对象上右击，在弹出的快捷菜单中选择"创建传统补间"命令，生成动作补间动画，如图 8-56 所示。

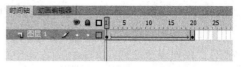

图 8-56　传统补间动画

（5）在"时间轴"面板中新建"图层 2"，将"库"面板中的图形元件"矩形"拖动到舞台窗口中，调整其大小，并将其放置在"渐变矩形"的中心位置，分别选中"图层 2"的第 15 帧和第 20 帧，按<F6>键，在该帧上插入关键帧。

（6）选中"图层 2"的第 1 帧，选择"选择工具"，在舞台中选中"矩形"，打开图形元件的"属性"面板，将其"宽""高"选项分别设为 14，如图 8-57 所示。

（7）选中"图层 2"的第 15 帧，选择"选择工具"，在舞台中选中"矩形"，打开图形元件的"属性"面板，将"宽"、"高"选项分别设为 200，在"色彩效果"选项组的"样式"下拉列表中将 Alpha 值设为 20%，如图 8-58 所示。

（8）选中"图层 2"的第 20 帧，选择"选择工具"，在舞台中选中"矩形"，打开图形元件的"属性"面板，将其"宽""高"选项分别设为 114，在"色彩效果"选项组的"样式"选项的下拉列表中将 Alpha 值设为 0%，如图 8-59 所示。

图 8-57　第 1 帧参数

图 8-58　第 15 帧参数

图 8-59　第 20 帧参数

（9）分别选中"图层 2"的第 1 帧和第 15 帧，在选中的对象上右击，在弹出的快捷菜单中选择"创建传统补间"命令，生成动作补间动画，如图 8-60 所示。

图 8-60　"图层 2"传统补间效果

4. 添加控制命令

（1）在"时间轴"面板中新建一个"图层 3"，并将其命名为"动作脚本"。选中"动作脚本"图层的第 20 帧，按<F6>键，在该帧上插入关键帧。选择"窗口"→"动作"命令，打开"动作"面板，在"脚本窗口"中输入脚本语言：

```
stop();
root.removeChild(this);
```

"动作"面板中的显示效果如图 8-61 所示。

（2）在"库"面板中选择影片剪辑元件"矩形动画"，在选中的对象上右击，在弹出的快捷菜单中选择"属性"命令，弹出"元件属性"对话框，选中"为 ActionScript 导出"复选框，在"类"文本框中输入名称为 Box，单击"确定"按钮，如图 8-62 所示。

图 8-61　第 20 帧动作脚本

图 8-62　矩形动画属性

（3）选择舞台左上方的"场景 1"按钮 ，回到"场景 1"。在"文字"图层上方新建图层并将其命名为"动作脚本"。选中第 1 帧，在选中的对象上右击，在弹出的快捷菜单中选择"动作"命令，打开"动作"面板，在"脚本窗口"中输入脚本语言，具体动作脚本如下：

```
root.addEventListener(Event.ENTER_FRAME,displayBox);
function displayBox(e:Event) {
    var h:Box=new Box();
    h.x=root.mouseX;
    h.y=root.mouseY;
    root.addChild(h);
}
```

动作面板中的效果如图 8-63 所示。

（4）选择"文件"→"ActionScript 设置"命令，弹出高级"ActionScript 3.0 设置"对话框，在对话框中取消选择"严禁模式"复选框，单击"确定"按钮，如图 8-64 所示。

图 8-63　"场景 1"的动作脚本

图 8-64　ActionScript 设置

（5）鼠标跟随效果制作完成，按快捷键<Ctrl+Enter>即可查看效果，效果如图 8-45 所示。

小　结

通过本项目的学习，用户可以了解动作面板的使用方法，掌握 ActionScript 3.0 的书写规则和基本语法，学会使用循环语句和条件语句来制作交互式动画。

用户在添加动作脚本时应重点注意动作脚本的语法规则，要区分大小写、点运算符、界定符、注释、关键字和标示符的使用。用户在编写程序时可以调用 Flash CS6 系统自带的函数，也可以自定义函数，这些都为用户在 Flash 中编写程序提高了速度。

练 习 八

1. 利用 Flash CS6 中的 ActionScript 语言制作电子相册，如图 8-65 所示。

图 8-65　电子相册

2. 利用 Flash CS6 中的 ActionScript 语言制作如图 8-66 所示的星空动画效果。

图 8-66　星空动画效果

→ 组件的应用

　　随着 Flash 技术的发展，Flash 组件技术也日趋成熟，功能得到了进一步加强和扩展。通过使用 Flash 组件，Flash 用户可以方便地重复使用和共享代码，不需要编写 ActionScript 程序也可以方便地实现各种动态网站和应用程序中常见的交互功能，极大地提高了 Flash 用户的工作效率。

　　项目学习重点：

- 组件的功能；
- 组件的类型；
- 组件的应用。

9.1　组件的概念

　　组件是一些带有可以定义参数的复杂的影片剪辑。组件支持用户重用和共享代码，并且封装了复杂功能，使动画设计变得简单。本节将详细介绍组件的分类和应用等知识。

9.1.1　认识组件

　　Flash 组件是 Flash 自带的一些通用工具，是一项很方便用户设计的功能。一个组件就是一段影片剪辑，其中所带的参数由用户根据需要在创作 Flash 影片时进行设置。组件既可以使用用户界面控件，也可以使用不可视的程序控制对象。

　　使用组件，用户可以设计出复杂的动画应用程序，而且对用户脚本的运用能力没有要求。用户不用自己创建标签和列表框，只需要从"组件"面板中拖到 Flash 界面上就可以使用。

9.1.2　Flash 组件简介

　　在 Flash CS6 中内置 3 种组件：Flex 组件、User Interface 组件和 Video 组件，如图 9-1 所示。

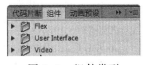

　　1. Flex **组件**

　　在 Flash CS6 中 Flex 组件中只有一个 FlexComponentBase 组件，

图 9-1　组件类型

该组件能够将特定 Flex 框架的脚本添加到动画中，而该脚本能够使影片剪辑与 Flex 兼容。

　　2. User Interface **组件**

　　User Interface 组件（简称 UI 组件）用于设置用户界面，并实现大部分的交互式操作，因此在制作交互式动画方面，UI 组件应用最广，也是最常用的组件类别。常用的 UI 组件如下：

- Button 组件：一个可以调整大小的按钮，用户可以自定义按钮图标。
- CheckBox 组件：允许用户进行布尔值的选择（对或错）。
- ComboBox 组件：允许用户从滚动的列表中选择一个选项。该组件可以在列表顶部有一个可选择的文本字段，允许用户搜索此列表。
- DataGrid 组件：允许用户显示和操作多列数据。
- Label 组件：一个不可编辑的单行文本字段。
- List 组件：一个可滚动的单选或多选列表框。
- NumericStepper 组件：一个带有可单击箭头的文本框，单击箭头可改变数字的值。
- ProgressBar 组件：显示一个过程的进度。
- RadioButton 组件：允许用户在相互排斥的选项之间进行选择。
- Scrollpane 组件：使用自动滚动条在有限的区域内显示影片剪辑、位图和 SWF 文件。
- Slider 组件：允许用户通过拖动滑块，改变组件的有效值。
- TextArea 组件：一个可编辑的文本字段。
- TextInput 组件：一个可输入的文本字段。
- TileList 组件：一个列表组成，其中的行和列由数据提供程序提供的数据填充。
- UILoader 组件：一个包含已载入的 SWF 或 JPEG 类型文件的区域。
- UIScrollbar 组件：允许用户将滚动条添加至文本字段。

3. Video 组件

利用视频播放组件可以在 Flash 应用程序中快速地创建视频播放器并定义其外观，从而方便用户对视频文件的回放进行控制。

- FLVPlayback 组件：用于将视频播放器包括在 Flash 应用程序中。
- FLVPlayback 2.5 组件：基于 FLA 用于 ActionScript 3.0 中。
- FLVPlaybackCaptioning 组件：为 FLVPlayback 提供关闭字幕。
- BackButton 组件：用于创建后退按钮。
- BufferingBar 组件：用于创建缓冲栏。
- CaptionButton 组件：用于显示按钮标题。
- ForwardButton 组件：用于创建前进按钮。
- FullScreenButton 组件：用于设置全屏按钮。
- MuteButton 组件：用于创建声音按钮。
- PauseButton 组件：用于创建暂停按钮。
- PlayButton 组件：用于创建播放按钮。
- PlayPauseButton 组件：用于创建播放暂停按钮。
- SeekBar 组件：用于创建音量轨道。
- StopButton 组件：用于创建停止按钮。
- VolumeBar 组件：用于创建音量滑块。

9.2 组件的基本操作

组件的基本操作包括组件的添加、属性设置和删除。

1. 组件的添加

选择"窗口"→"组件"命令，选择 User Interface 类型的 Button 组件，如图 9-2 所示。拖动 Button 组件到舞台上，"属性"面板就显示 Button 组件的属性设置选项，如图 9-3 和图 9-4 所示。

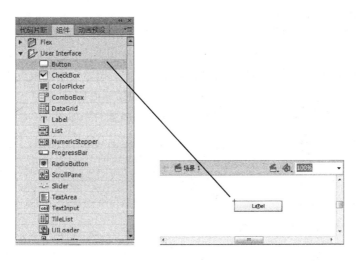

图 9-2　"组件"面板　　　　图 9-3　舞台　　　　图 9-4　Button 组件属性

2. 组件的参数设置

每个组件都带有不同的参数，通过设置这些参数可以更改组件的外观和行为。最常用的属性显示为创作参数，其他参数则必须使用 ActionScript 来设置。选择组件，在相应的"属性"面板中设置属性。Batton 组件 Label 属性设置如图 9-5 所示。

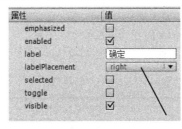

图 9-5　Button 组件 Label 属性设置

3. 删除组件

删除组件的方法：

- 直接按<DEL>删除。
- 在待删除组件上右击，在弹出的快捷菜单中选择"剪切"命令。
- 选择"编辑"→"剪切"命令。
- 选择"编辑"→"清除"命令。

9.3 UI 组 件

用户界面（UI）组件是所有类型组件中应用最广泛、功能最强大、数量最庞大的组件，它包括很多组件。

9.3.1 常用组件的应用

1. TextArea 组件

主要用于显示或获取动画中所需的文本。

（1）选择"窗口"→"组件"命令，打开"组件"面板，将 TextArea 组件拖到舞台上，创建一个文本区域。

（2）选中舞台上新添加的 TextArea 组件，可以使用"任意变形工具"调整文本区域大小，也可以通过设置组件的"高"和"宽"属性设置文本区域的大小，如图 9-6 所示。

（3）在"属性"面板中，设置 TextArea 组件的 text 属性为"TextArea 组件"如图 9-7 所示。

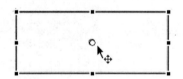

图 9-6　TextArea 组件"宽"和"高"的设置

图 9-7　TextArea 组件属性设置及效果

（4）"TextArea 组件"的属性如表 9-1 所示。

表 9-1　"TextArea 组件"的属性

属 性	说 明
condenseWhite	用于设置是否从包含 HTML 文本的 TextArea 组件中删除多余的空格
editable	用于设置允许用户编辑 TextArea 组件中的文本
enabled	用于设置 TextArea 组件是否可编辑
horizontalScrollPolicy	用于设置 TextArea 组件中的水平滚动条是否始终打开
htmlText	用于设置或获取 TextArea 组件中文本字段所含字符串的 HTML 表示形式
maxChars	用于设置用户可以在 TextArea 组件中输入的最大字符数
restrict	用于设置 TextArea 组件可从用户处接受的字符串
Text	用于获取或设置 TextArea 组件中的字符串

属　　性	说　　明
verticalScrollPolicy	用于设置 TextArea 组件中的垂直滚动条是否始终打开
visible	用于设置 TextArea 组件是否可见
wordwrap	用于设置文本是否在行末换行

2. TextInput 组件

TextInput 组件主要用于显示或获取动画中所需的文本。

（1）打开"组件"面板，将 TextInput 拖到舞台上，创建一个文本区域。

（2）选中舞台上新添加的组件，可以使用"任意变形工具"调整文本区域大小，也可以通过设置组件的"高"和"宽"属性设置文本区域的大小，默认大小是 100×22。

（3）在测试影片界面，用户录入"123"。组件的属性和运行效果如图 9-8 所示。

图 9-8　TextInput 组件属性设置及效果

（4）TextInput 组件的属性如表 9-2 所示。

表 9-2　TextInput 组件的属性

属　　性	说　　明
displayAsPassword	用于设置"*"格式显示文本。通常用来设置密码输入，安全性高
editable	用于设置允许用户编辑 TextInput 组件中的文本
enabled	用于设置 TextInput 组件是否可编辑
maxchars	用于设置用户可以在 TextInput 组件中输入的最大字符数
restrict	用于设置 TextInput 组件可从用户处接受的字符串
text	用于获取或设置 TextInput 组件中的字符串
visible	用于设置 TextInput 组件是否可见

3. Button 组件

Button 组件是 Flash 组件中最简单的一个组件，利用 Button 组件可执行所有鼠标和键盘的交互事件。

（1）打开"组件"面板，将 Button 组件拖到舞台上，初始大小如图 9-9 所示。

（2）调整 Button 组件大小。

（3）设置 Button 组件的 label 属性值为"确定"，属性设置和效果如图 9-10 所示。

图 9-9　Button 组件　　　　图 9-10　Button 组件属性设置及效果

（4）Button 组件的属性如表 9-3 所示。

项目 9　组件的应用

表 9-3　Button 组件的属性

属　性	说　明
emphasized	用于指定当前按钮处于弹起状态时，Button 组件周围是否显示边框
label	用于设置 Button 组件的名称，其默认值为 Label
enabled	用于设置 Button 组件是否可编辑
labelPlacement	用于确定按钮上的标签文本相对于图标的方向，包括 left、right、top 和 bottom 这 4 个选项。其默认值为 right
selected	用于根据 toggle 的值设置 Button 组件是被按下还是被释放
toggle	用于确定是否将 Button 组件转变为切换开关
visible	用于设置 Button 组件是否可见

4. CheckBox 组件

CheckBox 组件主要用于设置一系列可选择的项目，并可同时选取多个项目，以此对指定对象的多个数值进行获取或设置。

（1）打开"组件"面板，将 CheckBox 组件拖到舞台上，设置其 label 属性为"男"。

（2）用同样的方法制作一个"女"。

（3）两个 CheckBox 组件舞台效果如图 9-11 所示，属性设置如图 9-12 所示。

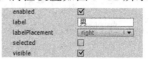

图 9-11　CheckBox 组件

图 9-12　CheckBox 组件属性设置

（4）CheckBox 组件的属性如表 9-4 所示。

表 9-4　CheckBox 组件的属性

属　性	说　明
enabled	用于设置 CheckBox 组件是否可编辑
label	用于设置 CheckBox 组件显示的内容，其默认值为 Label
labelPlacement	用于确定 CheckBox 组件上标签文本的方向，包括 left、right、top 和 bottom 这 4 个选项。其默认值为 right
selected	用于确定 CheckBox 组件的初始状态为选中(true)或取消选中(false)。其默认值为 false
visible	用于设置 CheckBox 组件是否可见

5. ComboBox 组件

通过单击 ComboBox 组件中的下拉按钮，可打开下拉列表并显示相应的选项，通过选择选项获取所需的数值。

（1）打开"组件"面板，将 ComboBox 组件拖到舞台上。

（2）调整 ComboBox 组件位置。舞台效果如图 9-13 所示，属性设置如图 9-14 所示。

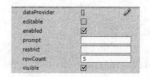

图 9-13　ComboBox 组件

图 9-14　ComboBox 组件属性设置

（3）单击 dataProvider 属性右侧的"笔形"标志，弹出"值"录入对话框，如图 9-15 所示，单击 ✚ 按钮设置 label 属性，如图 9-16 所示。

图 9-15　ComboBox 组件"值"设置　　　图 9-16　ComboBox 组件"label"设置

（4）设置 label 属性依次为："计算机""外语""高数""物理"和"哲学"，如图 9-17 所示，运行结果如图 9-18 所示。

图 9-17　label 属性设置　　　图 9-18　ComboBox 组件运行效果

（5）ComboBox 组件的属性如表 9-5 所示。

表 9-5　ComboBox 组件的属性

属　　性	说　　明
dataProvider	用于设置相应的数据，并将其与 ComboBox 组件中的项目相关联
editable	用于确定是否允许用户在下拉列表框中输入文本
enabled	用于设置 ComboBox 组件是否可编辑
prompt	用于设置 ComboBox 组件的项目名称
restrict	用于设置允许用户自己输入数据之后，限制用户只能输入这些字符，比如这里是限制只能输入 2 和 3
rowCount	用于确定不使用滚动条时，下拉列表中最多可以显示的项目数量，默认为 5
visible	用于设置 ComboBox 组件是否可见

6. Label 组件

Label 组件就是一行文本，主要为其他组件提供提示语。

（1）打开"组件"面板，将 Label 组件拖到舞台上。

（2）调整 Label 组件位置。

（3）设置 Label 组件的 text 属性值为"调查报告"，舞台效果如图 9-19 所示，属性设置如图 9-20 所示。

图 9-19　Label 组件 　　　　　　　　　　图 9-20　Label 组件属性设置

（4）Label 组件的属性如表 9-6 所示。

表 9-6　Label 组件的属性

属　　性	说　　明
autoSize	指定标签文本的显示和对齐方式，默认 none，标签不调整大小
condenseWhite	用于设置在 Label 中将 HTML 的空格进行紧缩
enabled	用于设置 Label 组件是否可编辑
htmlText	用于设置以 HTML 方式显示的文字
Selectable	用于设置是否允许用户选择文本
text	用于指定标签的文本，默认为 label
visible	用于设置组件是否可见
wordWrap	用于设置文本是否在行末换行

7. List 组件

List 组件是一个可以滚动的单选或者多选列表框。

（1）打开"组件"面板，将 List 组件拖到舞台上。

（2）设置 List 组件的 dataProvider 属性，同 combobox 方法一致。舞台效果如图 9-21 所示，属性设置如图 9-22 所示。

图 9-21　List 组件 　　　　　　　　　　图 9-22　List 组件 label 值设置

（3）List 组件的属性如表 9-7 所示。

表 9-7　List 组件的属性

属　　性	说　　明
allowMultipleSelection	用于指定 List 组件是否可同时选择多个选项
dataProvider	用于设置相应的数据，并将其与 list 组件中的项目相关联
enabled	用于设置 List 组件是否可编辑
horizontalLineScrollSize	用于设置当单击列表框中水平滚动箭头时，要在水平方向上滚动的内容量
horizontalScrollPolicy	用于设置 List 组件中的水平滚动条是否始终打开

属　　性	说　　明
horizontallPageScrollSize	用于设置按滚动条轨道时，水平滚动条上滚动滑块要移动的像素数
verticalLineScrollSize	用于设置当单击列表框中垂直滚动箭头时，要在垂直方向上滚动的像素数
verticalScrollPolicy	用于设置 List 组件中的垂直滚动条是否始终打开
verticalPageScrollSize	用于设置按滚动条滚动时，垂直滚动条上滚动滑块移动的像素数

8. RadioButton 组件

RadioButton 组件主要用于设置一系列可选择项目，并通过选择其中的某一个项目获取所需的数值。

（1）打开"组件"面板，将 RadioButton 组件两次拖到舞台上。

（2）分别设置 RadioButton 组件的 label 属性是"男"和"女"。舞台效果如图 9-23 所示，属性设置如图 9-24 所示。

图 9-23　RadioButton 组件舞台　　　　图 9-24　RadioButton 组件属性

（3）RadioButton 组件的属性如表 9-8 所示。

表 9-8　RadioButton 组件的属性

属　　性	说　　明
enabled	用于设置 RadioButton 组件是否可编辑
groupName	用于设置组件所属的项目组名，在同一项目组中只能选择一个 RadioButton 组件，并返回该组件的值
label	用于设置 RadioButton 的文本内容
labelplacement	用于设置 RadioButton 组件上标签文本的方向，包括 left、right、top 和 bottom 这 4 个选项
selected	用于设置 RadioButton 组件的初始状态为选中或取消选中
value	用于设置 RadioButton 的对应值
visible	用于设置 RadioButton 组件是否可见

9. ScrollPane 组件

滚动条组件 ScrollPane 用于在某个大小固定的文本框中无法将所有内容显示完全时使用。

（1）打开"组件"面板，将 ScrollPane 组件拖到舞台上。用"渐变变形工具"或设置组件大小属性的方法改变组件大小。

（2）设置 ScrollPane 组件的 source 属性，输入 swf 文件，或 JPEG 文件的地址，如 c:\che.swf。舞台效果如图 9-25 所示，属性设置如图 9-26 所示。

图 9-25　ScrollPane 组件　　　　图 9-26　ScrollPane 组件 source 值设置

（3）ScrollPane 组件的属性如表 9-9 所示。

表 9-9　ScrollPane 组件的属性

属　　性	说　　明
enabled	用于设置 ScrollPane 组件是否可编辑
horizontalLineScrollSize	用于设置每次按下 ScrollPane 组件中滚动条两侧按钮时，水平滚动条移动的距离
horizontalpageScrollSize	用于设置按下滚动条时水平滚动条移动的距离
horizontalScrollpolicy	用于设置是否显示水平滚动条
scrollDrag	用于设置是否允许用户在滚动条中滚动内容
source	用于获取或设置图片或 SWF 的来源
verticallineScrollSize	用于设置每次按下 ScrollPane 组件中滚动条两侧按钮时，垂直滚动条移动的距离
verticalpageScrollSize	用于设置按下滚动条时垂直滚动条移动的距离
verticalScrollpolicy	用于设置是否显示垂直滚动条
visible	用于设置 ScrollPane 组件是否可见

9.3.2　其他 UI 组件

UI 组件除了以上 9 种常用的功能，其他的 UI 组件功能也很强大，能给用户带来意想不到的动画效果。下面演示一下这几种组件的测试效果。

1. Colorpicker 组件

Colorpicker 组件用于用户从样本列表中选择颜色，舞台效果如图 9-27 所示。

2. DataGrid

DataGrid 用于将数据库中的数据以表格的形式呈现出来，并保持原有结构。同时，充许用户在客户端对数据进行排序。更可以让它们直接修改数据，舞台效果如图 9-28 所示。

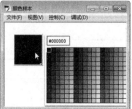

图 9-27　Colorpicker 组件效果

图 9-28　DataGrid 组件效果

3. NumericStepper

NumericStepper 由显示在上下箭头按钮旁边的数字组成。用户按下这些按钮时，数字将逐渐增大或减小，舞台效果如图 9-29 所示。

4. ProgressBar

ProgressBar 组件用于显示内容加载进度，舞台效果如图 9-30 所示。

图 9-29　NumericStepper 组件效果

图 9-30　ProgressBar 组件效果

5. Slider

Slider 组件通过拖动滑块改变有效值,可以和其他组件组合使用,舞台效果如图 9-31 所示。

6. TileList

TileList 组件由一个列表组成,其中的行和列由程序提供的数据填充,舞台效果如图 9-32 所示。

7. UILoader

UILoader 组件是一个容器,可显示 SWF、JPEG、渐进式 JPEG、PNG 和 GIF 文件,舞台效果如图 9-33 所示。

图 9-31　Slider 组件效果

图 9-32　TileList 组件效果

图 9-33　UILoader 组件效果

8. UIScrollBar

UIScrollBar 组件是一个滚动条,可与其他工具或者组件一起使用,例如"输入文本",在舞台上拖动一个输入文本框,设置其属性为"多行","在文本周围显示边框",文本实例命名为 mt,在 mt 右侧拖放一个 UIScrollBar 组件,设置其 scrollTargetName 属性为 mt,运行结果如图 9-34 所示。

图 9-34　UIScrollBar 组件效果

9.4　Video　组　件

在 Flash 中除了 UI 组件和 Media 组件之外,还包含 Video 组件,即视频组件。该组件主要用于控制导入到 Flash 中的视频,其中主要包括 FLVPlayback、FLVPlaybackCaptioning、BackButton、PlayButton、SeekBar、PlayPauseButton、VolumeBar 和 FullScreenButton 等交互组件。

1. FLVPlayback

将 FLVPlayback 拖放在舞台上,设置其 source 属性,用户还可以设置不同的参数,以控制其行为并描述视频文件。舞台设计如图 9-35 所示,属性设置如图 9-36 所示。在弹出的"内容路径"对话框中选择视频文件,如图 9-37 所示,测试效果如图 9-38 所示。

图 9-35　FLVPlayback 舞台设计

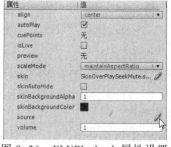

图 9-36　FLVPlayback 属性设置

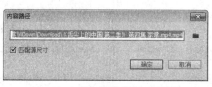

图 9-37　"内容路径"对话框

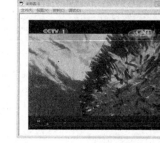

图 9-38　FLVPlayback 组件效果

　　FLVPlayback 组件包括 FLV 回放自定义用户界面组件。FLVPlayback 组件是显示区域(或视频播放器)的组合,从中可以查看视频文件以及允许用户对该文件进行操作。FLV 播放自定义用户界面组件提供控制按钮和机制,可用于播放、停止、暂停视频文件以及对该文件进行其他的控制。这些控制包括 BackButton、BufferingBar、CaptionButton（用于 FLVPlayback Captioning）、ForwardButton、FullScreenButton、MuteButton、PauseButton、PlayButton、PlayPauseButton、SeekBar、StopButton 和 VolumeBar。FLVPlayback 组件和 FLV 回放自定义用户界面控件显示在"组件"面板中。

　　2. FLVPlayback 2.5

　　FLVPlayback 2.5 组件改善了流媒体的性能以及视频点播（VOD）和直播流媒体的质量,并支持动态流媒体和直播数字视频录制（DVR）功能。FLVPlayback 2.5 组件的设置方式与 FLVPlayback 组件的方式相同。

　　3. FLVPlaybackcaptioning

　　FLVPlaybackCaptioning 组件的功能是为 FLVPlayback 组件添加字幕。

9.5　其他组件

　　在 Flash 中除了常用的用户组件 UI 和视频组件 VIDEO,还包含媒体组件 Media。选择"文件"→"发布设置"命令,在弹出的"发布设置"对话框中,设置脚本为 ActionScript 2.0,如图 9-39 所示。再打开"组件"面板,就可以看到如图 9-40 所示的组件列表了。

图 9-39　"发布设置"

图 9-40　组件列表

Media 组件包由 3 个组件构成，分别是 MediaDisplay、MediaController 和 MediaPlayback。

1. MediaDisplay

若要向 Flash 文档中添加媒体，则将该组件拖动到舞台并在"组件检查器"面板中对其进行配置，最重要的设置是 URL，"组件检查器"参数设置及测试效果如图 9-41 所示。

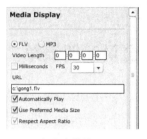　　　

（a）参数设置　　　　　　　　　（b）测试效果

图 9-41 "Media Display"组件参数设置及测试效果

注意：使用了 MediaDisplay 组件时，选择 MP3 格式测试时只能听见声音，看不到界面，因为它只是播放媒体的容器。

2. MediaController

MediaDisplay 组件提供了可以让用户与流媒体交互的用户界面。控制器具有"播放""暂停"和"后退到开始处"按钮以及一个音量控件。使用"行为"或 ActionScript，用户可以将该组件链接到 MediaDisplay 组件，以控制视频播放。

将前面用过的 MediaDisplay 组件实例，命名为 Mplay，打开"组件"面板，将 MediaController 组件拖到舞台上，放在 Mplay 实例的下边。选择"窗口"→"行为"命令，在打开的"行为"面板中单击"添加"按钮，选择"媒体"→"关联显示"命令，如图 9-42 所示。在弹出的"关联显示"对话框，单击_root 目录下的 Mplay，如图 9-43 所示，测试效果如图 9-44 所示。

图 9-42　MediaController 组件行为　　　图 9-43　MediaController 组件"关联显示"

图 9-44　MediaController 组件测试效果　　图 9-45　MediaPlayback 组件测试效果

3. MediaPlayback

MediaPlayback 组件将视频和控制器添加到 Flash 文档，这是最轻松、快捷的方式。MediaPlayback 组件将 MediaDisplay 和 MediaController 组件组合成一个单一的集成组件。MediaDisplay 和 MediaController 组件实例自动相互链接，以便进行回放控制。MediaPlayback 组件只需设置 URL 属性，测试效果如图 9-45 所示。

9.6 项目实战一 会员注册表单

9.6.1 项目实战描述与效果

源文件：Flash CS6\项目 9 \源文件\会员注册表单。

1. 项目实战描述

使用组建来制作会员注册表单，通过本实例的制作，用户可以掌握 Button、RadioButton、Combobox 和 CheckBox 等组件的应用方法。"会员注册表单"知识点分析如表 9-10 所示。

表 9-10 "会员注册表单"知识点分析

知 识 点	功 能	实 现 效 果
RadioButton 的属性设置	为表单的"性别"提供单项选择。	
Combobox 的属性设置	为表单的"所在城市"提供下拉列表选择。	
CheckBox 的属性设置	为表单的"特长"提供多项选择。	

2. 项目实战效果

最终作品效果如图 9-46 所示。

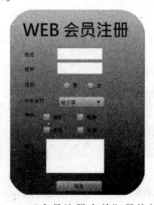

图 9-46 "会员注册表单"最终效果

9.6.2　项目实战详解

绘制按钮元件

（1）选择"文件"→"新建"命令，在弹出的"新建文档"对话框中选择 ActionScript 3.0，单击"确定"按钮，进入新建文档舞台窗口。舞台大小设置为 300×400 像素。

（2）在"图层 1"第 1 帧，用"矩形工具"画一个大小为 300×400 的圆角矩形，"笔触颜色"为"无"，填充颜色设置为"深蓝色"到"浅蓝色"的线性渐变。在舞台上部用"文本工具"输入"WEB 会员注册"，字体大小为 36，字符系列为"微软正黑体"，颜色为蓝色，如图 9-47 所示。

（3）在"图层 1"上新建一个"图层 2"，选择"窗口"→"组件"命令，打开"组件"面板，把 Label 组件拖到舞台中。设置 Label 组件的 Text 属性为"姓名"。然后，复制出多份 Label 组件，用"对齐"面板调整好位置，依次设置 Text 属性为"昵称""性别"、"所在城市""特长"和"备注"。

（4）从"组件"面板将 TextArea 组件拖动到舞台中，作为"姓名"昵称"的输入框，分别将组件实例命名为 name、nick。

（5）从"组件"面板将 RadioButton 组件拖动到舞台中，将组件实例命名为 sex，Label 属性设置为"男"，用同样的方法制作出"女"组件。

（6）从"组件"面板将 comboBox 组件拖动到舞台中，将组件实例命名为 address，设置 dataProvider 属性，单击笔形"添加"按钮，在弹出的"值"窗口中，依次设置 label 属性为"哈尔滨""齐齐哈尔""牡丹江""佳木斯""大庆"。

（7）从"组件"面板将 CheckBox 组件拖动到舞台中，将组件实例命名为 C1，用同样的方法制作 C2、C3、C4。

（8）复制 name 实例，改名为 remark，调整大小和位置。

（9）从"组件"面板将 Button 组件拖动到舞台中，将组件实例命名为 bt，Label 属性设置为"确定"。整个舞台就设置好了，如图 9-46 所示。

图 9-47　页面设置

9.7 项目实战二 文学知识问卷

9.7.1 项目实战描述与效果

- 素材：Flash CS6\项目 9 \素材\文学问卷。
- 源文件：Flash CS6\项目 9 \源文件\文学问卷。

1. 项目实战描述

使用组件来制作文学知识问卷，通过本实例的制作，用户可以掌握 Button、TextInput、RadioButton 等组件的应用方法。"文学知识问卷"知识点分析如表 9-11 所示。

表 9-11 "文学知识问卷"知识点分析

知 识 点	功 能	实 现 效 果
组件的属性设置	能够正确设置每种组件的属性，改变组件外观	
为动画添加脚本	脚本实现了用户与动画的交互	

2. 项目实战效果

最终作品效果如图 9-48 所示。

图 9-48 "文学知识问卷"最终效果

9.7.2 项目实战详解

（1）选择"文件"→"新建"命令，在弹出的"新建文档"对话框中选择 ActionScript 3.0，单击"确定"按钮，进入新建文档舞台窗口。舞台大小设置为 550×300 像素。

（2）把"图层 1"命名为"背景"，并在第 1 帧导入一幅图作为问卷背景，在"背景"层

上新建一个"灰条"层，在"灰条"层舞台下端绘制一个 535×40 像素的灰色矩形。在"灰

条"层上新建一个"文字"层，在"文字"层中，用"文本工具"输入静态文本：问卷标题、两道试题的问题和"考号:"，如图 9-49 所示。

图 9-49　"文学知识问卷" 的 "文字"层设计

（3）在"文字"层上新建一个"组件"层，在"组件"层中选择"窗口"→"组件"命令，打开"组件"面板，把 RadioButton 组件拖到舞台，设置 RadioButton 组件的实例名称为 d1，label 属性为"曹雪芹"，按照同样的办法制作实例 d2、d3、d4、d5、d6，label 属性分别为"蒲松龄""施耐庵""30 年""50 年""60 年"。

（4）从"组件"面板中拖动一个 TextInput 组件到舞台上，放在"考号"旁边，实例命名为 no1。

（5）从"组件"面板中拖动一个 Button 组件到舞台上放到 no1 旁边，实例命名为 bt，label 属性设置为"确定"。至此问卷页面设计完成，如图 9-50 所示。

（6）在"文本"层和"组件"层第 2 帧插入关键帧，在"文本"层用"静态文本"输入："问卷结果""考号为:""第 1 题"和"第 2 题"，如图 9-51 所示。

图 9-50　"文学知识问卷"的"组件"层设计　　图 9-51　"文学知识问卷"的"文字"层第 2 帧设计

（7）把"组件"层"第 2 帧"舞台上所有的组件删除，在"考号为:"旁边拖放一个 TextInput 组件，命名为 no2，设置 enabled 属性为"假"。在"第 1 题"和"第 2 题"的右下方各拖放一个 TextArea 组件，分别命名为 result1 和 result2。舞台右下角拖放一个 Button 组件，命名为 BBT。"结果页面"设置如图 9-52 所示，"时间轴"设置如图 9-53 所示。

图 9-52　"第 2 帧"最终效果

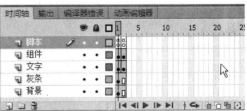

图 9-53　"时间轴"设置

项目 9　组件的应用

223

（8）在"组件"层上新建一个"脚本"层，分别在第 1 帧和第 2 帧输入脚本，如图 9-54 和图 9-55 所示。

```
stop();
var r1;
var r2;
var yname;
var ynumber;
var a=1;
if (a==0) {
    d1.selected=false;
    no1.text="";
}
if (a==0) {
    d2.selected=false;
}
bt.addEventListener(MouseEvent.CLICK,sClick);
function sClick(Event:MouseEvent) {
    r1=d2.selected;
    r2=d6.selected;
    ynumber=no1.text;
    this.gotoAndStop(2);
    a=1;
}
```

图 9-54　第 1 帧脚本

```
stop();
no2.text=ynumber;
if (r1==true) {
    result1.text="答案正确";
} else {
    result1.text="答案错误";
}
if (r2==true) {
    result2.text="答案正确";
} else {
    result2.text="答案错误";
}
bbt.addEventListener(MouseEvent.CLICK,sClear);
function sClear(Event:MouseEvent) {
    a=0;
    this.gotoAndStop(1);
}
```

图 9-55　第 2 帧脚本

（9）按快捷键<Ctrl+Enter>，测试动画。

小　结

通过本项目的学习，用户对组件及其应用有了进一步的认识。通过项目实战的学习和领悟，用户可以掌握 Flash 大部分常用组件的使用方法、技巧及组件属性的含义、设置组件的参数，并能够用动作脚本提取组件中的值，创建出功能强大、效果丰富的动画界面。

练　习　九

1. 设计一个如图 9-56 所示的菜单订阅表单。

图 9-56　菜单订阅表单

2. 设计一个如图 9-57 所示的课程问卷调查表单。

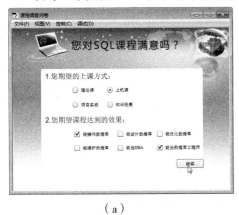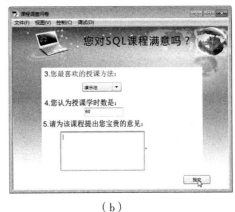

（a） （b）

图 9-57 课程问卷调查表

→ 动画测试与发布

当完成 Flash 动画的创作之后，就可以将其导出或发布，以便使更多的人来欣赏。但在发布之前，还应注意两个问题：一是作品的效果是否与预期的效果相同；二是动画是否能够流畅地进行播放。要解决这两个问题，就需要在发布动画之前对其进行测试和优化。

项目学习重点：

- 动画的测试与优化；
- 导出动画；
- 发布动画。

10.1　测试并优化 Flash 作品

在制作动画过程中将 Flash 作品发布到网上之前，用户需要测试当前编辑的动画，以便于观察动画效果是否符合自己的思路，是否产生预期的效果。为了保证动画在网络上的播放效果，用户还应随时测试动画的下载性能，并对动画进行有针对性的优化。优化是为了使 Flash 动画的体积更小，或者为了上传到网上后能较流畅地观看等。

10.1.1　测试 Flash 作品

测试动画有简单动画的测试、动画中脚本代码的测试和动画下载性能的测试 3 种情况。

1. 简单动画的测试

对于简单的动画，可使用以下方法进行测试动画。

- 选择"控制"→"播放"命令进行测试。
- 按<Enter>键进行动画测试。

选择"窗口"→"工具栏"→"控制器"命令，打开"控制器"工具栏，利用该工具栏中的各按钮即可实现动画的播放、停止、逐帧前进或后退等操作，如图 10-1 所示。

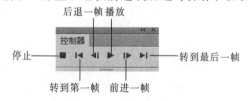

图 10-1　控制器

如果动画中带有简单的帧或按钮动作语句，则选择"控制"→"启用简单帧动作"命令，然后再使用上述方法进行动画测试。

如果动画中引用了影片剪辑元件的实例，或动画中包含多个场景，则必须使用"控制"→"测试影片"或"测试场景"命令，到 Flash Player 中对动画进行测试。

在影片编辑环境下，用户按<Enter>键可以对影片进行简单的测试，但影片中的影片剪辑元件、按钮元件等交互式效果均不能得到测试，而且在影片编辑模式下测试影片得到的动画速度比输出或优化后的影片的速度慢。所以，影片编辑环境不是用户的首选测试环境。在编辑环境下通过设置，用户可以对按钮元件以及简单的帧动作（play、stop、gotoAndPlay 和 gotoAndStop）进行测试。

2. 动画中脚本代码的测试

对于动画中的脚本代码，Flash CS6 中也提供了几种工具对其进行测试。

- 调试器：选择"调试"→"调试影片"命令，可以打开当前影片的调试器面板，在该面板中可以显示一个当前加载到 Flash Player 中的影片剪辑的分层显示列表，并在动画播放时动态地显示和修改变量与属性的值，而且可以使用断点停止影片，同时逐行跟踪动作脚本代码。
- "输出"面板：可以显示动画中的错误信息以及变量和对象列表，帮助用户查找错误。

3. 动画下载性能的测试

动画作品制作完毕后，在输出或发布之前，通常要对动画进行测试。选择"控制"→"测试影片"或"测试场景"命令，即可打开动画测试窗口，如图 10-2 所示。

使用带宽设置可以以图形化方式查看下载性能，首先在测试窗口中选择"视图"→"下载设置"命令，并在其子菜单中选择合适的下载速度（通常选择"56K（4.7KB/S）"），即调制解调器的速度，以决定 Flash 的模拟下载速度。

然后选择"视图"→"带宽设置"命令，在动画测试窗口的上方出现一个新的窗口（即带宽视图），它包括左右两个子窗口，其中，左侧的子窗口显示了动画的一些基本参数、测试设置和动画状态等；右侧的子窗口显示了下载性能的直观图表，如图 10-3 所示。

在带宽视图中，交替显示的深灰色和浅灰色色块表示动画中的每一帧，色块面积的大小表示了该帧的字节大小，如果色块有部分出现在红线的上面，则表示动画播放到此处时有可能暂停。

图 10-2　动画测试窗口

图 10-3　显示带宽视图时的动画测试窗口

10.1.2　优化 Flash 作品

在导出 SWF 文件时，Flash 会自动进行一些优化。用户也可以自己对动画进行优化处理。在一般情况下，下载和播放 Flash 动画时，如果速度很慢，而且容易出现停顿现象，就说明 Flash 动画文件很大，影响动画的点击率。为了减少 Flash 动画的大小，加快动画的下载速度，在导出动画之前，用户需要对动画文件进行优化。优化操作主要涉及动画、色彩、元素和文本等方面。在导出或发布影片之前，用户可以从以下几方面对动画文件进行整体优化。

1. 减少文件的大小

（1）对于多次出现的元素，应尽量将其转换为元件。

（2）尽量使用渐变动画，因为渐变动画的关键帧比逐帧动画要少，所以文件容量也较小。

（3）尽量避免位图图像的动画，应将位图作为背景或静态元素。

（4）对于动画序列，要使用影片剪辑而不是图形元件。

（5）限制在每个关键帧中的变化区域，在尽可能小的区域中执行动作。

（6）对于声音文件，应尽可能使用 MP3 这种数据量较小的格式。

2. 优化元素和线条

（1）尽可能地将元素组合起来。

（2）将在整个过程中变化的元素与不变的元素分放在不同的图层上。

（3）限制使用特殊线条类型的数量，如虚线、点状线、波浪线等，尽量使用实线，因为实线占用的内存较小。用铅笔工具生成的线条比用画笔工具生成的线条所需的内存更少。

（4）选择"修改"→"形状"→"优化"命令。

3. 优化文本和字体

限制字体数量和字体样式，尽量少嵌入字体。对于要嵌入的字体，只选择需要的字符，不要包括所有的字体。

4. 优化颜色

（1）使用混色器使动画的调色板与浏览器调色板相匹配。

（2）在元件的"属性"面板中，使用"颜色"菜单创建一个元件具有不同颜色属性的多个实例。

（3）尽量少用渐变色，因为渐变填充要比实色填充多占 50 B。

（4）尽量减少透明度（Alpha）的使用，因为它会降低回放速度。

5. 优化动作脚本

（1）在"发布设置"对话框中的"Flash"选项卡中选中"省略 trace 动作"复选框，从而在发布的影片中将不会有"输出"窗口弹出。

（2）在脚本编程中尽量使用局部变量。

在脚本编程中尽量将经常重复的代码段定义为函数。

注意：由于影片文件的大小与下载和回放的时间是成正比例的，所以为了减少影片的下载和回放时间，在导出影片时对影片进行优化是很有必要的。

10.2 导出 Flash 作品

在测试和优化了 Flash 动画后，用户就可以将动画导出，导出的作品不仅可以上传到网页上供多数人观看，还可以作为其他程序使用的素材。但在介绍导出动画之前，应首先了解一下导出与发布动画的概念。

导出与发布动画是两种不同的概念，它们主要有以下两点区别：一是动画能够同时以多种格式发布，但它一次只能以一种格式导出；二是动画的导出并不像发布那样，能够对背景音乐、图像格式、窗口模式以及颜色等进行单独的设置。

Flash CS6 允许以多种动画格式和图像格式导出动画，如表 10-1 和表 10-2 所示，用户可以根据需要进行选择。

表 10-1 Flash CS6 允许导出的动画格式

动 画 格 式		
Flash 影片（*.swf）	Windows AVI（*.avi）	QuickTime（*.mov）
GIF 动画（*.gif）	WAV 音频（*.wav）	EMF 序列（*.emf）
WMF 序列文件（*.wmf）	EPS 序列文件（*.eps）	Adobe Illustrator 序列文件（*.ai）
DXF 序列文件（*.dxf）	位图文件序列（*.bmp）	JPEG 序列文件（*.jpg）
GIF 序列文件（*.gif）	PNG 序列文件（*.png）	

表 10-2 Flash CS6 允许导出的图像格式

图 像 格 式		
Flash 影片（*.swf）	增强元文件（*.emf）	AutoCAD DXF（*.dxf）
EPS3.0（*.eps）	Adobe Illustrator（*.ai）	GIF 图像（*.gif）
位图（*.bmp）	JPEG 图像（*.jpg）	PNG（*.png）
Windows 元文件（*.wmf）		

10.2.1 导出影片

SWF 格式是 Flash 默认的播放格式，也是用于在网络上传输和播放的格式。导出 SWF 动画影片的具体操作步骤如下：

（1）打开需要导出的 Flash 文档，选择菜单栏中的"文件"→"导出"→"导出影片"命令，弹出"导出影片"对话框，如图 10-4 所示。

（2）在"文件名"文本框中输入导出文件的名称。

（3）单击"保存类型"：后面的下拉按钮，弹出如图 10-5 所示的下拉列表。其下拉列表中各选项保存的文件应注意以下特点：

图 10-4 "导出影片"对话框

图 10-5 "保存类型"下拉列表

- 选择 Flash 影片（*.swf）文件，导出的文件是动态 swf 文件，这也是 Flash 动画的默认保存文件类型。
- 选择 WAV 音频（*.wav）文件，仅将当前动画中的所有声音输出到一个 WAV 格式的文件中保存。
- 选择 Adobe Illustrator（*.ai）文件，保存影片中每一帧中的矢量信息，在保存时可以选择编辑软件的版本，然后在 Adobe Illustrator 中进行编辑。它是 Flash 与其他矢量绘图程序（如 FreeHand）之间交换图形的最好格式。这种格式支持曲线、线条类型、填充信息的精确转换。
- 选择 GIF 动画（*.gif）文件，可导出一个包含多个连续画面的 GIF 动画文件。
- 选择 JPEG 序列（*.jpg）文件，导出 JPEG 格式的文件序列，每一帧转换为单独的 JPEG 文件。

（4）设置完毕后，单击"保存"按钮，即可将测试和优化后的动画导出为影片。

10.2.2 导出图像

如果需要将 Flash 动画中的某个画面存储为图片格式，可利用"导出图像"命令将先选中的某个画面导出为各种格式的静态图像。导出静态图像的具体操作步骤如下：

（1）打开需要导出的 Flash 文档，将播放头移动到要导出图像所在的帧上，然后选择菜单栏中的"文件"→"导出"→"导出图像"命令，弹出"导出图像"对话框，如图 10-6 所示。

（2）在"文件名"文本框中输入导出文件的名称。

（3）单击"保存类型"后面的下拉按钮，弹出如图 10-7 所示的下拉列表，用户可在该下拉列表中选择要导出的图像文件格式。

图 10-6 "导出图像"对话框

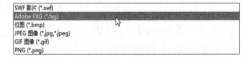

图 10-7 "保存类型"下拉列表

（4）设置完毕后，单击"保存"按钮，在相应的对话框中可以设置图像的相关属性，设置完毕单击"确定"按钮即可导出图像。

10.3　动画作品的输出和发布

用 Flash CS6 制作的动画是 FLA 格式，因此在动画制作完成后，需要将 FLA 格式的文件发布成扩展名为 SWF 的文件，才能应用于网页播放。在默认的状态下，使用"发布"命令，可以创建 SWF 文件；此外，Flash CS6 还提供了其他多种发布格式，包括 HTML、GIF、JPEG、PNG、Windows 可执行文件、Macintosh 可执行文件等，用户可根据需要选择发布格式并设置其发布参数。

10.3.1　发布设置

选择菜单栏中的"文件"→"发布设置"命令，弹出"发布设置"对话框，如图 10-8 所示。在左侧"复选框"中选择相应的发布类型；在右侧"输出文件"中，为相应的文件类型命名。在发布影片后，将以一个影片为基础，可以得到不同类型、不同名称的文件。

单击"确定"按钮保留设置，关闭"发布设置"对话框；单击"取消"按钮不保留设置，关闭"发布设置"对话框；单击"发布"按钮，立即使用当前设置发布的指定格式的文件。

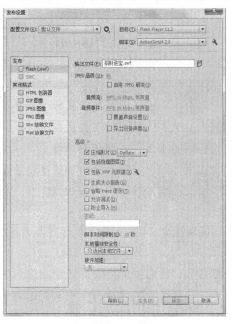

图 10-8　"发布设置"对话框

10.3.2　发布为 Flash 文件

用户可将 Flash 动画发布为 Flash 文件，具体操作步骤如下：

（1）选择菜单栏中的"文件"→"发布设置"命令，弹出"发布设置"对话框，选中 Flash（.swf）复选框，如图 10-9 所示。

图 10-9　设置 Flash（.swf）各项参数

该复选框对应的各选项含义如下：

- 目标：在该下拉列表中可设置 Flash 动画的播放器。
- 脚本：在该下拉列表中可设置动作脚本的版本。
- 输出文件：为相应的文件类型命名。
- JPEG 品质：拖动滑块或双击在文本框中直接输入数值调整图像的质量。图像质量越低，生成的文件越小；图像质量越高，生成的文件就越大。
- 音频流：设置输出流式音频的压缩格式和传输速度。
- 音频事件：设置输出音频事件的压缩格式和传输速率。
- 覆盖声音设置：若选中该复选框，则使用"音频流"和"音频事件"中的设置来覆盖 Flash 文件中的声音设置。
- 导出设备声音：若选中该复选框，Flash 将会导出适合于各种设备（包括移动设备）的声音，而不是原始声音。
- 压缩影片：若选中该复选框，将对生成的动画进行压缩以减小文件。
- 包括隐藏图层：若选中该复选框，将会导出不可见图层。
- 包括 XMP 无数据：若选中该复选框，在发布的 SWF 文件中将包括 XMP 无数据。
- 生成大小报告：若选中该复选框，在发布动画时将生成一个文本文件，该文件对于减小动画文件有指导意义。
- 省略 trace 语句：若选中该复选框，将使 Flash 忽略动画中的 trace 语句。
- 允许调试：若选中该复选框，Flash 将允许发布前的调试工作。
- 防止导入：若选中该复选框，可以防止发布的动画文件被别人下载到 Flash 程序中进行编辑。

- 密码：用于输入密码。

（2）设置好参数后，单击"发布"按钮，即可将 Flash 动画发布为 Flash 文件。

10.3.3 发布为 HTML 文件

用户可将 Flash 动画发布为 HTML 文件，具体操作步骤如下：

（1）选择菜单栏中的"文件"→"发布设置"命令，弹出"发布设置"对话框，选中"HTML 包装器" 复选框，如图 10-10 所示。

图 10-10 设置"HTML 包装器"各项参数

该复选框对应的各选项含义如下：

- 模板：用于设置要使用的已安装模板，单击"信息"按钮，即可显示选定模板的说明，其默认选项是"仅限 Flash"。
- 大小：用于设置"宽""高"属性值。
- 播放：用于控制 SWF 文件的播放和其他功能。选中"开始时暂停"复选框，会一直暂停播放 SWF 文件，直到用户单击按钮或从快捷菜单中选择"播放"后才开始播放。默认情况下，该选项处于取消选择状态。选中"循环"复选框，Flash 动画到达最后一帧将会重复播放。取消选中该复选框会使 Flash 动画到达最后一帧后停止播放。选中"显示菜单"复选框，当用户右击或按住<Ctrl>键单击 SWF 文件时，会显示一个快捷菜单；如果取消选中该复选框，则快捷菜单中只显示"关于 Flash"一项。选中"设备字体"复选框，会使用消除锯齿的系统字体替换用户系统上未安装的字体，使用设备字体可使小号字体清晰，并能减小 SWF 文件的大小。
- 品质：用于设置 HTML 网页的外观。
- 窗口模式：该选项用于控制 object 和 embed 标记中 HTMLwmode 的属性。

- 缩放和对齐：在该选项下拉列表中，选择"HTML 对齐"选项，用于设置 Flash 动画被输出后在浏览器窗口中的位置；"缩放"选项，用于设置 object 和 embed 标记中的缩放参数；"Flash 水平对齐参数"及"Flash 垂直对齐参数"，用于设置 object 和 embed 标记中的对齐参数。

（2）设置好参数后，单击"发布"按钮，即可将 Flash 动画发布为 HTML 网页。

10.3.4　发布为 GIF 文件

GIF 是 Internet 上最流行的图形格式，该格式的动画文件较小，为网页增色不少，用户可将 Flash 动画发布为 GIF 文件。具体操作步骤如下：

（1）选择菜单栏中的"文件"→"发布设置"命令，弹出"发布设置"对话框，选中"GIF 图像" 复选框，如图 10-11。

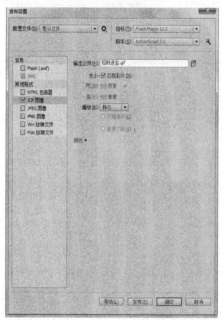

图 10-11　设置"GIF 图像"各项参数

该复选框对应的各选项含义如下：

- 大小：设置 GIF 位图的宽度和高度，以像素为单位。
- 匹配影片：若选中该复选框，将使"大小"文本框不起作用，并使 GIF 位图的尺寸与动画的尺寸相同。
- 播放：设置导出的 GIF 是静态的还是具有动画效果的。

（2）设置好参数后，单击"发布"按钮，即可将 Flash 动画发布为 GIF 文件。

10.3.5　发布为 JPEG 文件

用户可将 Flash 动画发布为 JPEG 文件，具体操作步骤如下：

（1）选择菜单栏中的"文件"→"发布设置"命令，弹出"发布设置"对话框，选中"JPEG 图像" 复选框，如图 10-12 所示。

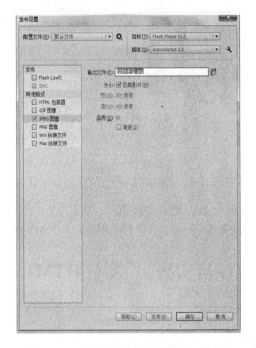

图 10-12　设置"JPEG 图像"各项参数

该复选框对应的各选项含义如下：

- 大小：设置 GIF 位图的宽度和高度，以像素为单位。
- 匹配影片：若选中该复选框，将使"大小"文本框不起作用，并使 GIF 位图的尺寸与动画的尺寸相同。
- 品质：该选项用于控制 JPEG 文件的压缩量，图像品质越低文件越小。选中"渐进"复选框可以在 Web 浏览器中逐步显示渐进的 JPEG 图像，因此可在低速网络连接上以较快的速度显示加载的图像。

（2）设置好参数后，单击"发布"按钮，即可将 Flash 动画发布为 JPEG 文件。

10.3.6　发布为 PNG 文件

用户可将 Flash 动画发布为 PNG 文件，具体操作步骤如下：

（1）选择菜单栏中的"文件"→"发布设置"命令，弹出"发布设置"对话框，选中"PNG 图像" 复选框，如图 10-13 所示。

该复选框对应的各选项含义如下：

- 位深度：用于设置创建图像时要使用的每个像素的倍数和颜色数。
- 抖动：用于设置如何组合可用颜色的像素以模拟当前调色板中不可用的颜色。
- 调色板类型：用于设置调色板的类型。
- 调色板：如果所设置的调色板类型为"自定义"，将激活该选项，用户可以在其文本框中输入自定义调色板的路径。

（2）设置好参数后，单击"发布"按钮，即可将 Flash 动画发布为 PNG 文件。

图 10-13 打开"PNG 图像"选项卡

10.4 项目实战一 发布 HTML 网页

10.4.1 项目实战描述与效果

源文件：Flash CS6\项目 10 \源文件\招财进宝。

1. 项目实战描述

本项目综合使用前面所学的内容将动画发布为网页。"发布 HTML"知识点分析如表 10-3 所示。

表 10-3 "发布 HTML 网页"知识点分析

知 识 点	功 能	实 现 效 果
"HTML 包装器"中各项参数	正确设置 HTML 各项参数	
"发布设置"命令	成功将已测试和优化好的 Flash 作品发布为网页	

2. 项目实战效果

最终作品效果如图 10-14 所示。

图 10-14 发布为 HTML 网页的最终效果

10.4.2 项目实战详解

（1）启动 Flash CS6 应用程序，打开一个已测试和优化好的 Flash 动画文件"招财进宝"。

（2）选择"文件"→"发布设置"命令，在弹出的"发布设置"对话框中选中"HTML 包装器"复选框，设置各选项参数，如图 10-15 所示。

（3）设置好参数后，单击"发布"按钮，即可将该动画发布为 HTML 网页。

（4）单击"确定"按钮，关闭该对话框。

（5）找到该动画存放的文件夹，可以发现已将该动画发布为 HTML 网页，如图 10-16 所示。

图 10-15　设置"HTML 包装器"各项参数　　　　图 10-16　发布为 HTML 网页

（6）双击该网页，将其打开，最终效果如图 10-14 所示。

10.5　项目实战二　发布"Win 放映文件"

10.5.1　项目实战描述与效果

源文件：Flash CS6\项目 10 \源文件\招财进宝。

1. 项目实战描述

本项目主要介绍将 Flash 作品发布为"Win 放映文件"的方法，这样用户就不需要任何其他附件，也不需要在计算机上安装 Flash 播放器，双击文件就可以直观地观看此动画文件。发布为"Win 放映文件"知识点分析如表 10-4 所示。

表 10-4　发布为"Win 放映文件"知识点分析

知　识　点	功　　能	实　现　效　果
输入"Win 放映文件"文件名	在"输入文件"后文本框中输入文件名	输出文件(F): 招财进宝.exe
"发布设置"命令	成功将已测试和优化好的 Flash 作品发布为"Win 放映文件"	

2. 项目实战效果

最终作品效果如图 10-17 所示。

图 10-17 发布为"Win 放映文件"最终效果

10.5.2 项目实战详解

（1）启动 Flash CS6 应用程序，打开一个已测试和优化好的 Flash 动画文件"招财进宝"。

（2）选择"文件"→"发布设置"命令，在弹出的"发布设置"对话框中选中"Win 放映文件"复选框，设置输出文件名，如图 10-18 所示。

（3）设置好参数后，单击"发布"按钮，即可将该动画发布为"Win 放映文件"。

（4）单击"确定"按钮，关闭该对话框。

（5）找到该动画存放的文件夹，可以发现已将该动画发布为"Win 放映文件"，如图 10-19 所示。

图 10-18 设置输出文件名　　　　　　　图 10-19 发布为"Win 放映文件"

（6）双击该文件，将其打开，最终效果如图 10-17 所示。

小　结

通过本项目的学习，用户可以掌握动画的测试与发布技巧，包括测试与优化动画、导出动画以及发布动画知识。

练　习　十

1. 将自己制作的动画文件"马赛克效果"，以 PNG 格式进行发布，如图 10-20 所示。
2. 将自己制作的动画文件"马赛克效果"，以 GIF 格式进行发布，如图 10-21 所示。

图 10-20　发布 PNG 格式动画

图 10-21　发布 GIF 格式动画

项目⑪

➡ 项目综合实战

Flash 动画具有广泛的应用领域，本项目实战主要介绍展示类动画制作、MV 动画制作、3D 效果类动画制作及课件制作。就像拍电影一样，创作一个优秀的 Flash 动画作品，也要经过很多环节，每一个环节的创作都关系到作品的最后质量。通过本项目的创作流程，仔细体会作品创作过程中的以下几个重要环节即"作品策划、准备素材、动画制作、后期调试、发布作品"的实现过程，以保证 Flash 动画能够完美地展现在欣赏者面前。

项目学习重点：

- Flash 动画创建方法与使用技巧；
- ActionScript 脚本语言的使用。

11.1 项目综合实战一 婚纱展示动画制作

11.1.1 项目综合实战描述与效果

- 素材：Flash CS6\项目 11 \素材\婚纱展示。
- 源文件：Flash CS6\项目 11 \源文件\婚纱展示。

1. 项目综合实战描述

本项目综合使用遮罩动画、补间动画及 AdionScript 语言完成作品创作。展示类动画是为了展示某样产品或某种事物而制作的 Flash 动画，所以在制作时需要注意画面要简洁大方、干净明了，明确需要展示的产品才是动画的主体，将其清晰地展示给观者就达到了制作的目的。"婚纱展示动画制作"知识点分析如表 11–1 所示。

表 11–1 "婚纱展示动画制作"知识点分析

知 识 点	功 能	实 现 效 果
遮罩动画：学会使用遮罩动画制作逐渐显示出的图像	创建不同的遮罩动画，使图形之间的跳转更加丰富	
补间动画：掌握补间动画的制作及特点	快速创建补间动画，展示图形变化等	

知 识 点	功 能	实 现 效 果
脚本语言的使用：使用脚本语言控制帧动画的跳转和停止	使用脚本语言修改帧和实例的动作	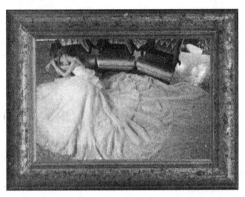

2. 项目综合实战效果

最终作品效果如图 11-1 所示。

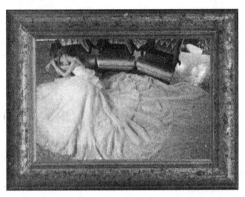

图 11-1　婚纱展示动画制作最终效果

11.1.2　项目综合实战详解

（1）新建文件，并设置文档属性。选择舞台后，在属性面板中单击"编辑文档属性"按钮，弹出"文档设置"对话框。在其中将尺寸调整为 763 像素×576 像素，背景颜色调整为白色，帧频为 12，如图 11-2 所示。

（2）选择"文件"→"导入"→"导入到库"命令，在弹出的"导入到库"对话框中选择全部素材，导入后库面板如图 11-3 所示。

图 11-2　设置文档属性

图 11-3　导入素材后的库面板

（3）选择"图层 1"的第 210 帧，按"F5"键添加帧，如图 11-4 所示。在库中找到素材 55.jpg，将其拖动到舞台中。在工具箱中找到"任意变形工具"，将图片调整到适合的尺寸，如图 11-5 所示。

图 11-4　添加帧　　　　　　　　　图 11-5　添加图层 1 图片

（4）新建"图层 2"，在这层中将制作第二张图片的变化。选择第 36 帧，按<F6>键添加关键帧，如图 11-6 所示。打开"库"面板，在其中选择素材图片 54.jpg，并将其拖动到舞台中央。选择 54.jpg，打开"对齐"面板，将素材图片大小调整到符合舞台大小，并绝对居中于舞台，如图 11-7 所示。

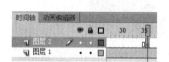

图 11-6　添加关键帧　　　　　　　　图 11-7　添加图层 2 图片

（5）选择第 36 帧，右击，在弹出的快捷菜单中，选择"创建补间动画"命令。创建补间动画后，"图层 2"会变为草绿色，选择第 73 帧和第 110 帧创建关键帧，如图 11-8 所示。

（6）在"图层 2"中选、择第 36 帧中的元件，打开属性面板。在属性面板中找到"色彩效果"部分，样式选择 Alpha，并将数值调整为 0%，如图 11-9 所示。添加色彩效果后，舞台中的元件变化为完全透明，如图 11-10 所示。选择第 110 帧，执行与第 36 帧相同的操作。

图 11-8　创建补间动画

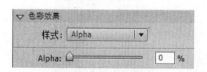

图 11-9　调整色彩效果　　　　　　　图 11-10　调整后的效果

（7）按快捷键<Ctrl+F8>新建元件，类型为"影片剪辑"。进入元件内部后，在"图层1"第45帧按<F5>键添加帧。新建"图层2"，在第45帧按<F6>键添加关键帧，如图11-11所示。并在该帧按<F9>键打开动作面板，在脚本编辑栏中添加脚本，如图11-12所示。

图 11-11　添加关键帧　　　　　　　　　图 11-12　添加脚本语言

（8）使用"矩形工具"，在"图层1"中绘制一个小矩形，颜色不限，如图11-13所示。

（9）在"图层1"任意帧右击，在弹出的快捷菜单中选择"创建补间动画"命令。然后，选择该图层的最后一帧，将这一帧中的矩形元件调整放大到覆盖舞台，如图11-14所示。

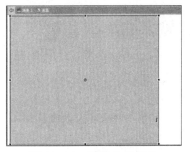

图 11-13　绘制矩形　　　　　　　　　图 11-14　调整放大矩形

（10）制作好矩形元件后，返回"场景1"中新建"图层3"，在第36帧处添加关键帧。将刚刚制作好的元件拖动到舞台上，如图11-15所示。在这一层中将矩形元件制作为遮罩层，就能得到一个逐渐显现图片的渐变动画。在该层上右击，在弹出的快捷菜单中选择"遮罩层"命令。转化为遮罩层后，遮罩层和被遮罩层的标志也会随之改变，如图11-16所示。

图 11-15　添加矩形遮罩　　　　　　　　　图 11-16　转换为遮罩层

（11）新建"图层4"，按<F6>键在第116帧处添加关键帧，如图11-17所示。在该层添加图片53.jpg，并将图片对齐于舞台，如图11-18所示。

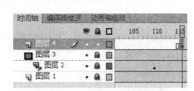

图 11-17　添加关键帧　　　　　　　　图 11-18　添加素材图片

（12）新建"图层 5"，在第 116 帧上添加关键帧，使用"矩形工具"在舞台的左边绘制一个细长的矩形，如图 11-19 所示。为这个矩形创建补间动画，选择最后一帧中的图形元件，使用"任意变形工具"调整细长矩形变为覆盖整个舞台，如图 11-20 所示。

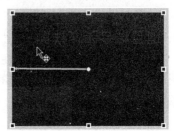

图 11-19　绘制补间元件　　　　　　图 11-20　修改补间动画关键帧内容

（13）在"图层 5"上右击，从弹出的快捷菜单中选择"遮罩层"命令。

（14）新建"图层 6"，如图 11-21 所示。打开库面板，将导入的素材图像"相框"拖动到舞台上，为整个婚纱展示动画添加一个相框，如图 11-22 所示。

图 11-21　新建图层　　　　　　　　图 11-22　添加相框素材

（15）至此，婚纱展示动画制作圆满完成，按快捷键<Ctrl+Enter>测试动画。

11.2　项目综合实战二　儿童歌曲 MV 制作

11.2.1　项目综合实战描述与效果

● 素材：Flash CS6\项目 11 \素材\儿童歌曲 MV 制作。
● 源文件：Flash CS6\项目 11 \源文件\儿童歌曲 MV 制作。

1. 项目综合实战描述

本项目主要利用 Flash 独具特色的编辑设计功能，十分方便地制作出精美的 MV，并以其丰富的表现力和动感的声效深受大家喜爱。"儿童歌曲 MV 制作"知识点分析如表 11-2 所示。

表 11-2 "儿童歌曲 MV 制作"知识点分析

表 11-2 "儿童歌曲 MV 制作"知识点分析

知 识 点	功 能	实 现 效 果
遮罩动画	实现歌词字幕效果	
"发布设置"命令	成功将已测试和优化好的 Flash 作品发布为"Win 放映文件"	

2. 项目综合实战效果

最终作品效果如图 11-23 所示。

图 11-23 儿童歌曲 MV 制作最终效果

11.2.2 项目综合实战详解

1. 准备工作

（1）新建脚本为 Action Script 3.0 的 Flash 文件，舞台大小 550 像素×400 像素，帧频 24 fps，舞台背景白色，保存名为"儿童歌曲 MV 制作.fla"。

（2）选择"文件"→"导入""导入到库"命令，选择"Flash CS6\项目 11 \素材\儿童歌曲 MV 制作"全部文件，单击"打开"按钮，将其全部导入库中。

（3）将图层 1 重命名为"歌曲"，并添加歌曲"洋娃娃和小熊跳舞.mp3"，在后面不断按 <F5>键插入帧，最后在第 1274 帧插入帧（整个音频结束处）。

（4）新建"标签"图层，在每一句歌词开始处，创建关键帧，制作标签，起到标识作用。

（5）制作歌词元件，"属性"设置为"传统文本"，"文本类型"设置为"静态文本"，"字体"设置为"迷你简丫丫"，"大小"设置为"30 点"，"颜色"设置为"红色"，如图 11-24 所示。

图 11-24 文本工具属性

（6）新建"歌词"层，根据帧标签，在 210 帧处按<F7>键插入空白关键帧，将图形元件"歌词 1"拖动到舞台，并设置其 X 值为 275，Y 值为 360.10（也可使用对齐面板中的相对于舞台的水平中齐，Y 值根据需要调整）。

（7）重复步骤（5），分别将所有"歌词"元件都拖动到"歌词"图层中对应的帧位置，并调整元件的位置。

2. 使用遮罩制作歌词字幕

（1）新建"歌词遮罩"图层，位置要在"歌词"层上一层，在该图层名称上右击，在弹出的快捷菜单中选择"遮罩层"，则"歌词"图层会自动成为被遮罩层。根据"标签"图层的标识，在每一句歌词开始帧处，右击，在弹出的快捷菜单中选择"插入空白关键帧"，分别在每一句歌词开始帧位置在舞台上使用矩形工具画一个小矩形，并且要放置在对应"歌词"元件前面位置，宽 16.2，高 36.25，颜色不限，高度以刚刚能遮住歌词为宜，如图 11-25 所示。

图 11-25　遮罩层"歌词遮罩"与被遮罩层"歌词"位置

（2）在每一句歌词结束帧前 10 帧处插入关键帧，将舞台上的矩形加宽到 470，高不变，让矩形完全遮住歌词元件，在两个矩形中间的任意帧处右击，在弹出的快捷菜单中选择"创建补间形状"，完成歌词逐渐出现的字幕效果，如图 11-26 所示。

图 11-26　歌词遮罩形状补间

（3）新建"歌词装饰"图层，在该图层上，根据"标签"图层的标识，在每一句歌词开始帧处，右击，在弹出的快捷菜单中选择"插入关键帧"，将库中"歌词"文件夹下的影片剪辑元件"歌词装饰"拖入到舞台，放置在"歌词"元件之前，并将帧在与之对应的"歌词遮罩"图层中动画结束的后 1 帧结束，如第一句歌词的"歌词遮罩"动画从第 210 帧到第 309 帧结束，则"歌词装饰"从第 210 帧到 310 帧结束。

3. 制作片头

（1）要制作出如图 11-23 所示片头，分为 6 部分：蓝色渐变背景、歌曲名、星空、小房子、光源和 play 按钮。

（2）蓝色渐变背景：新建"片头蓝色背景"图层，在第 165 帧结束，在第 1 帧画一个和舞台同大小的矩形，颜色面板选择线性渐变，选中色带上左侧"颜色指针"，将其设置为蓝色（#090EB8），选中色带上右侧"颜色指针"，将其设为深蓝（#000066），然后选择颜料桶工具在舞台上由下向上拖动来实现填充，并将该图层"锁定"，如图 11-27 所示。

（3）歌曲名：新建"片头字幕"图层，仅保留第 1 帧，其他帧删除。在第 1 帧使用文本工具输入文本"洋娃娃和小熊跳舞"，设置"属性"中"系列"为"迷你简丫丫"，"大小"为 40，"颜色"为红色（#FF0000），并如图 11-23 所示调整文本位置，文本属性如图 11-28 所示。

（4）星空：新建"片头动画-星空"图层，在 165 帧结束，在第 1 帧将制作好的影片剪辑元件"星空"拖入到舞台，放置在舞台的合适位置，这里 X 值 8.95，Y 值 7.75。

图 11-27　线性渐变

图 11-28　片头字幕文本属性

（5）小房子：新建"片头动画-小房子"图层，在 165 帧处结束，将制作好的元件图形"小房子"拖入到舞台，调整大小，并放置到舞台右下角合适位置（精确的数值以后不在给出，因为数值并不是固定的，只要根据自己的需要调整，兼顾美观即可）。

（6）光源：小房子窗户发出的闪烁光源。新建"片头动画-光源"图层，在 165 帧结束，将制作好的影片剪辑元件"光源"拖入舞台，并放置在小房子窗户上，尺寸比窗户稍大即可（注意：小房子的窗户填充必须是透明的无填充，"光源"图层要放在"小房子"图层下）。

（7）同时选择图层"星空""小房子""光源"图层的第 1 帧，右击在弹出的快捷菜单中选择"创建补间动画"。

（8）选择"星空"图层，使用任意变形工具，将变形点托动到左上角，在 100 帧，将星空适当缩小，大概是原来的 65%，如图 11-29、图 11-30 所示。

图 11-29　第 1 帧"星空"位置

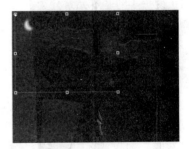

图 11-30　第 100 帧"星空"位置

（9）同时选择"小房子"图层和"光源"图层的第 100 帧，使用"任意变形工具"，将变形点拖动到小房子图形的右下角位置，将其同时放大，大概是原来的 150 倍，如图 11-31、图 11-32 所示。

图 11-31　第 1 帧"小房子"和"光源"位置

图 11-32　第 100 帧"小房子"和"光源"位置

（10）play 按钮：新建"片头-按钮"图层，第 1 帧处，选择"窗口"→"公用库"→"按钮"→"classic buttons"→"Circle Buttons"→"play 按钮"，将该按钮放置在舞台合适位置，如图 11-23 所示。在第 1 帧处右击，在弹出的快捷菜单中选择"动作"命令，在弹出的"动作"面板中输入代码：

```
addEventListener(MouseEvent.CLICK,mouseHandler);
function mouseHandler(e:MouseEvent){
    play();
}
```

（11）片头的延续：同时选择"小房子"图层和"光源"图层的 149 帧，单击舞台上已被选中的元件，将其同时放大 600 倍，并调整位置将阁楼的窗户大概置于舞台中央。

（12）同时选择"小房子"图层和"光源"图层的 165 帧，单击舞台上已被选中的元件，设置"属性"中的"色彩效果"下的 Alpha 值设为 0；然后同时选择"小房子"图层和"光源"图层的 149 帧，设置"属性"中的"色彩效果"下的 Alpha 值设为 100。

（13）片头中各个图层帧的位置如图 11-33 所示。

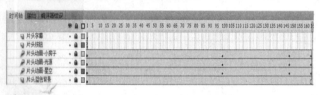

图 11-33　片头各图层帧位置

4. 制作镜头 1

（1）镜头 1 的基本元素分为 3 部分：阁楼背景、星空、玩具组，如图 11-34 所示。

（2）新建 3 个图层："镜头 1-阁楼""镜头 1-星空""镜头 1-玩具组"，同时选择这 3 个图层的第 150 帧，插入关键帧，并在 319 帧处结束帧。

（3）"镜头 1-阁楼"第 150 帧，将制作好的图形"阁楼"元件拖入到舞台，选中该元件，按<Ctrl+K>组合键，打开"对齐"面板，选中 ☑ 与舞台对齐 单选按钮，然后单击"水平中齐"按钮 ⫶、"垂直中齐"按钮 ⫶。

图 11-34　镜头 1 效果

（4）"镜头 1-星空"第 150 帧，将制作好的影片剪辑元件"闪烁的月亮""星星 1"和"星星 2"拖到舞台，并放置在阁楼窗户位置，星星元件随机点缀，如图 11-35 所示。

（5）"镜头 1-玩具组"第 150 帧，将制作好的影片剪辑元件"玩具组 1"拖入到舞台，放置在合适的位置，如图 11-36 所示。

图 11-35　"镜头 1—星空"中元件位置

图 11-36　"镜头 1—玩具组"中元件位置

（6）新建 2 个图层："镜头 1-小熊动画"和"镜头 1-洋娃娃动画"，同时选中 2 个图层的第 189 帧，插入关键帧，分别将影片剪辑元件"镜头 1 小熊"和"镜头 1 洋娃娃"分别拖入到对应的图层，调整大小，放置在舞台合适位置（尽量和舞台中已有的小熊和洋娃娃重叠），都在 209 帧处插入空白关键帧，效果如图 11-37 所示。

（7）在"镜头 1-玩具组"图层的第 189 帧转换为空白关键帧，将"玩具组 2"拖入到舞台合适位置，如图 11-38 所示（这里隐藏了"镜头 1 小熊"和"镜头 1 洋娃娃"元件，为了突出"玩具组 2"元件的位置）。将图层"镜头 1-阁楼"和"镜头 1-星空"的第 189 帧转换为关键帧。

图 11-37　"镜头 1 小熊"和"镜头 1 洋娃娃"
元件位置

图 11-38　"玩具组 2"元件位置

（8）同时选中"镜头 1-小熊动画"和"镜头 1-洋娃娃动画"2 个图层的第 189 帧，创建补间动画，同时选中 196 帧，将 2 个图层中的 2 个元件同时向右上方移动，如图 11-39 所示。（注意：图中隐藏了玩具组 2，为了突出元件位置变化）

（9）同时选中"镜头 1-小熊动画"和"镜头 1-洋娃娃动画"2 个图层的第 208 帧，将 2 个图层中的 2 个元件同时向下方移动，并放大 150 倍，如图 11-40 所示。

（10）同时选中"镜头 1-阁楼""镜头 1-星空"和"镜头 1-玩具组"3 个图层的第 189 帧，右击，在弹出的快捷菜单中选择"创建补间动画"，同时选中 3 个图层的第 208 帧，将 3 个图层的 3 个元件同时放大 150%，并移动到合适的位置（要注意舞台的边界，不要放到舞台之外），如图 11-40 所示。

图 11-39　196 帧元件位置

图 11-40　208 帧元件位置

（11）同时选中"镜头 1-小熊动画"图层和"镜头 1-洋娃娃动画"图层的 209 帧，分别将元件"小熊动画 1"和"洋娃娃动画 1"拖入到对应的图层，放置在舞台合适位置，2 个图层都在 319 帧结束，镜头 1 各图层帧位置如图 11-41 所示。

图 11-41　镜头 1 各图层帧位置

5. 制作镜头 2

（1）镜头 2 基本元素分为 3 部分：背景、小熊和洋娃娃，如图 11-42 所示。

（2）新建 3 个图层："镜头 2-背景""镜头 2-小熊动画"和"镜头 2-洋娃娃动画"，都在 320 帧插入关键帧，424 帧处结束。

（3）在"镜头 2-背景"图层，使用矩形工具绘制背景图形，如图 11-42 所示。

（4）在"镜头 2-小熊动画"图层，将影片剪辑元件"小熊动画 2"拖入舞台，如图 11-42 所示。

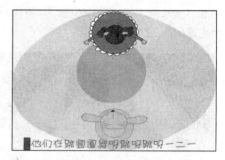

图 11-42　镜头 2 效果

（5）在"镜头 2-洋娃娃动画"图层，将影片剪辑元件"洋娃娃动画 2"拖入舞台，如图 11-42 所示。

（6）镜头 2 各图层帧的位置如图 11-43 所示。

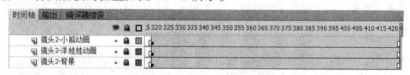

图 11-43　镜头 2 各图层帧位置

6. 制作镜头 3

（1）新建图层"镜头 3-小熊动画"，在 425 帧处插入关键帧，将影片剪辑元件"小熊动画 3"拖入到舞台，在 529 帧处结束。

（2）新建图层"镜头 3&4 背景"，在 425 帧处插入关键帧，将图形元件"阁楼"拖入到舞台，并放大到合适位置，在 639 帧处结束，效果如图 11-44 所示。

7. 制作镜头 4

（1）新建图层"镜头 4-洋娃娃动画"，在 530 帧处插入关键帧，将影片剪辑元件"洋娃娃动画 3"拖入到舞台，在 639 帧处结束，如图 11-45 所示。

图 11-44　镜头 3 效果图

图 11-45　镜头 4 效果

（2）镜头 4 的背景和镜头 3 的背景共用同一图层。镜头 3 和镜头 4 各个图层帧位置如图 11-46 所示。

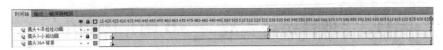

图 11-46　镜头 3 和镜头 4 各图层帧位置

8. 制作镜头 5

（1）镜头 5 有 3 个基本元素：背景、小熊和洋娃娃，如图 11-47 所示。

（2）新建 3 个图层："镜头 5-背景""镜头 5-小熊动画"和"镜头 5-洋娃娃动画"，都在 640 帧处插入关键帧，都在 739 帧处结束。

图 11-47　镜头 5 效果图

（3）分别将图形元件"阁楼"、影片剪辑元件"小熊动画 1"和"洋娃娃动画 1"在 640 帧处拖入到对应图层，并调整到合适位置。镜头 5 各个图层帧位置如图 11-48 所示。

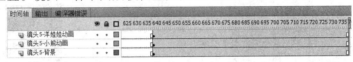

图 11-48　镜头 5 各图层帧位置

9. 制作镜头 6

（1）镜头 6 基本元素分为 4 部分：阁楼、星空、小熊和洋娃娃，如图 11-49 所示。

（2）新建 5 个图层："镜头 6-阁楼""镜头 6-星空""镜头 6-玩具组""镜头 6-小熊动画"和"镜头 6-洋娃娃动画"，都在 740 帧插入关键帧，分别将图形元件"阁楼"、影片剪辑元件"星空""小熊动画 4"和"洋娃娃动画 4"拖入到对应图层，调整到合适位置，如图 11-49 所示。

（3）将图层"镜头 6-阁楼"和"镜头 6-星空"延长到 1274 帧处结束。

（4）在图层"镜头 6-玩具组"的第 740 帧处将图形元件"花""风车""孔雀"和"木马"拖入到舞台，并调整大小和位置，在 849 帧处结束。

（5）在图层"镜头 6-小熊动画"和"镜头 6-洋娃娃动画"的第 850 帧处插入空白关键帧，分别将影片剪辑元件"小熊动画 5"和"洋娃娃动画 5"拖入到对应图层，并调整到合适位置，并延长到 1274 帧处结束，如图 11-50 所示。

图 11-49　镜头 6 效果图

图 11-50　镜头 6 的 850 帧处效果图

10. 制作镜头 7

新建图层"镜头 7"，在第 640 帧、740 帧和 850 帧处分别插入关键帧，在第 640 帧处将影片剪辑元件"玩具组 2"拖入到舞台，调整大小放到合适位置，然后在第 850 帧处将影片剪辑元件"玩具组 2"再次拖入到舞台，调整大小放到合适的位置，最后在第 1274 帧处结束。

11.3　项目综合实战三　3D 图片墙制作

11.3.1　项目综合实战描述与效果

- 素材：Flash CS6\项目 11 \素材\3D 图片墙。
- 源文件：Flash CS6\项目 11 \源文件\ 3D 图片墙。

1. 项目综合实战描述

本项目主要使用 3D 旋转工具、3D 平移工具及补间动画实现 3D 图片旋转特效，"3D 图片墙制作"知识点分析如表 11-3 所示。

表 11-3　"3D 图片墙制作"知识点分析

知 识 点	功 能	实 现 效 果
3D 旋转工具	在 3D 坐标轴上，拖动红色直线代表 X 轴，绿色直线代表 Y 轴，蓝色的内圈是 Z 轴，橙色的外圈是可在 X、Y、Z 每个方向都产生旋转	
3D 平移工具	在 3D 坐标轴上，拖动红色直线代表 X 轴，绿色直线代表 Y 轴，而中间指向的黑点是 Z 轴	
补间动画：掌握补间动画的制作及特点	创建补间动画，实现 3D 图片墙旋转效果	

2. 项目实战效果

最终作品效果如图 11-51 所示。

图 11-51　"3D 图片墙制作"最终效果

11.3.2 项目综合实战详解

（1）新建文档，设置文档大小为 800 像素 × 600 像素，如图 11-52 所示。

（2）选择"文件"→"导入"→"导入到库"命令，将全部素材导入到库中，"库"面板如图 11-53 所示。

图 11-52 文件属性设置

图 11-53 "库"面板导入素材

（3）在默认名称"图层 1"双击，将其重命名为"底"。将"背景.jpg"拖动至舞台中，使用"对齐"面板将其与舞台大小匹配，如图 11-54 所示。

（4）在"库"面板中单击"新建元件"按钮，弹出"创建新元件"对话框，新建"影片剪辑"类型元件，将其命名为"圈"，如图 11-55 所示。

图 11-54 舞台图片

图 11-55 "创建新元件"对话框

（5）将库中图片"ZB.jpg"拖入舞台，设置其宽为"136 像素"，高为 186 像素，如图 11-56 所示，其舞台窗口如图 11-57 所示。在其图片上右击，从弹出的快捷菜单中选择"转换为元件"命令，将其命名为 ZB，类型为"影片剪辑"。

图 11-56 设置图片位置及大小

图 11-57 舞台窗口

（6）编辑元件"圈"，使用"3D 旋转工具"选择 ZB 影片剪辑元件，将 3D 中心点沿 Z 轴移动 275，舞台窗口如图 11-58 所示，"变形"面板如图 11-59 所示。

图 11-58　Z 轴移动舞台窗口

图 11-59　"变形"面板

（7）编辑影片剪辑元件 ZB 沿 Y 轴旋转 30°，舞台窗口如图 11-60 所示，"变形"面板如图 11-61 所示。

图 11-60　旋转 30⁰ 舞台窗口

图 11-61　"变"形面板

（8）单击"变形"面板上的"重置选区和变形"按钮 11 次，得到如图 11-62 所示效果。

图 11-62　重置选区和变形后的效果

（9）按照第（5）步的方法，将库中除"背景.jpg"外的其他图片均转换为影片剪辑元件，"库"面板如图 11-63 所示。

（10）全选所有元件，使用"3D 旋转工具"对其进行旋转，舞台窗口如图 11-64 所示，"变形"面板如图 11-65 所示。

（11）随意选中这 12 个相同元件中的某一个，右击，从弹出的快捷菜单中选择"交换元件"命令，将其交换为其他球星的元件，按此方法将其他元件依次交换即可，交换后的效果如图 11-66 所示。

图 11-63　库面板

图 11-64　X、Y 旋转舞台窗口

图 11-65　"变形"面板

（12）在"库"面板中单击"新建元件"按钮，弹出"创建新元件"对话框，新建"影片剪辑"类型元件，将其命名为"转圈"，将"圈"拖至编辑区，在第 50 帧按<F5>键插入帧，在其间任意帧右击，从弹出的快捷菜单中选择"创建补间动画"命令，使用"3D 旋转工具"及"3D 平移工具"分别对第 1 帧及 25 帧进行适当编辑，其时间轴面板如图 11-67 所示。

图 11-66　交换元件

图 11-67　"时间轴"面板

（13）返回主场景，新建"图层 2"并将其重命名为"圈"，将元件"转圈"拖至舞台，如图 11-68 所示。新建"图层 3"并将其重命名为"音乐"，拖动"库"面板中的"世界杯.mp3"至该层，添加声音效果，其时间轴面板如图 11-69 所示。

图 11-68　舞台窗口

图 11-69　"时间轴"面板

（14）按快捷键<Ctrl+Enter>测试影片，最终效果如图 11-51 所示。

11.4　项目综合实战四　What does he do?

11.4.1　项目综合实战描述与效果

- 素材：Flash CS6\项目 11 \素材\ What does he do。
- 源文件：Flash CS6\项目 11 \源文件\ What does he do。

1. 项目综合实战描述

本项目主要使用"任意变形工具"、公共库中按钮及 ActionScript 语句实现课件的创作。What does he do 知识点分析如表 11-4 所示。

表 11-4　What does he do 知识点分析

知 识 点	功 能	实 现 效 果
ActionScript 脚本语言的使用	掌握 on(release)语句、gotoAndStop() 语句的用法	
公共库中按钮的使用	掌握公用库中按钮的使用方法	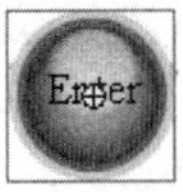

2. 项目综合实战效果

最终作品效果如图 11-70 所示。

图 11-70　What does he do?最终效果

11.4.2　项目综合实战详解

1. 制作课件

（1）新建文档，设置文档大小为 550 像素 × 400 像素，如图 11-71 所示。

（2）选择"文件"→"导入"→"导入到库"命令，将全部素材导入到库中，"库"面板如图 11-72 所示。

图 11-71　"属性"面板

图 11-72　"库"面板

（3）从"库"面板中将"背景 1"图片拖动到场景中；打开"对齐"面板，选中"与舞台对齐"复选框后，选择"水平中齐""垂直中齐"及"匹配宽和高"。

（4）选择"文本工具"，设置字体为黑体，字号大小为 36，字体颜色为黑色，输入多媒体课件的题目"What does he do?"；调整字体为楷体，字号大小为 20，输入"制作：***"。

（5）选择"窗口"→"公用库"→"按钮"命令，将 buttons circle bubble 中的 circle bubble grey 按钮拖动到舞台场景中。

（6）选中图层 1 的第 1 帧，右击，从弹出的快捷菜单中选择"动作" 命令，弹出"动作–帧"面板，从选择"全局函数"→"时间轴控制"→"Stop"命令，如图 11-73 所示；在脚本窗口中显示出选择的脚本语言；设置完成动作脚本后，关闭"动作–帧"面板；在图层 1 的第 1 帧上显示出标记 a，第 1 帧的画面效果如图 11-74 所示。

图 11-73 输入语句   图 11-74 第 1 帧效果图

（7）选中图层的第 2 帧，按<F7>键，在该帧上插入空白关键帧，将素材"背景 2""村长 1""喜洋洋 1""对话框"拖动到场景中，并摆放到合适的位置。

（8）单击"窗口"→"公用库"→"按钮"命令，将 buttons bar capped 中的 bar capped blue 按钮拖动到舞台场景中，双击按钮进入编辑状态，将按钮上的字母 Enter 修改为"上一页"；将 buttons bar capped 中的 bar capped grey 按钮拖动到舞台场景中，将字母 Enter 修改为"下一页"。

（9）选择"文本工具"，设置字体为宋体，字号大小为 18，字体颜色为黑色，在"对话框"中输入内容"Good morning!"；第 2 帧的效果如图 11-75 所示。

（10）选中图层的第 3 帧，按<F6>键，在该帧上插入关键帧，将素材"DH1"删掉，将素材"DH2"拖动到场景中并调整到合适的位置；修改对话框中的内容为"What are you doing?"并调整位置；第 3 帧的效果如图 11-76 所示。

图 11-75 第 2 帧效果图   图 11-76 第 3 帧效果图

（11）选中图层的第 4 帧，按<F6>键，在该帧上插入关键帧，修改对话框中的内容为"I am painting!"并调整其位置；第 4 帧的效果如图 11-77 所示。

（12）选中图层的第 5 帧，按<F7>键，在该帧上插入空白关键帧，将素材"背景 2""村长 2""对话框"拖动到场景中摆放到合适的位置，在对话框中输入内容"Question: What does he do?"。

（13）选择"窗口"→"公用库"→"按钮"命令，将 buttons bar 中的 bar blue 按钮拖动到舞台场景中，并将字母 Enter 修改为"上一页"；将 buttons bar 中的 bar grey 按钮拖动到舞台场景中，并将字母 Enter 修改为"返回"；第 5 帧的效果如图 11-78 所示。

图 11-77　第 4 帧效果图

图 11-78　第 5 帧效果图

2. 添加 ActionScript 语句

（1）选中第 1 帧上的 Enter 按钮，右击，从弹出的快捷键菜单中选择"动作"命令，弹出"动作-按钮"面板，选择"全局函数"→"影片剪辑控制"→"on(release)"命令，在脚本窗口中显示出选择的脚本语言；编写脚本，如图 11-79 所示；表示当点击该按钮时，播放头跳转到第 2 帧；设置完成动作脚本后，关闭"动作-按钮"面板。

图 11-79　第 1 帧按钮的动作语句

（2）选中第 2 帧上的"下一页"按钮，右击，从弹出的快捷菜单中选择"动作"命令，弹出"动作-按钮"面板，使用同样的方法编写脚本，如图 11-80 所示；表示当点击该按钮时，播放头跳转到第 3 帧。

图 11-80　第 2 帧按钮的动作语句

（3）选中第 3 帧上的"下一页"按钮，右击，从弹出的快捷菜单中选择"动作"命令，弹出"动作-按钮"面板，使用同样的方法编写脚本，如图 11-81 所示；表示当点击该按钮时，播放头跳转到第 4 帧。

图 11-81　第 3 帧按钮的动作语句

（4）选中第 4 帧上的"下一页"按钮，右击，从弹出的快捷菜单中选择"动作"命令，弹出"动作–按钮"面板，使用同样的方法编写脚本，如图 11-82 所示；表示当点击该按钮时，播放头跳转到第 5 帧。

图 11-82　第 4 帧按钮的动作语句

（5）选中第 5 帧上的"返回"按钮，右击，从弹出的快捷菜单中选择"动作"命令，弹出"动作–按钮"面板，使用同样的方法编写脚本，如图 11-83 所示；表示当点击该按钮时，播放头返回第 1 帧。

图 11-83　第 5 帧按钮的动作语句

（6）同样的方法制作第 2 帧至第 5 帧中"上一页"按钮的动作语句。

（7）保存文件，按快捷键<Ctrl+Enter>进行测试。

小　结

通过本项目的学习，用户可以掌握 Flash 动画的综合创作方法。最终能够熟练地实现"角色与场景的完美融合、角色动作的添加及声音与动画同步"的关键环节，这一步最能体现出制作者的水平，同时想要制作出优秀的 Flash 作品，不但要熟练掌握 Flash 软件的使用，还需要掌握一定的美术知识以及动画运动规律。

练 习 十 一

以"幸福家庭的休闲假日"为主题，设计一张 500×500 像素的照片浏览动画，以留住休闲假日全家的美好回忆，如图 11-84 所示。

图 11-84　休闲假日照片浏览动画

练习一参考答案

1. Flash 的应用领域有哪些?

（1）娱乐短片；　　（2）广告设计；　　（3）Web 界面；　　（4）导航条；

（5）游戏　　　　（6）课件　　　　（7）MTV

2. 把 Flash 网格线设置为红色，辅助线设置为黑色。

（1）选择"视图"→"网格"→"设置网格"命令，如图 A-1 所示，在弹出的"网格"对话框中，设置颜色为红色，如图 A-2 所示。

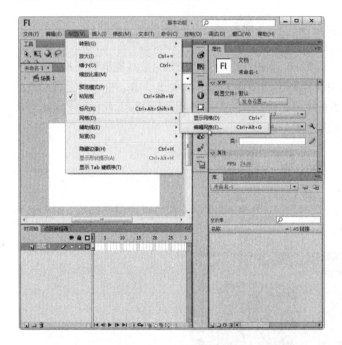

图 A-1　"编辑网格"　　　　　　　　　　　　　图 A-2　"网格"对话框

（2）选择"视图"→"辅助线"→"编辑辅助线"命令（见图 A-3），在弹出的"辅助线"对话框中，设置颜色为黑色，如图 A-4 所示。

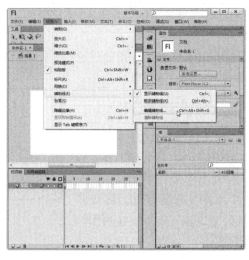

图 A-3　选择"编辑辅助线"　　　　　　　图 A-4　"辅助线"对话框

练习二参考答案

1. 制作扑克牌如图 A-5 所示。

（1）新建一个 Flash 文档,设置舞台大小为 210 像素×280 像素。

（2）选择"矩形工具",在其"属性"面板中设置"笔触颜色"为黑色,"填充颜色"为无,"笔触"为 3,"矩形选项"区域中的"矩形边角半径"均为 10,在舞台上绘制一个黑色圆角矩形。

（3）选择创建的矩形,将矩形的宽度设置为 166、高度设置为 236,如图 A-6 所示。

（4）选择"椭圆工具",在其"属性"面板中设置"笔触颜色"为红色,"填充颜色"为无,"笔触"为 2,在舞台上绘制两个垂直排列的椭圆。

图 A-5　扑克牌最终效果

（5）设置其中一个椭圆的宽度为 10、高度为 8.5,另一个椭圆的宽度设为 11、高度设为 9.5。然后,调整它们的位置成 8 字形,并放在矩形框的左上方,如图 A-7 所示。

（6）按住<Shift>键,选中两个椭圆,选择"修改"→"组合"命令,将它们变成一个"组"（"组"便于对象的管理）,然后将这个"组"进行复制和粘贴。

（7）将粘贴后的组选中,选择"修改"→"变形"→"垂直翻转"命令,然后将其放在矩形框的右下方,如图 A-8 所示。

图 A-6　矩形

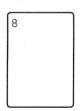

图 A-7　椭圆

图 A-8　翻转

（8）选择"矩形工具"，在其"属性"面板中设置"笔触颜色"为无，"填充颜色"为红色，按住<Shift>键，在舞台上绘制一个红色正方形。

（9）选中方形，选择"任意变形工具"，将鼠标指针移到方形4角的任意一个控制柄，按住鼠标左键并拖动，直到将方形旋转45°时释放鼠标，此时方形变成菱形。

（10）选中菱形，在"属性"面板中设置宽度为12，高度为16。

（11）将鼠标指针移到菱形的一边，待鼠标指针变成↕时，将边线向菱形内部拖动成弧状，对其余边重复进行此操作。注意，每个边拖动的弧度要一致。

（12）将调整后的菱形进行复制和粘贴，将一个放于左上角8的下方，另一个放于右下角8的上方，如图 A-9 所示。

（13）将菱形进行复制和粘贴，并设置其宽度为30，高度为40。将调整后的菱形再复制7个，并调整它们位置关系。最后完成效果如图 A-1 所示。

图 A-9　菱形

2. 制作一个如图 A-10 所示的环形旋转文字效果。

1）新建文件并导入素材：

（1）选择"文件"→"新建"命令，在弹出的"新建文档"对话框中选择 ActionScript 3.0，单击"确定"按钮，进入新建文档舞台窗口。

（2）选择"文件"→"导入"→"导入到库"命令，在弹出的"导入到库"对话框中选择"学习情境 3"→"素材"→"环形文字"文件夹下的全部文件，单击"打开"按钮，将所有图片都导入到"库"中，使用"选择工具"将"环形文字"图片拖入至舞台窗口，按快捷键<Ctrl+K>，打开"对齐"面板，选中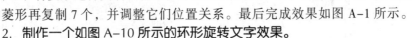复选框，然后单击"水平中齐"、"垂直中齐"、"匹配宽度"、"匹配高度"4个按钮，使图片与舞台大小相符合，效果如图 A-11 所示。

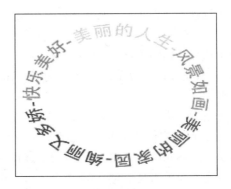

图 A-10　"环形旋转文字"效果　　　　　　　图 A-11　环形文字

2）制作文字旋转效果：

（1）选中"环形文字"图片，按<F8>键，在弹出的"转化为元件"对话框中，在"名称"文本框中输入"旋转文字"，在"类型"下拉列表中选择"影片剪辑"类型，单击"确定"按钮，将其转换为影片剪辑元件，如图 A-12 所示。双击该"影片剪辑"元件，进入其编辑状态，在第 200 帧上右击，从弹出的快捷菜单中选择"插入关键帧"命令，选中第 1 帧，右击，从弹出的快捷菜单中选择"创建传统补间"命令，如图 A-13 所示。

图 A-12　转化为元件

图 A-13　创建传统补间

（2）单击第 1 帧，按快捷键<Ctrl+F3>，打开"属性"面板，在"旋转"下拉列表中选择"顺时针"，次数为 1 次，设置效果如图 A-14 所示。

（3）单击"时间轴"面板下方的"场景 1"图标 场景1，进入"场景 1"的舞台窗口。选择"任意变形工具"，将"环形文字"挤压成椭圆形，如图 A-15 所示。

图 A-14　设置旋转参数　　　　　　图 A-15　挤压"环形文字"

（4）在当前区域复制该影片剪辑，选中位于下方的影片剪辑，在"属性"面板中将"色彩效果"下的"样式"下拉列表设定为"高级"，设置"红""绿""蓝"的值均为–100%，设置 Alpha 值为 20%，如图 A-16 所示，图片效果如图 A-17 所示。

图 A-16　设置色彩效果

图 A-17　设置属性后的效果

3）制作遮罩效果：

（1）单击"时间轴"面板下方的"新建图层"按钮，创建新图层并将其命名为"人物"，将图层 1 命名为"旋转文字"，并将图层"人物"拖到"旋转文字"下面，如图 A-18 所示。单击图层"人物"，然后选择"选择工具"，将"人物"图片从库中拖动至舞台窗口中，效果如图 A-19 所示。

图 A-18　图层面板

图 A-19　将"人物"拖至舞台窗口

（2）调整每个图形的位置。将"人物"图片调整到舞台的中央位置，将作为阴影的影片剪辑"旋转文字"再压扁一些并圈在人物的底部，将彩色影片剪辑"旋转文字"圈在人物的周围，最终位置如图 A-20 所示。

（3）单击"时间轴"面板下方的"新建图层"按钮，创建新图层并将其命名为"被遮罩"，将"人物"图片按原位置复制到该图层。

（4）单击"时间轴"面板下方的"新建图层"按钮，创建新图层并将其命名为"遮罩"，锁定"遮罩"图层外的其他图层，准备在该图层绘制遮罩区域。

（5）用"钢笔工具"在"遮罩"图层绘制遮罩区域，该区域用来确定需要显示的文字前端的人物部分，完成后使用"颜料桶工具"为其填充任意一种颜色，如图 A-21 所示。

图 A-20　调整位置　　　　　　　　　　图 A-21　绘制遮罩区域并填充颜色

（6）完成遮罩的绘制后，在"遮罩"图层的面板上右击，从弹出的快捷菜单中选择"遮罩"命令，此时"遮罩"图层和"被遮罩"图层将建立遮罩关系，时间轴面板如图 A-22 所示。

（7）按快捷键<Ctrl+Enter>即可查看效果，如图 A-23 所示。

图 A-22　绘制白色圆形　　　　　　　　图 A-23　测试效果图

练习三参考答案

1. 制作如图 A-24 所示的"彩色文字"。

FLash

图 A-24　彩色文字最终效果

1）创建文本：

选择"文本工具"，在舞台输入文本 Flash，文本属性设置和舞台效果如图 A-25 所示。

（a）文本属性设置 　　　　　　（b）舞台效果

图 A-25　属性设置和舞台效果

2）填充文本：

（1）两次按快捷键<Ctrl+B>，把文本打散成位图，如图 A-26 所示。

图 A-26　文本打散

（2）选择"窗口"→"颜色"命令，打开颜色"面板"，设置"颜色样式"为纯色，单击舞台上字体之外的任意位置，取消对所有文字的选择，依次单击 Flash 的 5 个字母，再单击"颜料桶工具"，鼠标的形状在"颜色"面板的颜色区域变成一个"圆圈"标志，单击选定的颜色，即设置文本颜色。

（3）按快捷键<Ctrl+Enter>测试动画效果，如图 A-24 所示。

2. 制作如图 A-27 所示的颜色渐变文字。

图 A-27　颜色渐变文字最终效果

1）创建文本：选择"文本工具"，在舞台输入文本 Flash，文本属性设置和舞台效果如图 A-28 所示。

图 A-28　属性设置和舞台效果

2）填充文本：

（1）两次按快捷键<Ctrl+B>，把文本打散成位图，如图 A-29 所示。

图 A-29　文字打散

（2）选择"窗口"→"颜色"命令，打开"颜色"面板，设置"颜色样式"为"线性渐变"，在色带上设置 4 个"颜色指针"，"颜色"面板设置如图 A-30 所示。

（3）选择"选择工具"，框选整个文本，单击"颜料桶工具"，请用户注意，一定要设置填充颜色，而不是笔触颜色。

（4）选择"渐变变形工具"，调整变形方向为 90°，如图 A-31 所示。

图 A-30　"颜色"线性渐变设置　　　　　　　图 A-31　"颜色"线性渐变设置

（5）按快捷键<Ctrl+Enter>测试动画效果，如图 A-27 所示。

3. 制作如图 A-32 所示的位图文字。

图 A-32　位图文字最终效果

1）导入位图：

在"图层 1"第 1 帧，导入一张准备好的图片,居中，将其打散，图片大小要大于要制作的文字。

2）创建文本：

选择"文本工具"，在舞台输入文本 Flash，文本属性设置和舞台效果如图 A-33 所示。

（a）属性设置

（b）舞台效果

图 A-33　属性设置和舞台效果

3）填充文本：

（1）两次按快捷键<Ctrl+B>，把文本打散成位图，如图 A-34 所示。

（2）删除彩云体"山水"字位图"山水"中多余部分。用"选择工具"框选本实例，将其转换为影片剪辑，如图 A-35 所示。

图 A-34　文字打散

图 A-35　转换为影片剪辑

（3）在舞台上选择该影片剪辑，单击"属性"面板的"添加滤镜"按钮，为该实例添加滤镜"斜角"。属性设置和舞台效果如图 A-36 所示。

（a）属性设置

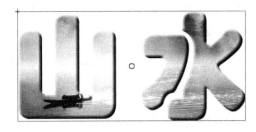
（b）舞台效果

图 A-36　"斜角"效果

（4）单击"属性"面板中的"添加滤镜"按钮，为该实例添加滤镜"投影"。属性设置和舞台效果如图 A-37 所示。

（a）属性设置

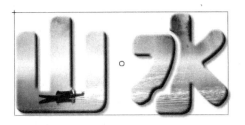
（b）舞台效果

图 A-37　"投影"效果

（5）设置舞台背景颜色为绿色，按快捷键<Ctrl+Enter>测试动画效果，如图 A-32 所示。

练习四参考答案

1. 制作五角星，如图 A-38 所示。

图 A-38　五角星最终效果

1）创建图形元件：

按快捷键<Ctrl+F8>，创建一个名为"五角星"的图形元件。

2）绘制五角星：

（1）选择"线条工具"，然后设置"笔触颜色"为黑色（#000000），按住<Shift>键的同时，在舞台中绘制一条直线，如图 A-39 所示。

（2）选择"任意变形工具"，这时直线效果如图 A-40 所示。

（3）选择"窗口"→"变形"命令，弹出如图 A-41 所示的"变形"面板。

（4）将"变形"面板中的"旋转"选项选中，并将角度设置为 36°，单击"变形"面板右下角的 ⊞（重制选区和变形）按钮 4 次，得到如图 A-42 所示的图形。

图 A-39　绘制直线 　　　　　　　　图 A-40　选择任意变形工具

图 A-41　"变形"面板

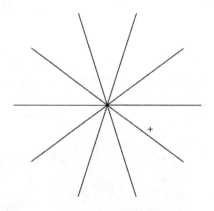

图 A-42　复制旋转直线

（5）选择"椭圆工具"并将"椭圆工具"的"填充颜色"设置为"无"，按住快捷键<Shift+Alt>的同时，以直线的交点为中心画正圆，如图 A-43 所示。

（6）用直线将图 A-43 所示的图形连接成如图 A-44 所示的图形。

（7）选择"选择工具"，按住<Shift>键的同时，单击所要删除的直线，如图 A-45 所示；按<Delete>键，将不要的直线删除，如图 A-46 所示。

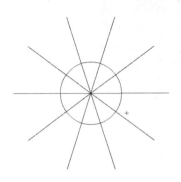

图 A-43　绘制中心圆

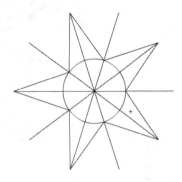

图 A-44　直线连接

图 A-45　选择删除直线

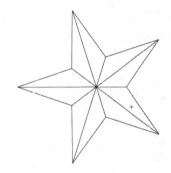

图 A-46　五角星

3）填充选择：

（1）选择"颜料桶工具"，并将填充颜色设置为"黑红线性渐变"。给五角星填充渐变色如图 A-47 所示。

（2）选择"选择工具"，按<Shift>键的同时，单击五角星的所有绘制直线，这时所有直线将被选中，如图 A-48 所示。按<Delete>键，将其直线删除，按快捷键<Ctrl+Enter>即可查看效果，如图 A-38 所示。

图 A-47　填充颜色

图 A-48　选择直线

2. 制作一个如图 A-49 所示的圣诞树效果。

图 A-49　圣诞树最终效果

1）绘制雪地背景：

（1）选择"文件"→"新建"命令，在弹出的"新建文档"对话框中选择 ActionScript 2.0，单击"确定"按钮，进入新建文档舞台窗口。按快捷键<Ctrl+F3>，弹出文档"属性"面板，将"背景"选项设为深蓝色（#000066），如图 A-50 所示。在"时间轴"面板中将"图层 1"重新命名为"白色雪地"。

（2）选择"铅笔工具"，选中工具箱下方的"平滑"按钮。在铅笔工具"属性"面板中将"笔触颜色"颜色选项设为白色，"笔触高度"选项设为 4，如图 A-51 所示。

（3）在舞台窗口的中间位置绘制一条曲线。按住<Shift>键的同时，在曲线下方绘制出 3 条直线，使曲线与直线形成闭合区域，效果如图 A-52 所示。选择"颜料桶工具"，在工具箱中将填充色设为白色，在闭合的区域中间单击填充颜色，效果如图 A-53 所示。

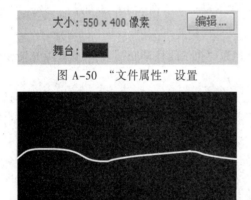

图 A-50　"文件属性"设置

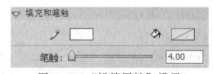

图 A-51　"铅笔属性"设置

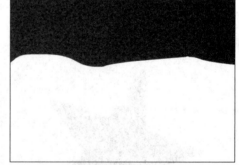

图 A-52　闭合区域

图 A-53　填充白色

2）绘制圣诞树：

（1）在"时间轴"面板中单击"锁定/解除锁定所有图层"按钮，对"白色雪地"图层进行锁定（被锁定的图层不能进行编辑）。单击"时间轴"面板下方的"新建图层"按钮，创建新图层并将其命名为"圣诞树"，如图 A-54 所示。选择"线条工具"，在工具箱中将"笔触颜色"设为绿色（#33cc66），在场景中绘制出圣诞树的外边线，效果如图 A-55 所示。

图 A-54　新建"圣诞树"图层

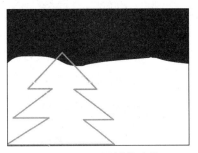

图 A-55　圣诞树外边线

（2）选择"选择工具"，将光标放在圣诞树左上方边线的中心部位，光标下方出现圆弧形状，这表明可以将该直线转换为弧线，在直线的中心部位按住鼠标并向下拖动，直线变为弧线，效果如图 A-56 所示。用相同的方法把圣诞树边线上的所有直线转换为弧线，用相同的方法再绘制两棵小圣诞树，效果如图 A-57 所示。

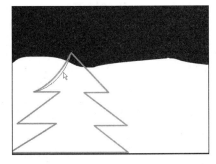

图 A-56　圣诞树外边线转换为弧形

图 A-57　绘制三棵圣诞树

（3）选择"颜料桶工具"，在工具箱中将"填充颜色"色设为绿色（#33cc66），单击圣诞树的边线内部填充颜色，效果如图 A-58 所示。选择"椭圆工具"在工具箱中将"笔触颜色"设为无，将"填充颜色"设为黄色（#FFF33），如图 A-59 所示。按住<Shift>键的同时，在舞台窗口的左上方绘制出一个圆形作为月亮，效果如图 A-60 所示。

图 A-58　圣诞树填充绿色

图 A-59　"填充工具"设置

图 A-60　绘制月亮

3）绘制雪花：

（1）在"圣诞树"图层中单击"锁定/解除锁定所有图层"按钮，锁定"圣诞树"图层。单击"时间轴"面板下方的"新建图层"按钮，创建新图层，并将其命名为"雪花"，如图 A-61 所示。

（2）选择"刷子工具"，在工具箱中将"填充颜色"设为褐色（#996633），在工具箱下方的"刷子大小"选项中将笔刷设为第 6 个，将"刷子形状"选项设为圆形，如图 A-62 所示。在舞台窗口的右侧绘制出栅栏，效果如图 A-63 所示。将"填充颜色"设为黄色（#FFFF66），在工具箱下方的"刷子大小"选项中将笔刷设为第 8 个，将"刷子形状"选项设为水平椭圆形，如图 A-64 所示。在前面的大圣诞树上绘制出一些黄色的装饰彩带，效果如图 A-65 所示。

图 A-61　创建"雪花"图层

图 A-62　设置"刷子工具"选项

图 A-63　绘制"栅栏"

图 A-64　设置"刷子工具"选项

（3）在工具箱下方的"刷子大小"选项中将笔刷设为第 5 个，在后面的小圣诞树上同样绘制出彩带，效果如图 A-66 所示。选择"椭圆工具"，在工具箱中将"笔触颜色"设为无，将"填充颜色"设为白色，按住<Shift>键的同时，在场景中绘制出一个小圆形，效果如图 A-67 所示。

图 A-65　大圣诞树绘制彩带

图 A-66　小圣诞树绘制彩带

（4）按住<Alt>键，用鼠标选中圆形并向其下方拖动，可复制当前选中的圆形，效果如图 A-68 所示。选中复制的圆形，用鼠标选中"任意变形工具"，在圆形的周围出现 8 个控制点，效果如图 A-69 所示。按快捷键<Alt+Shift>，用鼠标向内侧拖动右下方的控制点，将圆形缩小，效果如图 A-70 所示。

（5）在场景中的任意地方单击，控制点消失，圆形缩小，效果如图 A-71 所示。用相同的方法复制出多个圆形并改变它们的大小，效果如图 A-72 所示。圣诞树绘制完成，按快捷键<Ctrl+Enter>即可查看效果。

图 A-67　绘制白色圆形

图 A-68　复制圆形

图 A-69　圆形周围出现控制点

图 A-70　拖动控制点缩小圆形

图 A-71　取消控制点

图 A-72　复制多个圆形并改变大小

练习五参考答案

1. 制作摄像机广告，如图 A-73 所示。

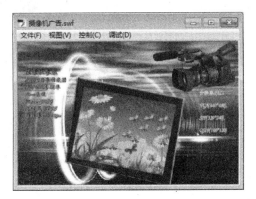

图 A-73　摄像机广告

1）创建文档并导入素材：

（1）按快捷键<Ctrl+N>，弹出"新建文档"对话框，将"宽"选项设为600，"高"选项设为300，如图 A-74 所示。

（2）选择"文件"→"导入"→"导入到库"命令，在弹出的"导入到库"对话框中选择"Flash CS6\项目 5\素材\制作摄像机广告"文件夹中素材，将"背景图.jpg""摄像机 1.png"和"合成 1"导入到"库"面板中，弹出"导入视频"对话框，选中"在 SWF 中嵌入 FLV 并在时间轴中播放"单选按钮，单击"下一步"按钮，如图 A-75 所示。

图 A-74 "创建新文档"对话框

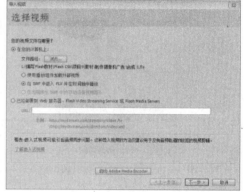
图 A-75 "导入视频"对话框

（3）在"嵌入"对话框中取消选中"将实例放置在舞台上"复选框，如图 A-76 所示，"库"面板如图 A-77 所示。

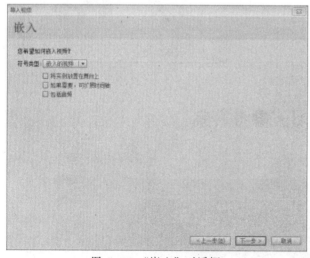
图 A-76 "嵌入"对话框

图 A-77 库"面板

2）动画制作：

（1）选中"图层 1"并重命名为"背景图"，如图 A-78 所示。将"库"面板中的"背景图.jpg"拖动到舞台窗口中，将 X、Y 选项分别设为 0，效果如图 A-79 所示。

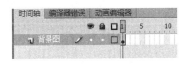

图 A-78　背景图层　　　　　　　　　　　　　图 A-79　背景舞台窗口

（2）单击"时间轴"面板下方的"插入图层"按钮，创建新图层并将其命名为"摄像机"，如图 A-80 所示。将"库"面板中的"摄像机 1.png"拖动到舞台窗口中，选择"窗口"→"变形"命令，打开"变形"面板，将"宽度缩放""高度缩放"选项分别设为 15%，如图 A-81 所示，并在舞台窗口中调整其位置，如图 A-82 所示。

图 A-80　新建摄像机图层　　　　图 A-81　"变形"面板　　　　图 A-82　摄像机位置

（3）单击"时间轴"面板下方的"插入图层"按钮，创建新图层并将其命名为"视频"，将"库"面板中的"合成"拖动到舞台窗口中，弹出"为介质添加帧"对话框，如图 A-83 所示。

（4）单击"是"按钮，将"合成"素材放置在关键帧上，效果如图 A-84 所示。"时间轴"效果如图 A-85 所示。

图 A-83　"为介质添加帧"对话框　　　　　　　图 A-84　"合成"舞台效果

图 A-85　"视频"图层时间轴效果

（5）选择"选择工具"，在舞台窗口中选择"合成"实例，选择"窗口"→"变形"命令，打开"变形"面板，将"宽度缩放""高度缩放"选项分别设为 53%，选中"旋转"单选按钮，将"旋转"选项设为 11，如图 A-86 所示。

（6）单击"时间轴"面板下方的"插入图层"按钮，创建新图层并将其命名为"文字"，如图 A-87 所示。

图 A-86　变形参数

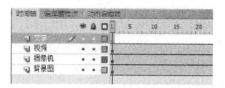

图 A-87　文字图层

（7）选择"文本工具"，在舞台窗口中输入文字，如图 A-88 所示。打开文字的"属性"面板，将"系列"选项设为"华文行楷"，"大小"选项设为 10，"颜色"选项设为"橘色"，如图 A-89 所示。

图 A-88　输入的文字

图 A-89　文字属性

（8）在舞台窗口中选中文字，按<Ctrl>键同时拖动文字，复制出一个文字。打开文字的"属性"面板，将"系列"选项设为"华文行楷"，"大小"选项设为 10，"颜色"选项设为深红色，如图 A-90 所示。

（9）选择"选择工具"，在舞台中选中复制的文字，右击，在弹出的快捷菜单中选择"排列"→"下移一层"命令，将复制出的文字放到后方，将 2 个文字微微调整，效果如图 A-91 所示。用同样的方法制作黄色的文字效果。

图 A-90　复制的文字属性

图 A-91　文字效果

（10）选中所有图层的第 239 帧，按<F5>键，在所有图层的第 239 帧插入普通帧，"时间轴"面板如图 A-92 所示。

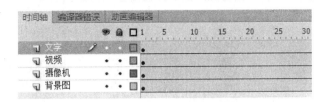

图 A-92 "时间轴"面板

（11）摄像机广告动画效果制作完成，按快捷键<Ctrl+Enter>即可查看效果，如图 A-73 所示。

2. 制作按钮音效动画效果，如图 A-93 所示。

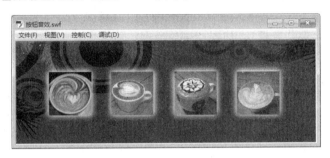

图 A-93 按钮音效

1）创建文档并导入素材：

（1）按快捷键<Ctrl+N>，弹出"新建文档"对话框，将"宽"设为 600，"高"设为 200，"背景颜色"选项设为"绿色"，如图 A-94 所示。

（2）选择"文件"→"导入"→"导入到库"命令，在弹出的"导入到库"对话框中选择"Flash CS6\项目 5\素材\按钮音效"文件夹中的素材，将所有素材导入到"库"面板中，如图 A-95 所示。

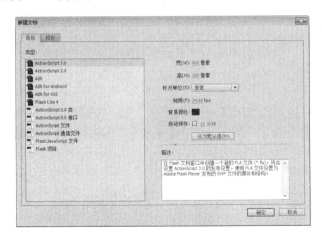

图 A-94 "新建文档"对话框

图 A-95 "库"面板

（3）在"时间轴"面板中选中"图层 1"重命名为"背景图层"，将"库"面板中的"背景图.jpg"拖动到舞台窗口中央，如图 A-96 所示。

图 A-96   "背景图层"舞台效果

2）图形元件制作：

（1）在"库"面板下方单击"新建元件"按钮 ，弹出"创建新元件"对话框，在"名称"文本框中输入"方框"，在"类型"下拉列表中选择"图形"选项，单击"确定"按钮，新建一个图形元件"方框"，如图 A-97 所示，舞台窗口也随之转换为图形元件的舞台窗口。

（2）选择"矩形工具"，在工具箱中将"笔触颜色"选项设为白色，"填充颜色"选项设为"无"，在舞台窗口中绘制一个矩形。打开该矩形的"属性"面板，将"宽"选项设为194.9，"高"选项设为 168，"笔触高度"选项设为 10，如图 A-98 所示，效果如图 A-99所示。

图 A-97 "创建新元件"对话框

图 A-98   矩形属性

图 A-99   矩形效果

3）影片剪辑元件制作：

（1）在"库"面板下方单击"新建元件"按钮 ，弹出"创建新元件"对话框，在"名称"文本框中输入"方框动"，在"类型"下拉列表中选择"影片剪辑"选项，单击"确定"按钮，新建一个影片剪辑元件"方框动"，如图 A-100 所示，舞台窗口也随之转换为图形元件的舞台窗口。

（2）在"时间轴"面板中选中"图层 1"重命名为"第 1 个方框"，将"库"面板中的方框图形元件拖动到舞台窗口中。选中第 10 帧，按<F6>键，在该帧上插入关键帧。选中第 1帧，选择"窗口"→"变形"命令，打开"变形"面板，将"宽度缩放""高度缩放"选项分别设为 8%，如图 A-101 所示。

图 A-100 "创建新元件"对话框

图 A-101   变形参数

（3）选中第 10 帧，在舞台窗口中选择"方框"实例，打开实例的"属性"面板，在"色彩效果"选项组的"样式"选项的下拉列表中选择 Alpha 值设为 0%，如图 A-102 所示。

（4）选中第1帧，右击，在弹出的快捷菜单中选择创建传统补间命令，生成传统补间动画，如图A-103所示。

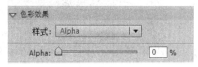

图A-102　"色彩效果"选项组

图A-103　"第1个方框"图层

（5）选中"第1个方框"图层，右击，在弹出的快捷菜单中选择"复制图层"命令，复制出一个图层并重命名为"第2个方框"，如图A-104所示。选中"第2个方框"图层的所有帧，按住鼠标左键拖动至第4帧，如图A-105所示。

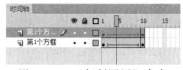

图A-104　"复制图层"命令

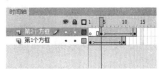

图A-105　移动帧效果

4）按钮元件制作：

（1）在"库"面板下方单击"新建元件"按钮，弹出"创建新元件"对话框，在"名称"文本框中输入"图片按钮1"，在"类型"下拉列表中选择"按钮"选项，单击"确定"按钮，新建一个按钮元件"图片按钮1"，如图A-106所示，舞台窗口也随之转换为按钮元件的舞台窗口。

（2）在"时间轴"面板中选中"图层1"重命名为"按钮图形"，选中"弹起"帧，将"库"面板中的"1.jpg"拖动到舞台窗口中，打开图片的"属性"面板，将X、Y选项分别设为0。选中"指针经过"帧，按<F5>键，在该帧上插入普通帧，如图A-107所示。

图A-106　"创建新元件"对话框

图A-107　"按钮图形"图层

（3）单击"时间轴"面板下方的"插入图层"按钮，创建新图层并将其命名为"方框动"，选中"指针经过"帧，按<F6>键，在该帧上插入关键帧，将"库"面板中的"方框动"影片剪辑元件拖动到舞台窗口中，如图A-108所示，并将"方框动"实例与"1.jpg"中心对齐。

（4）单击"时间轴"面板下方的"插入图层"按钮，创建新图层并将其命名为"按钮音效"，选中"指针经过"帧，按<F6>键，在该帧上插入关键帧，将"库"面板中的"水滴声音"拖动到舞台窗口中，如图A-109所示。

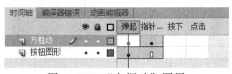

图A-108　"方框动"图层

图A-109　"按钮音效"图层

（5）用同样的方法制作"图片按钮2"按钮元件"图片按钮3"按钮元件"图片按钮4"按钮元件。

5）舞台场景动画制作：

（1）单击"时间轴"面板下方的"场景 1"图标  ，进入"场景 1"的舞台窗口。单击"时间轴"面板下方的"插入图层"按钮 ，创建新图层并将其命名为"按钮"。

（2）将"库：面板中的"图片按钮 1""图片按钮 2""图片按钮 3""图片按钮 4"拖动到舞台窗口中，位置摆放如图 A-110 所示。

图 A-110　按钮元件摆放位置

（3）按钮音效动画效果制作完成，按<Ctrl+Enter>组合键即可查看效果，如图 A-93 所示。

<h1 style="text-align:center">练习六参考答案</h1>

1. 制作足球弹跳动画效果，如图 A-111 所示。

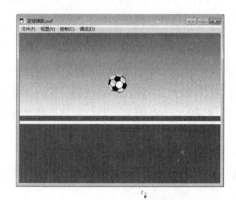

图 A-111　足球弹跳效果

1）绘制足球：

（1）选择"文件"→"新建"命令，在弹出的"新建文档"对话框中选择 ActionScript 3.0，将"背景颜色"选项设为白色"，改变舞台的大小和颜色。

（2）选择"椭圆工具"，打开椭圆工具的"属性"面板，将"笔触颜色"选项设为"无"，"填充颜色"选项设为灰色，如图 A-112 所示。在舞台窗口中按住<Shift>键同时拖动鼠标，绘制一个正圆，如图 A-113 所示。

（3）选择"线条工具"，将"笔触颜色"选项设为黑色，绘制出足球的轮廓线。选择"选择工具"，调整线条的弯曲效果，如图 A-114 所示。

图 A-112　设置椭圆参数

图 A-113　绘制椭圆图形

图 A-114　线条

（4）选择"颜料桶"工具，分别将"填充颜色"选项选择为黑色和白色，为色块填充颜色，填充效果如图 A-115 所示。

（5）选择"窗口"→"颜色"命令，打开"颜色"面板，在"颜色类型"下拉列表中选择"线性渐变"，选中色带左侧的"颜色指针"，将其设为（#CCCCCC），选中色带右侧的"颜色指针"，将其设为（#FFFFFF），如图 A-116 所示。足球的最终效果如图 A-117 所示。

图 A-115　填充黑白颜色

图 A-116　设置颜色参数

图 A-117　渐变色足球

（6）选中足球，右击，在弹出的快捷菜单中选择"转换为元件"命令，将其转换为"足球"图形元件。

2）绘制背景：

（1）在"时间轴"面板中，选中"图层 1"，选择"矩形工具"，将"笔触颜色"选项设为"无"，"填充颜色"选项设为蓝色，在舞台窗口中绘制一个矩形，打开矩形的"属性"面板，将"宽"设为 550，"高"设为 400，X、Y 选项分别设为 0，参数如图 A-118 所示，效果如图 A-119 所示。

图 A-118　矩形参数

图 A-119　舞台效果

（2）选择"线条工具"，在舞台窗口中绘制一条直线，如图 A-120 所示。

（3）选中上半部分的蓝色，选择"窗口"→"颜色"命令，打开"颜色"面板，在"颜色类型"下拉列表中选择"线性渐变"，选中色带左侧的"颜色指针"，将其设为蓝色，选中色带右侧的"颜色指针"，将其设为白色。选择"任意变形工具"，将填充的颜色进行调整，如图 A-121 所示。

图 A-120　绘制直线

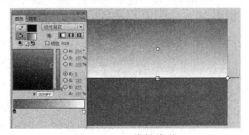
图 A-121　线性渐变

（4）选择下面的蓝色色块，将"填充颜色"选项设为"绿色"，效果如图 A-122 所示。

选中直线，按<Delete>键，将直线删除。

（5）选择"矩形工具"，在绿色色块上方的位置绘制一个矩形，如图 A-123 所示，单击舞台窗口任意位置后，再次单击该矩形，按<Delete>键，将其删除，效果如图 A-124 所示。

图 A-122　绿色色块　　　图 A-123　绘制长条矩形　　　图 A-124　背景效果

3）动画制作：

（1）选中"图层 1"的第 75 帧，按<F5>键，在该帧上插入普通帧。

（2）单击"时间轴"面板下方的"插入图层"按钮，创建新图层"图层 2"。将"库"面板中的"足球"图形元件拖动到舞台窗口中，打开"足球"实例的"属性"面板，设置参数，如图 A-125 所示。

（3）选中第 20 帧，按<F6>键，在该帧上插入关键帧，打开"足球"实例的"属性"面板，设置参数如图 A-126 所示。选择"窗口"→"变形"命令，打开"变形"面板，选中"旋转"单选按钮，将"旋转"选项设为 45，如图 A-127 所示。

图 A-125　第 1 帧位置　　　图 A-126　第 20 帧位置　　　图 A-127　第 20 帧变形参数

（4）选中第 30 帧，按<F6>键，在该帧上插入关键帧，打开"足球"实例的"属性"面板，设置参数，如图 A-128 所示。选中"旋转"单选按钮，将"旋转"选项设为 150，如图 A-129 所示。

图 A-128　第 30 帧位置　　　　　图 A-129　第 30 帧变形参数

（5）选中第 40 帧，按<F6>键，在该帧上插入关键帧，打开"足球"实例的"属性"面板，设置参数，如图 A-130 所示。选中"旋转"单选按钮，将"旋转"选项设为-135，如图 A-131 所示。

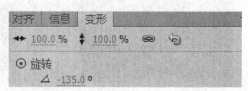

图 A-130　第 40 帧位置　　　　　图 A-131　第 40 帧变形参数

（6）选中第 50 帧，按<F6>键，在该帧上插入关键帧，打开"足球"实例的"属性"面板，设置参数，如图 A-132 所示。将"旋转"选项设为 0，如图 A-133 所示。

图 A-132　第 50 帧位置

图 A-133　第 50 帧变形参数

（7）选中第 75 帧，按<F6>键，在该帧上插入关键帧，打开"足球"实例的"属性"面板，设置参，数如图 A-134 所示。将"旋转"选项设为-135，如图 A-135 所示。

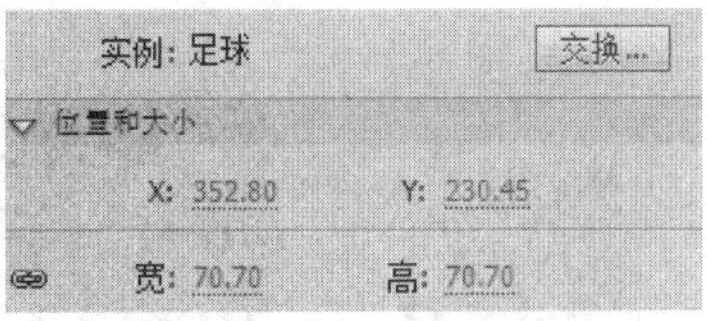

图 A-134　第 75 帧位置

图 A-135　第 75 帧变形参数

（8）分别选中第 1 帧、第 20 帧、第 30 帧、第 40 帧和第 50 帧，右击，在弹出的快捷菜单中选择"创建传统补间"命令，生成传统补间动画，"时间轴"面板如图 A-136 所示。

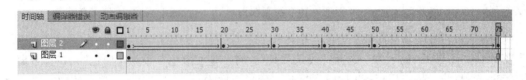

图 A-136　"时间轴"面板

（9）足球弹跳效果制作完成，按快捷键<Ctrl+Enter>预览动画，效果如图 A-111 所示。

2. 制作一个倒计时动画效果如图 A-137 所示。

图 A-137　倒计时效果

1）图形元件制作：

（1）选择"文件"→"新建"命令，在弹出的"新建文档"对话框中选择 ActionScript 3.0，将"背景颜色"设为"黑色"，改变舞台的大小和颜色。

（2）在"库"面板下方单击"新建元件"按钮 🖫，弹出"创建新元件"对话框，在"名称"文本框中输入"表盘"，在"类型"下拉列表中选择"图形"选项，单击"确定"按钮，新建一个图形元件"表盘"，舞台窗口也随之转换为图形元件的舞台窗口。

（3）选择"椭圆工具"，打开椭圆工具的"属性"面板，将"笔触颜色"选项设为"无"，"填充颜色"选项设为蓝色（#0099FF），如图 A–138 所示。按<Shift>键，拖动鼠标，在舞台窗口中绘制一个正圆，如图 A–139 所示。

（4）在舞台窗口中选择圆形，选择"窗口"→"颜色"命令，打开"颜色"面板，将"颜色类型"下拉列表中选择"径向渐变"，选中色带上左侧的"颜色指针"，将其设为（#0D97F2），选中色带上中间的"颜色指针"，将其设为（#0D299D），选中色带上右侧的"颜色指针"，将其设为（#1562AE），填充效果如图 A–140 所示。

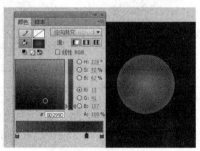

图 A–138　"椭圆"工具　　　　图 A–139　绘制圆形　　　　图 A–140　填充渐变色

（5）单击"时间轴"面板下方的"插入图层"按钮 🖫，创建新图层"图层 2"。将"图层 2"拖动到"图层 1"的下方。选择"线条工具"，将"笔触颜色"设为"白色"，在舞台窗口中绘制一条直线，按快捷键<Ctrl+T>，打开"变形"面板，选中"旋转"单选按钮，将"旋转"设为 6，单击"重制选区和变形"按钮，多次点击该按钮，对线条进行复制并旋转一圈，如图 A–141 所示。

（6）选择"椭圆"工具，将"笔触颜色"选项设为"无"，在舞台窗口中绘制一个正圆，与线条中心对齐，如图 A–142 所示。单击舞台空白区域，再次单击正圆，按<Delete>键，删除正圆，得到的图形如图 A–143 所示。

（7）选中线条，打开线条的"属性"面板，将笔触高度适当调整，效果如图 A–144 所示。

图 A–141　复制线条　　　图 A–142　绘制正圆　　　图 A–143　删除正圆　　图 A–144　调整笔触高度

（8）单击"时间轴"面板下方的"插入图层"按钮 🖫，创建新图层"图层 3"。将"图层 3"拖动到"图层 2"的下方。选择"椭圆工具"，将"笔触颜色"选项设为"无"，在舞台窗口中绘制一个"宽""高"为 280 的正圆，放置在中心位置，如图 A–145 所示。

（9）选中圆，选择"窗口"→"颜色"命令，打开 "颜色"面板，在"颜色类型"下拉列表中选择"线性渐变"，选中色带左侧的"颜色指针"，将其设为（#0D6FAE），将 Alpha 选项中不透明度设为 0%，选中色带中间的"颜色指针"，将其设为（#00B1DD），将 Alpha 选项中不透明度设为 100%，选中色带右侧的"颜色指针"，将其设为（#00B1DD），将 Alpha 选项中不透明度设为 50%。选择"渐变变形工具"调整颜色，填充效果如图 A-146 所示。

图 A-145　创建正圆

图 A-146　填充渐变色

（10）单击"时间轴"面板下方的"插入图层"按钮，创建新图层"图层 4"。将"图层 4"拖动到"图层 1"的上方。选中"图层 1"的第 1 帧，右击，在弹出的快捷菜单中选择 "复制帧"命令，选中"图层 4"的第 1 帧，右击，在弹出的快捷菜单中选择"粘贴帧"命令。

（11）选择"窗口"→"变形"命令，打开"变形"面板，将"宽度缩放""高度缩放"选项分别设为 15%，右击在舞台窗口中缩放后的圆形，在弹出的快捷菜单中选择"转换为元件"命令，将该圆转换为图形元件。打开图形元件的"属性"面板，在"色彩效果"选项组的"样式"选项的下拉列表中选择 Alpha 值为 20%，效果如图 A-147 所示。

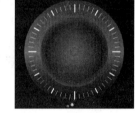

图 A-147　"图层 4"效果

2）动画效果制作：

（1）单击"时间轴"面板下方的"场景 1"图标，进入"场景 1"的舞台窗口。选中"图层 1"重命名为"表盘"，将"库"面板中的"表盘"图形元件拖动到舞台窗口中，"时间轴"如图 A-148 所示。

（2）单击"时间轴"面板下方的"插入图层"按钮，创建新图层并将其命名为"数字 9"。选择"文本工具"，打开文本工具的"属性"面板，将"系列"设为"方正姚体"，"大小"设为 120，"颜色"选项设为白色，如图 A-149 所示。在舞台窗口中输入数字 9，效果如图 A-150 所示。

图 A-148　时间轴

图 A-149　字体属性

图 A-150　数字 9 效果

（3）选中"数字 9"图层，右击，在弹出的快捷菜单中选择"复制图层"命令，将复制出的图层重命名为"数字 8"。用同样的方法继续操作 7 次，复制出"数字 7""数字 6""数字 5""数字 4""数字 3""数字 2"和"数字 1"图层，如图 A-151 所示。

（4）分别选中每一个数字图层，修改舞台窗口中的数字，将数字与图层对应。

（5）在舞台窗口中选择 9，右击，在弹出的快捷菜单中选择"转换为元件"命令，弹出

"转换为元件"对话框，如图 A-152 所示，在"名称"文本框中输入 9，在"类型"下拉列表中选择"图形"选项，单击"确定"按钮。用同样的方法将"数字 8"图层到"数字 1"图层的数字转换为图形元件。

图 A-151　数字图层　　　　　　　　图 A-152　"转换为元件"对话框

（6）选中"表盘"图层的第 270 帧，按<F5>键，在该帧上插入普通帧。

（7）选中"数字 9"图层，分别选中第 20 帧和第 25 帧，按<F6>键，在该帧上插入关键帧。选中第 1 帧，选择"窗口"→"变形"命令，打开"变形"面板，将"宽度缩放""高度缩放"选项分别设为 20%，如图 A-153 所示。在舞台窗口中选择 9 实例，打开 9 实例的"属性"面板，在"色彩效果"选项组的"样式"选项的下拉列表中选择 Alpha 值设为 0%，如图 A-154 所示。

图 A-153　变形参数　　　　　　　图 A-154　Alpha 参数

（8）选中第 1 帧，右击，在弹出的快捷菜单中选择"复制帧"命令，选中第 30 帧，右击，在弹出的快捷菜单中选择"粘贴帧"命令。

（9）选中第 1 帧和第 25 帧，右击，在弹出的快捷菜单中选择"创建传统补间"命令，生成传统补间动画，"时间轴"面板如图 A-155 所示。

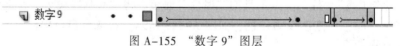

图 A-155　"数字 9"图层

（10）选中"数字 8"图层，将第 1 帧拖动到第 30 帧，分别选中第 50 帧和第 55 帧，按<F6>键，在该帧上插入关键帧。选中第 30 帧，打开"变形"面板，将"宽度缩放""高度缩放"选项分别设为 20%，在舞台窗口中选择 8 实例，打开 8 实例的"属性"面板，在"色彩效果"选项组的"样式"选项的下拉列表中将 Alpha 值设为 0%。

（11）选中第 30 帧，右击，在弹出的快捷菜单中选择"复制帧"命令，选中第 60 帧，右击，在弹出的快捷菜单中选择"粘贴帧"命令。选中第 30 帧和第 55 帧，右击，在弹出的快捷菜单中选择"创建传统补间"命令，生成传统补间动画，时间轴如图 A-156 所示。

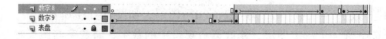

图 A-156　设置"数字 8"图层

（12）用同样的方法制作"数字7"图层到"数字1"图层的动画效果，时间轴如图A-157所示。

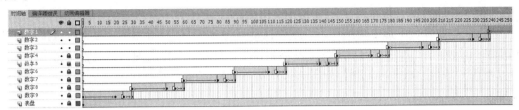

图 A-157　"时间轴"面板

（13）倒计时动画效果制作完成，按快捷键<Ctrl+Enter>即可查看效果，如图A-137所示。

练习七参考答案

1. 制作画轴动画效果，如图A-158所示。

图 A-158　画轴动画效果

1）创建图形元件：

（1）快捷键按<Ctrl+N>，弹出"新建文档"对话框，将"宽度"设为600，"高度"设为300，如图A-159所示。

图 A-159　"新建文档"对话框

图 A-160　"背景图"图层　　　图 A-161　矩形参数

（2）在"时间轴"面板中选中"图层1"，将"图层1"重命名为"背景图"，如图A-160

所示。选中"背景图"的第 1 帧，选择"矩形工具"，将"笔触颜色"选项设为"无"，"填充颜色"设为红色径向渐变填充，在舞台窗口中绘制一个"宽"为 600、"高"为 300 的矩形，参数如图 A-161 所示，舞台窗口如图 A-162 所示。

（3）在舞台窗口中选中矩形图形，按快捷键<Ctrl+C>复制矩形图形，在原位置按快捷键<Ctrl+V>粘贴图形，选择"窗口"→"变形"命令，打开"变形"面板，设置"宽度缩放""高度缩放"选项分别设为 80%，如图 A-163 所示，按<Enter>键确认，舞台窗口如图 A-164 所示。

图 A-162　舞台窗口 1　　　　图 A-163　变形窗口　　　　图 A-164　舞台窗口 2

（4）选择"文件|导入|导入到库"命令，在弹出"导入到库"对话框中选择"Flash CS6\项目 7\素材\画轴"文件夹中素材，将"画册"和"画轴"导入到"库"面板中，如图 A-165 所示。

（5）在"库"面板下方单击"新建元件"按钮，弹出"创建新元件"对话框，在"名称"文本框中输入"画轴"，在"类型"下拉列表中选择"图形"选项（见图 A-166），单击"确定"按钮，新建一个图形元件"画轴"，舞台窗口也随之转换为图形元件的舞台窗口。

（6）选中"图层 1"的第 1 帧，将"库"面板中的"画轴"拖动到舞台窗口中，打开"画轴"的"属性"面板，将"画轴"的"宽"设为 45、"高"设为 230.7，X、Y 选项分别设为 0，如图 A-167 所示。

图 A-165　"库"面板　　　图 A-166　"创建新元件"对话框　　　图 A-167　画轴参数

（7）单击"时间轴"面板下方的"场景 1"图标，进入"场景 1"的舞台窗口。单击"时间轴"面板下方的"插入图层"按钮，创建新图层并将其命名为"画册"，如图 A-168 所示。打开"画册"的"属性"面板，设置 X、Y 选项分别为 50，"宽"设为 500，"高"设为 200，如图 A-169 所示，舞台效果如图 A-170 所示。

图 A-168　创建"画册"图层　　　图 A-169　画册属性面板　　　图 A-170　画册舞台效果

（8）单击"时间轴"面板下方的"插入图层"按钮▣，创建"图层 3"，选中第 1 帧，选择"矩形工具"，将"笔触颜色"选项为"无"，"填充颜色"选项为黑色，在舞台窗口中绘制一个的矩形条，如图 A-171 所示。

图 A-171　"图层 3"效果

（9）选中"图层 3"，在选中的对象上右击，从弹出的快捷菜单中选择"复制图层"命令，在"图层 3"的上方复制出一个图层"图层 3 复制"，按键盘上的光标键向右侧移动矩形条，如图 A-172 所示。

图 A-172　复制的图层 3

2）动画制作：

（1）选中"图层 3"的第 1 帧，选择"任意变形工具"，在舞台窗口中选中矩形条，调整矩形条的中心点，如图 A-173 所示。

（2）选中"图层 3"的第 30 帧，按<F6>键，在该帧上插入关键帧，选择"任意变形工具"调整矩形条的宽度，如图 A-174 所示。选中第 1 帧，在选中的对象上右击，在弹出的快捷菜单中选择"创建形状补间"命令，生成形状补间动画。用同样的方式制作"图层 3 复制"动画效果，如图 A-175 所示。

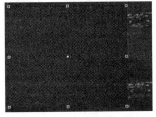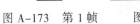

图 A-173　第 1 帧　　　　图 A-174　第 30 帧　　　　图 A-175　形状补间时间轴

（3）选中"画册"图层，在选中的对象上右击，在弹出的快捷菜单中选择"复制图层"命令，复制出"画册复制"图层，如图 A-176 所示。将"画册复制"图层拖动到"图层 3 复制"图层的下方，如图 A-177 所示。

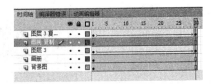

图 A-176　复制的画册图层　　　　　　图 A-177　调整图层上下顺序

（4）分别选中"图层 3"和"图层 3 复制"图层，在选中的对象上右击，在弹出的快捷菜单中选择"遮罩层"命令，创建遮罩动画，如图 A-178 所示。

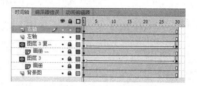

图 A-178　遮罩动画时间轴

（5）单击"时间轴"面板下方的"插入图层"按钮，创建新图层并将其命名为"左轴"，将"库"面板中的"画轴"图形元件拖动到舞台窗口中。再次创建新图层并将其命名为"右轴"，将"库"面板中的"画轴"图形元件拖动到舞台窗口中，如图 A-179 所示。

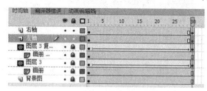

图 A-179　画轴

（6）分别选中"左轴"和"右轴"图层，选中第 30 帧，按<F6>键，在该帧上插入关键帧，如图 A-180 所示，在舞台窗口中选中"画轴"实例，调整画轴实例的位置，如图 A-181 所示。

图 A-180　画轴动画

图 A-181　画轴舞台效果

（7）分别选中"左轴"和"右轴"图层的第 1 帧，在选中的对象上右击，在弹出的快捷菜单中选择"创建传统补间"命令，生成传统补间动画，如图 A-182所示。

（8）单击"时间轴"面板下方的"插入图层"按钮，创建新图层。选中该图层的第 30 帧，选择"文本工具"，在舞台窗口输入文字"春夏秋冬"，打开文本的"属性"面板，设置其参数，如图 A-183 所示，舞台窗口如图 A-184 所示。

图 A-182　画轴补间动画

（9）在舞台窗口中选择"春夏秋冬"文字，在选中的对象上右击，在弹出的快捷菜单中选择"转换为元件"命令，弹出"转换为元件"对话框，如图 A-185 所示，在"名称"文本框中输入"春夏秋冬"，在"类型"下拉列表中选择"图形"选项，单击"确定"按钮，转换元件完成。

图 A-183　文字"属性"面板　　图 A-184　舞台效果　　图 A-185　"转换为元件"对话框

（10）选中"图层8"的第45帧，按<F6>键，在该帧上插入关键帧。选中第30帧，在舞台窗口中选择"春夏秋冬"实例，打开实例的"属性"面板，将"色彩效果"选项组的"样式"选项的下拉列表中将 Alpha 值设为0%，如图 A-186 所示。

（11）选中"图层8"的第30帧，在选中的对象上右击，弹出的快捷菜单中选择"创建传统补间"命令，生成传统补间动画，如图 A-187 所示。

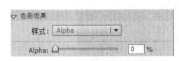

图 A-186 "色彩效果"选项组

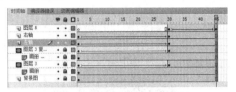

图 A-187 传统补间动画

（12）画轴动画效果制作完成，按快捷键<Ctrl+Enter>即可查看效果，如图 A-158 所示。

2. 制作如图 A-188 所示的生长的树枝动画效果。

图 A-188 生长的树枝动画效果

1）图形元件制作：

（1）选择"文件"→"新建"命令，在弹出的"新建文档"对话框中选择 ActionScript 3.0，将"宽"设为550，"高"设为400，"背景颜色"设为灰色（#666666），单击"确定"按钮，如图 A-189 所示。

（2）在"时间轴"面板中选中"图层1"，将"图层1"重命名为"背景图"，选择"矩形工具"，将"笔触颜色"选项设为"无"，"填充颜色"选项设为"径向渐变绿色"，在舞台窗口中绘制"宽"为550，"高"为300的矩形，如图 A-190 所示。

（3）在"库"面板下方单击"新建元件"按钮，弹出"创建新元件"对话框，在"名称"文本框中输入"树枝"，在"类型"下拉列表中选择"图形"选项，单击"确定"按钮，新建一个图形元件"树枝"，如图 A-191 所示。

图 A-189 "新建文档"对话框

图 A-190 矩形属性

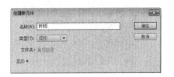

图 A-191 "创建新元件"对话框

（4）使用"线条工具"和"选择工具"，绘制树枝轮廓图形，选择"颜料桶工具"，将"填充颜色"选项设为绿色（#00CC00），填充树枝图形颜色，然后删除轮廓线，如图 A-192 所示。

（5）单击"时间轴"面板下方的"插入图层"按钮🗂，创建新图层"图层 2"，选择"矩形工具"，将"笔触颜色"选项设为"无"，"填充颜色"选项设为"灰色"，绘制一个矩形，如图 A-193 所示。

图 A-192　树枝图形

图 A-193　矩形图形

（6）选中"图层 2"，在选中的对象上右击，在弹出的快捷菜单中选择"遮罩层"命令，创建遮罩动画，如图 A-194 所示。

图 A-194　遮罩动画

（7）在"库"面板下方单击"新建元件"按钮🗂，弹出"创建新元件"对话框，在"名称"文本框中输入"树叶"，在"类型"下拉列表中选择"图形"选项，单击"确定"按钮，新建一个图形元件"树叶"，如图 A-195 所示。

（8）选择"椭圆工具"，将"笔触颜色"选项设为"无"，"填充颜色"选项设为绿色（#89F818），在舞台窗口中绘制一个椭圆形，选择"选择工具"将其调整成树叶形状，如图 A-196 所示。

图 A-195　新建树叶图形元件

图 A-196　树叶形状

（9）选择"窗口"→"颜色"命令，打开"颜色"面板，在"颜色类型"下拉列表中选择"线性渐变"，选中色带上左侧的"颜色指针"，将其设为（#89F818），选中色带上右侧的"颜色指针"，将其设为（#5BC70C），如图 A-197 所示。选择"渐变变形工具"将树叶的填充颜色进行适当调整，如图 A-198 所示。

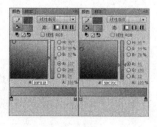
图 A-197　"颜色"面板

图 A-198　填充变形效果

（10）在舞台窗口中选中树叶图形，按快捷键<Ctrl+G>，将树叶组合，按快捷键<Ctrl+C>复制一份树叶，按快捷键<Ctrl+V>粘贴一个树叶，并调整好位置，如图 A-199 所示。

图 A-199　树叶效果

（11）在"库"面板中双击树枝图形元件，舞台窗口转换到树枝图形元件窗口，单击"时间轴"面板下方的"插入图层"按钮，创建新图层"图层 3"，如图 A-200 所示。将"库"面板中的"树叶"图形元件拖动到舞台窗口中，将树叶放置在树枝上，调整好位置和大小，如图 A-201 所示。

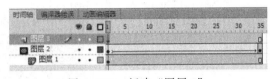

图 A-200　新建"图层 3"

图 A-201　树枝和树叶效果

2）制作伸展动画：

（1）选中"图层 3"，按快捷键<Ctrl+Shift+D>将其分散到各图层上，如图 A-202 所示。

（2）选中所有的树叶图层的第 35 帧，按"F6"键，在该帧上插入关键帧。再选中第 1 帧，选择"任意变形工具"，将树叶的中心调整为如图 A-203 所示。选择"修改"→"变形"命令，打开"变形"面板，将"宽度缩放""高度缩放"选项分别设为 50%，如图 A-204 所示。

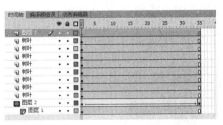

图 A-202　分散到图层

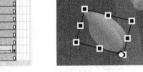

图 A-203　修改树叶中心点

图 A-204　树叶变形参数

（3）将所有树叶图层重新命名为"树叶 1""树叶 2""树叶 3""树叶 4""树叶 5""树叶 6""树叶 7"和"树叶 8"。选中所有树叶图层的第 1 帧，在选中的对象上右击，从弹出的快捷菜单中选择"创建传统补间"命令，生成传统补间动画，如图 A-205 所示。

（4）为了让树枝的伸展节奏与树叶的动画节奏相吻合，当树枝伸展到树叶所在的位置时，树叶才能播放伸展放大动画，要调整动画的位置，调整后的时间轴如图 A-206 所示。

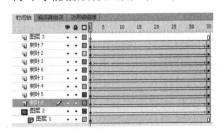

图 A-205　传统补间动画

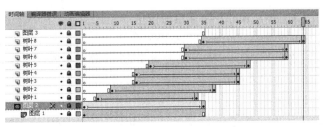

图 A-206　调整后时间轴

（5）单击"时间轴"面板上方的"场景1"图标 场景1，进入"场景1"的舞台窗口。单击"时间轴"面板下方的"插入图层"按钮 ，创建新图层并将其命名为"树枝动画"，将"库"面板中的"树枝"图形元件拖到舞台窗口中，在第65帧，按<F5>键，在该帧上插入普通帧，如图 A-207 所示。在舞台窗口中选择树枝实例，打开实例的"属性"面板，将"循环"选项设为"播放一次"，如图 A-208 所示。

（6）复制出多份树枝，环绕在舞台窗口的四周，如图 A-209 所示。

图 A-207　场景新建图层　　　图 A-208　树枝实例的属性面板　　图 A-209　场景树枝效果

（7）生长的树枝动画效果制作完成，按快捷键<Ctrl+Enter>即可查看效果，如图 A-188 所示。

练习八参考答案

1. 利用 Flash CS6 中的 ActionScript 语言制作电子相册，如图 A-210 所示。

图 A-210　电子相册

1）导入素材并制作照片按钮：

（1）选择"文件"→新建"命令，在弹出的"新建文档"对话框中选择 ActionScript 2.0，将"宽"为600，"高"设为400，将"背景颜色"设为灰色（#009900），如图 A-211 所示，改变舞台的大小和颜色。

（2）选择"文件"→"导入"→"导入到库"命令，在弹出的"导入到库"对话框中选择"Flash CS6\项目 8\素材\电子相册"文件夹中所有图片，单击"打开"按钮，文件被导入到"库"面板中，效果如图 A-212 所示。

（3）在"时间轴"面板中选中"图层1"，将"图层1"重新命名为"背景图层"，如图 A-213 所示。选中"背景图层"图层的第1帧，将"库"面板中的"背景图.jpg"拖动到舞台窗口中，打开"背景图.jpg"的"属性"面板，将 X、Y 选项分别设为 0，如图 A-214 所示。选择"背景图层"第80帧，按<F5>键，在该帧上插入普通帧。

图 A-211 "创建文档"对话框

图 A-212 "库"面板

图 A-213 "背景图层"

（4）打开"库"面板，在"库"面板下方单击"新建元件"按钮，弹出"创建新元件"对话框，在"名称"文本框中输入"彩色1"，在"类型"下拉列表中选择"按钮"选项，单击"确定"按钮，新建一个按钮元件"彩色1"，如图 A-215 所示。舞台窗口也随之转换为按钮元件的舞台窗口。选中"弹起"关键帧，将"库"面板中的"彩色照片1"图片素材拖动至舞台窗口中，将 X、Y 选项分别设为 0。

（5）用同样的方法创建按钮元件"彩色2""彩色3""彩色4""黑白1""黑白2""黑白3""黑白4"，"库"面板如图 A-216 所示。

图 A-214 舞台窗口

图 A-215 创建按钮元件

图 A-216 "库"面板

2）在舞台中确定黑白照片的位置：

（1）单击"时间轴"面板下方的"场景1"图标，进入"场景1"的舞台窗口。单击"时间轴"面板下方的"插入图层"按钮，创建新图层并将其命名为"黑白照片"，如图 A-217 所示。

图 A-217 "黑白照片"图层

图 A-218 黑白1变形

（2）将"库"面板中的按钮元件"黑白 1"拖动到舞台窗口中。选择"窗口"→"变形"命令，打开"变形"面板，将"宽度缩放""高度缩放"选项分别设为 50%，勾选"旋转"单选按钮，"旋转"设为-20，按<Enter>键确定，如图 A-218 所示。"黑白 1"实例旋转-20°，将其放置在背景图的左上方。

（3）选中"黑白照片"图层的第 1 帧，将"库"面板中的"黑白 2""黑白 3"和"黑白 4"全部拖动到舞台窗口中。选中"黑白 2"按钮实例，将"宽度缩放"、"高度缩放"选项分别设为 50%，"旋转"选项设为 30，按<Enter>键确定操作，如图 A-219 所示。选中"黑白 3"按钮实例，将"宽度缩放""高度缩放"选项设为 50%，"旋转"设为 32，按<Enter>键确定操作，如图 A-220 所示。选中"黑白 3"按钮实例，将"宽度缩放""高度缩放"选项设为 50%，"旋转"选项设为 0，按<Enter>键确定操作，如图 A-221 所示。舞台中 4 个黑白按钮摆放效果如图 A-222 所示。

图 A-219　黑白 2 变形　图 A-220　黑白 3 变形　图 A-221　黑白 4 变形　图 A-222　舞台效果

3）制作彩色照片动画：

（1）单击"时间轴"面板下方的"插入图层"按钮，创建新图层并将其命名为"彩色照片"。选中第 2 帧插入关键帧，将"库"面板中的"彩色 1"拖动到舞台窗口中，在舞台窗口中选中"彩色 1"，打开该元件的"属性"面板，设置"大小""变形"和"位置"选项与"黑白照片"图层中的"黑白 1"完全重合，如图 A-223 所示。

（2）选中第 10 帧，按<F6>键，在该帧上插入关键帧，在舞台窗口中选择"彩色 1"按钮实例，打开"变形"面板，将"宽度缩放"、"高度缩放"选项设为 100%，"旋转"选项设为 0，按<Enter>键确定，效果如图 A-224 所示。

（3）选中第 11 帧，按<F6>键，在该帧上插入关键帧。选中第 2 帧，在选中的对象上右击，从弹出的快捷菜单中选择"复制帧"命令，选中第 20 帧，在选中的对象上右击，从弹出的快捷菜单中选择"粘贴帧"命令，将第 2 帧粘贴到第 20 帧的位置。分别选中第 2 帧和第 11 帧，右击，从弹出的快捷菜单中选择"创建传统补间"命令，生成动作补间动画，如图 A-225 所示。

  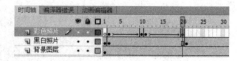

图 A-223　彩色 1 位置　　　　图 A-224　彩色 1 变大　　　　　　图 A-225　彩色 1 动画

（4）选择"彩色照片"图层的第 21 帧，在选中的对象上右击，从弹出的快捷菜单中选择"插入空白关键帧"命令，在该帧上插入空白关键帧，将"库"面板中的"彩色 2"按钮拖动到舞台中和"黑白 2"完全重合。根据"彩色 1"的制作方法制作"彩色 2"的动画效果。

（5）在"彩色照片"图层中依次制作"彩色 3"和"彩色 4"的动画效果，"时间轴"如图 A-226 所示。

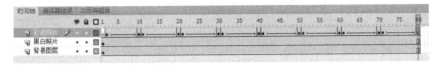

图 A-226　"彩色照片"图层

4）黑白照片的细节处理：

（1）选中"黑白照片"图层的第 2 帧、第 21 帧、第 41 帧、第 61 帧，按<F6>键，分别在选中的帧上插入关键帧，如图 A-227 所示。

图 A-227　"黑白照片"图层

（2）选中"黑白照片"图层的第 2 帧，在舞台窗口中选中实例"黑白 1"，按<Delete>键，将其删除，如图 A-228 所示。选中第 21 帧，在舞台窗口中选中实例"黑白 2"，按<Delete>键，将其删除，如图 A-229 所示。选中第 41 帧，在舞台窗口中选中实例"黑白 3"，按<Delete>键，将其删除，如图 A-230 所示。选中第 61 帧，在舞台窗口中选中实例"黑白 4"，按<Delete>键，将其删除，如图 A-231 所示。

图 A-228　第 2 帧　　　图 A-229　第 21 帧　　　图 A-230　第 41 帧　　　图 A-231　第 61 帧

5）脚本制作：

（1）单击"时间轴"面板下方的"插入图层"按钮，创建新图层并将其命名为"脚本图层"，如图 A-232 所示。

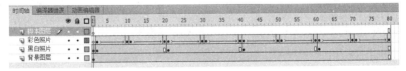

图 A-232　新建"脚本图层"

（2）选中"脚本图层"的第 1 帧，选择"窗口"→"动作"命令，打开"动作"面板。在"动作"面板中单击"将新项目添加到脚本中"按钮，在弹出的菜单中选择"全局函数"→"时间轴控制"→"stop"命令，如图 A-233 所示。设置完成动作脚本后，在"脚本图层"第 1 帧上显示出标记 α，如图 A-234 所示。

图 A-233　Stop 命令

图 A-234　添加脚本后的关键帧

（3）在"时间轴"面板中选择"黑白照片"图层的第 1 帧，在舞台窗口中选中"黑白 1"按钮实例，按<F9>键，打开"动作"面板，单击"将新项目添加到脚本中"按钮 🖰，在弹出的菜单中选择"全局函数"→"影片剪辑控制"→"on"命令，在下拉列表中选择 press 命令，光标滑动到本行末尾处，按<Enter>键另起一行，单击"将新项目添加到脚本中"按钮 🖰，在弹出的菜单中选择"全局函数"→"时间轴控制"→"gotoAndPlay"命令，小括号里面写 2，脚本如图 A-235 所示。

图 A-235　跳转动作脚本

（4）依次用同样的方法，在"黑白照片"图层的第 1 帧，在舞台窗口中选中"黑白 2"按钮实例，打开"动作"面板，输入动作脚本：

```
on (press) {
    gotoAndPlay(21);
}
```

在舞台窗口中选中"黑白 3"按钮实例，输入动作脚本：

```
on (press) {
    gotoAndPlay(41);
}
```

在舞台窗口中选中"黑白 4"按钮实例，输入动作脚本：

```
on (press) {
    gotoAndPlay(61);
}
```

（5）在"时间轴"面板中，分别选中"彩色照片"图层的第 10 帧、第 30 帧、第 50 帧和第 70 帧，打开"动作"面板，在"脚本窗口"中输入脚本"Stop（）;"，即是动画播放到该帧停止，如图 A-236 所示。

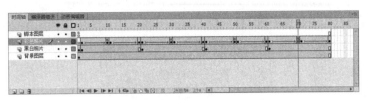

图 A-236　关键帧添加 Stop 脚本

（6）在"时间轴"面板中，分别选中"彩色照片"图层的第 20 帧、第 40 帧、第 60 帧和第 80 帧，打开"动作"面板，在"脚本窗口"中输入脚本"gotoAndPlay（1）;"，即动画播放到该帧跳转到第 1 帧继续播放。"彩色照片"图层添加脚本后如图 A-237 所示。

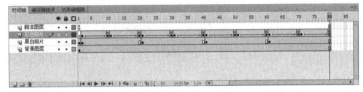

图 A-237　关键帧添加 gotoAndPlay 脚本

（7）在"时间轴"面板中滑动"播放头"到第 10 帧，如图 A-238 所示，舞台窗口中的效果如图 A-239 所示，选中舞台中的实例，打开"动作"面板，在"脚本窗口"中输入脚本，如图 A-240 所示。

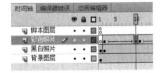

图 A-238　第 10 帧关键帧　　　图 A-239　第 10 帧舞台效果　　　图 A-240　动作脚本 1

（8）在"时间轴"面板中滑动"播放头"到第 30 帧，选中舞台中的实例，打开"动作"面板，在"脚本窗口"中输入脚本，如图 A-241 所示。在"时间轴"面板中滑动"播放头"到第 50 帧，选中舞台中的实例，打开"动作"面板，在"脚本窗口"中输入脚本，如图 A-242 所示。在"时间轴"面板中滑动"播放头"到第 70 帧，选中舞台中的实例，打开"动作"面板，在"脚本窗口"中输入脚本，如图 A-243 所示。

图 A-241　动作脚本 2　　　　　图 A-242　动作脚本 3　　　　　图 A-243　动作脚本 4

（9）电子相册制作完成，按快捷键<Ctrl+Enter>即可查看效果，如图 A-244 所示。

图 A-244 "电子相册"最终效果

2. 利用 Flash CS6 中的 ActionScript 语言制作如图 A-245 所示的星空动画效果。

图 A-245 星空动画效果

1）图形元件制作：

（1）选择"文件"→"新建"命令，在弹出的"新建文档"对话框中选择 ActionScript 2.0，将"宽"设为 800，"高"设为 600，将"背景颜色"设为灰色（#666666），如图 A-246 所示，改变舞台的大小和颜色。

（2）选择"文件"→"导入"→"导入到库"命令，在弹出"导入到库"对话框中选择"Flash CS6\项目 8 \素材\星空动画\背景图.jpg"文件，单击"打开"按钮，"背景图.jpg"被导入到"库"面板中，如图 A-247 所示。

图 A-246 新建文档　　　　　　　　　　图 A-247 导入素材

（3）在"时间轴"面板中选择"图层 1"的第 1 帧，将"背景图"拖动到舞台中，打开"属性"面板，将 X、Y 选项为 0，如图 A-248 所示，舞台中的效果如图 A-249 所示。

图 A-248　背景图属性

图 A-249　舞台效果

（4）打开"库"面板，在"库"面板下方单击"新建元件"按钮，弹出"创建新元件"对话框，在"名称"文本框中输入"鼠标图形"，在"类型"下拉列表中选择"图形"选项，单击"确定"按钮，新建一个图形元件"鼠标图形"，如图 A-250 所示。

（5）选择"椭圆工具"，将"笔触颜色"选项设为"无"，"填充颜色"选项设为白色，在舞台窗口中按住<Shift>键同时拖动鼠标绘制一个正圆，如图 A-251 所示。打开正圆的"属性"面板，将"宽""高"选项分别设为 25，如图 A-252 所示。

图 A-250　"创建新元件"对话框

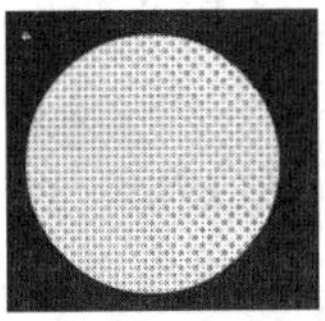

图 A-251　正圆

图 A-252　正圆属性

（6）选择正圆图形，选择"窗口"→"颜色"命令，打开"颜色"面板，设置参数，如图 A-253 所示，效果如图 A-254 所示。

图 A-253　颜色参数

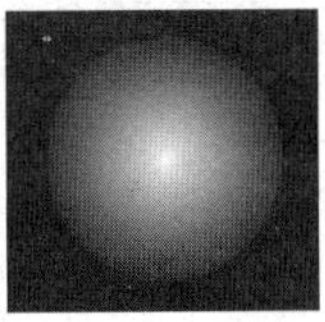

图 A-254　渐变效果

（7）单击"时间轴"面板下方的"插入图层"按钮，创建新图层"图层 2"，选择"椭圆工具"，将"笔触颜色"选项设为"无"，"填充颜色"选项设为白色，在舞台窗口中绘制一个白色的圆，如图 A-255 所示。选择"任意变形工具"，将圆形压扁，如图 A-256 所示。选择"窗口"→"颜色"命令，打开"颜色"面板，设置参数，如图 A-257 所示，将其颜色调整为如图 A-258 所示。

图 A-255　"图层 2"效果

图 A-256　任意变形

图 A-257　颜色参数

图 A-258　渐变效果

（8）选择长条形状，选择"窗口"→"变形"命令，打开"变形"面板，将"旋转"选项设为 45，连续点击 4 次对话框下方的"重置选区和变形"按钮，设置参数，如图 A–259 所示，舞台窗口效果如图 A–260 所示，最终效果如图 A–261 所示。

图 A–259　变形参数　　　　图 A–260　变形效果　　　　图 A–261　鼠标图形效果

2）动画效果制作

（1）打开"库"面板，在"库"面板下方单击"新建元件"按钮，弹出"创建新元件"对话框，在"名称"文本框中输入"星星动画"，在"类型"下拉列表中选择"影片剪辑"选项，单击"确定"按钮，新建一个影片剪辑元件"星星动画"，如图 A–262 所示。

（2）选中"图层 1"的第 1 帧，将"库"面板中的"鼠标图形"拖动到舞台窗口中，打开元件的"属性"面板，将 X、Y 选项分别设为 0。选中第 14 帧，按<F6>键，在该帧上插入关键帧。打开"变形"面板，将"宽度缩放""高度缩放"选项设为 300%，在舞台窗口中选择该实例，打开"属性"面板，在"色彩效果"选项组的"样式"下拉列表中将 Alpha 值设为 20%，如图 A–263 所示。选中第 1 帧，在选中的对象上右击，从弹出的快捷菜单中选择"创建传统补间"命令，生成动作补间动画，如图 A–264 所示。

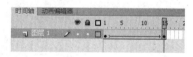

图 A–262　创建元件　　　　图 A–263　色彩效果　　　　图 A–264　补间动画

（3）选中第 15 帧，在选中的对象上右击，弹出的快捷菜单中选择"插入空白关键帧"命令，在该帧上插入空白关键帧，选择"窗口"→"动作"命令，打开"动作"面板，在"脚本窗口"中输入"stop();"，"时间轴"面板如图 A–265 所示。

（4）打开"库"面板，在"库"面板下方单击"新建元件"按钮 ，弹出"创建新元件"对话框，在"名称"文本框中输入"动画脚本"，在"类型"下拉列表中选择"影片剪辑"选项，单击"确定"按钮，新建一个影片剪辑元件"动画脚本"，如图 A–266 所示。

（5）选中第 1 帧，将"库"面板中的"星星动画"影片剪辑拖动到舞台窗口中，打开元件的"属性"面板，在"实例名称"文本框中输入 kk，如图 A–267 所示。

3）添加脚本

（1）在"时间轴"面板中选中"图层 1"的第 3 帧，按<F5>键，在该帧上插入普通帧。单击"时间轴"面板下方的"插入图层"按钮 ，创建新图层"图层 2"。选中第 1 帧，选择"窗口"

→"动作"命令，打开"动作"面板，在"脚本窗口"中输入动作脚本，如图 A-268 所示。

图 A-265　添加脚本　　　　图 A-266　创建动画脚本元件　　　　图 A-267　实例名称

（2）选中第 2 帧，按<F6>键，插入关键帧。在"脚本窗口"中输入动作脚本，如图 A-269 所示。

图 A-268　第 1 帧的动作脚本　　　　　　　　图 A-269　第 2 帧的动作脚本

（3）选中第 3 帧，按<F6>键，在该上插入关键帧。在"脚本窗口"中输入动作脚本，如图 A-270 所示。

（4）选择舞台窗口左上方的"场景 1"按钮，回到"场景 1"，单击"时间轴"面板下方的"插入图层"按钮，创建新图层"图层 2"。将"库"面板中的"动画脚本"拖动到舞台窗口中。

（5）打开文档"属性"面板，将"目标"设为 Flash Player 5，如图 A-271 所示。

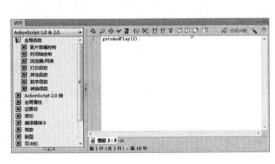

图 A-270　第 3 帧的动作脚本　　　　　　　　图 A-271　文档属性

（6）星空动画制作完成，按快捷键<Ctrl+Enter>即可查看效果，如图 A-245 所示。

练习九参考答案

1. 设计一个如图 A-272 所示的菜单订阅表单。

1）舞台设置：

（1）舞台大小设置为 300 像素 × 400，背景颜色为蓝色。在"图层 1"第 1 帧绘制一个矩形，设置矩形为深绿色到草绿色的"线性渐变"填充。"图层 1"舞台效果如图 A-273 所示。

（2）选择"文本工具"在舞台上输入"静态文本"："请选择您喜欢的菜""姓名：""菜品表"和"备注"。

图 A-272　菜单订阅表单

图 A-273　菜单订阅舞台效果

2）组件的添加和属性设置：

（1）从"组件"面板拖动一个 TextInput 组件，放到"姓名"旁边。

（2）从"组件"面板拖动一个 RadioButton 组件，复制 4 个，依次设置 RadioButton 组件的 label 属性为"鱼香肉丝""宫保鸡丁""珍珠翡翠汤""锅包肉"和"糖醋鲤鱼"。

（3）从"组件"面板拖动一个 TextArea 组件，放到"备注"旁边。

（4）从"组件"面板拖动一个 Button 组件，放到"备注"下边，设置 Button 组件的 label 属性为"确定"。

2. 设计一个如图 A-274 所示的课程问卷调查表单。

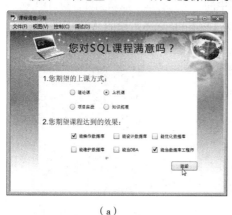

（a）

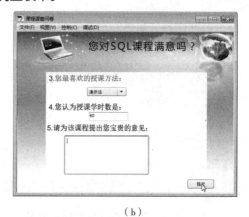

（b）

图 A-274　问卷调查最终效果

（1）选择"文件"→"新建"命令，在弹出的新建文档对话框中选择 ActionScript 3.0，单击"确定"按钮，进入新建文档舞台窗口。舞台大小设置为 550×400 像素。

（2）在"图层 1"第 1 帧导入一幅图作为问卷背景，在"图层 1"上新建一个"图层 2"，在"图层 2"中，用文本工具输入"静态文本"：问卷标题和两个问题。

（3）在"图层 2"上新建一个"图层 3"，在"图层 3"中选择"窗口"→"组件"命令，打开"组件"面板，把 RadioButton 组件拖到"第 1 题"下边，设置 RadioButton 组件 label 属性为"理论课"，用同样的方法设计其他 3 个选项："上机课""项目实战"和"知识拓展"。

（4）从"组件"面板中拖动一个 CheckBox 组件到舞台上，放在"第 2 题"下面，设置 label 属性为"能操作数据库"，用同样的方法设计其他 5 个复选框："能设计数据库""能优化数据库""能维护数据库""能当 DBA""能当数据库工程师"。

（5）从"组件"面板中拖动一个 Button 组件到问卷底端，设置 label 属性为"继续"。按钮实例命名为 continue_btn。

（6）在"图层 2"和"图层 3"第 2 帧插入关键帧，"图层 2"用静态文本输入第 3 题、第 4 题和第 5 题。

（7）在"图层 3"的"第 2 帧"删除舞台上的所有组件，从"组件"面板中拖动一个 ComboBox 组件放在"第 3 题"下面，设置 dataprovider 属性为"项目引导""演示法""讨论法""小组竞赛法"。从"组件"面板中拖动一个 TextInput 组件放到"第 4 题"下面。从"组件"面板中拖动一个 TextArea 组件放到"第 5 题"下面。从"组件"面板中拖动一个 Button 组件到问卷底端，设置 label 属性为"提交"，按钮实例命名为 submit_btn。

（8）在"图层 1"和"图层 2"的"第 3 帧"插入关键帧，在"图层 2"第 3 帧用"文本工具"输入文本"谢谢参与"。

（9）在"图层 3"上新建一个"图层 4"，作为脚本层，分别在"第 1 帧"和"第 2 帧"输入脚本，如图 A-275 所示。

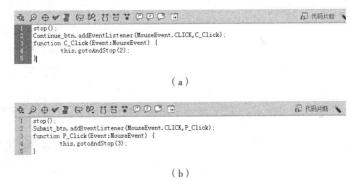

```
stop();
Continue_btn.addEventListener(MouseEvent.CLICK,C_Click);
function C_Click(Event:MouseEvent) {
        this.gotoAndStop(2);
}
```

（a）

```
stop();
Submit_btn.addEventListener(MouseEvent.CLICK,P_Click);
function P_Click(Event:MouseEvent) {
        this.gotoAndStop(3);
}
```

（b）

图 A-275　问卷调查脚本

练习十参考答案

1. 将自己制作的动画文件"马赛克效果"以 PNG 格式进行发布，如图 A-276 所示。

（1）启动 Flash CS6 应用程序，打开一个已测试和优化好的 Flash 动画文件"马赛克效果"。

（2）选择"文件"→"发布设置"命令，在弹出的"发布设置"对话框中选中"PNG 图像"复选框，设置相关参数，如图 A-277 所示。

（3）设置好参数后，单击"发布"按钮，即可将该动画发布为"PNG 图像"。

（4）单击"确定"按钮，关闭该对话框。

图 A-276　发布为 PNG 格式动画

（5）找到该动画存放的文件夹，可以发现已将该动画发布为"PNG 图像"，如图 A-277 所示。

（6）双击该文件，将其打开，最终效果如图 A-278 所示。

图 A-277　设置参数

图 A-278　发布为"PNG 图像"

2. 将自己制作的动画文件"马赛克效果"，以 GIF 格式进行发布，如图 A-279 所示。

（1）启动 Flash CS6 应用程序，打开一个已测试和优化好的 Flash 动画文件"马赛克效果"。

（2）选择"文件"→"发布设置"命令，在弹出的"发布设置"对话框中选中"GIF 图像"复选框，设置相关参数，如图 A-280 所示。

（3）设置好参数后，单击"发布"按钮，即可将该动画发布为"GIF 图像"。

（4）单击"确定"按钮，关闭该对话框。

（5）找到该动画存放的文件夹，可以发现已将该动画发布为"GIF 图像"，如图 A-281 所示。

图 A-279　发布为 GIF 格式动画

图 A-280　设置参数

图 A-281　发布为"GIF 图像"

（6）双击该文件，将其打开，最终效果如图 A-279 所示。

练习十一参考答案

以"幸福家庭的休闲间日"为准，设计一张 500 像素×500 像素的照片浏览动画，以留住休闲假日全家的美好回忆如图 A-282 所示。

图 A-282　休闲假日照片浏览动画

（1）新建 Flash 文档，大小为 500 像素×500 像素，并保存文件，如图 A-283 所示。

（2）按快捷键<Ctrl+F8>，弹出"创建新元件"对话框，在"名称"文本框中输入"小照片 1"，"类型"下拉列表中选择"按钮"类型，如图 A-284 所示。

图 A-283　文档属性

图 A-284　创建新元件

（3）单击""确定，按钮，随即转入该按钮元件的舞台窗口，选中"弹起"帧按<F6>键，插入关键帧，选择"选择工具"将"库"面板中的"小照片 1"拖入舞台窗口，时间轴面板如图 A-285 所示，效果如图 A-286 所示。

图 A-285　时间轴面板

图 A-286　图片效果

（4）使用相同方法创建按钮元件"小照片 2""小照片 3""小照片 4""小照片 5"，库如图 A-287 所示。

（5）使用相同方法创建按钮元件"大照片 1""大照片 2""大照片 3""大照片 4"及"大照片 5"，库如图 A-288 所示。

图 A-287　创建小照片

图 A-288　创建大照片

（6）选中"动作脚本 1"图层的第 1 帧，右击，从弹出的快捷菜单中选择"动作"命令，在"动作-帧"面板中输入如下语句，如图 A-289 所示。

（7）分别选中"动作脚本 2"图层的第 15 帧、第 28 帧、第 44 帧、第 61 帧及第 75 帧，右击，从弹出的快捷菜单中选择"动作"命令，在"动作-帧"面板中输入如下语句，如图 A-290 所示。

图 A-289　输入脚本语言

图 A-290　输入脚本语言

参 考 文 献

[1] 新视角文化行.Flash CS6 动画制作实战从入门到精通[M]．北京：人民邮电出版社,2013.

[2] 金景文化.Flash CS6 动画设计高手之道[M]．北京：人民邮电出版社,2013.

[3] 贾勇，孟全国．完全掌握 Flash CS6 白金手册[M]．北京：清华大学出版社，2013.

[4] 吴一珉.Flash CS6 动画制作与特效设计 200 例[M]．北京：中国青年出版社，2013.

[5] 文杰书院.Flash CS5 动画制作基础教程[M]．北京：清华大学出版社，2012.

[6] 李如超，袁云华，等．Flash CS5 中文版基础教程[M]．北京：人民邮电出版社，2011.

[7] 美国 Adobe 公司.Adobe Flash CS5 中文版经典教程[M]．陈宗斌，译．北京：人民邮电出版社，2010.

[8] 于永忱，伍福军.Flash CS5 动画设计案例教程[M]．北京：北京大学出版社，2008.

[9] 鼎翰文化．新手学 Flash CS6 动画制作[M]．北京：电子工业出版社，2013.

[10] 郭庚麒，关少珊，刘静，等.Flash CS3 中文版高级教程[M]．北京：人民邮电出版社，2008.

[11] 张凡，郭开鹤，等.Flash CS3 中文版应用教程[M]．北京：中国铁道出版社，2008.

[12] 万春.Flash CS4 中文版动画制作[M]．北京：国防科技大学出版社，2012.

[13] 沈大林，张士元，等.中文 Flash8 案例教程[M]．北京：中国铁道出版社，2007.

[14] 马丹，何焱，李立功，等.Flash 动画制作标准教程（CS4 版）[M]．北京：人民邮电出版社，2011.